Martin Neukamm (Hrsg.)

Darwin heute

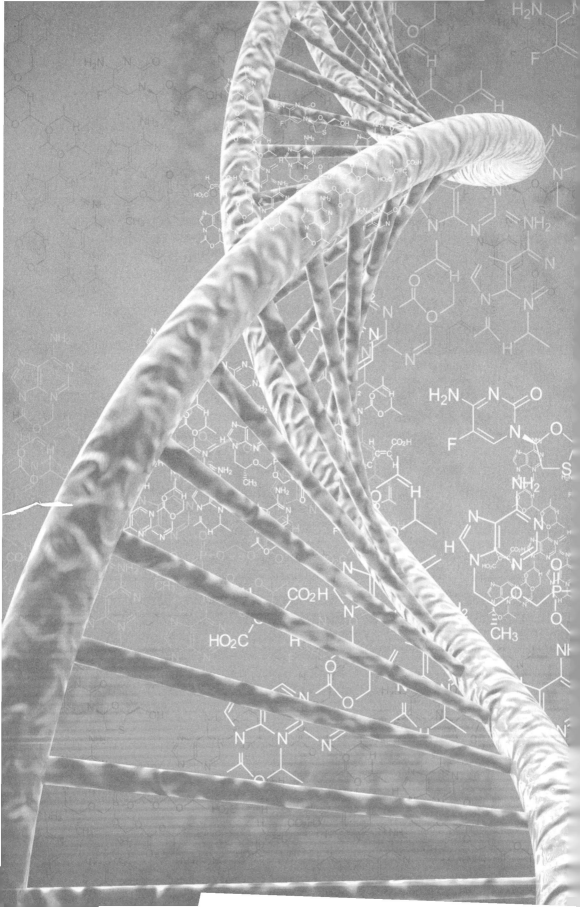

Martin Neukamm (Hrsg.)

Darwin heute

Evolution als Leitbild
in den modernen Wissenschaften

WBG

Wissen *verbindet*

Die Deutsche Nationalbibliothek verzeichnet diese Publikation in der
Deutschen Nationalbibliografie; detaillierte bibliografische Daten sind im
Internet über http://dnb.dnb.de abrufbar.

© 2014 by WBG (Wissenschaftliche Buchgesellschaft), Darmstadt
Die Herausgabe des Werkes wurde durch die Vereinsmitglieder
der WBG ermöglicht.
Lektorat: Beatrix Föllner, Nettetal
Satz: Lohse Design, Heppenheim
Einbandabbildung: Abbbildung der DNA – Fotolia.com
Einbandgestaltung: Peter Lohse, Heppenheim
Gedruckt auf säurefreiem und alterungsbeständigem Papier
Printed in Germany

Besuchen Sie uns im Internet: www.wbg-wissenverbindet.de

ISBN 978-3-534-26439-1

Elektronisch sind folgende Ausgaben erhältlich:
eBook (PDF): 978-3-534-73909-7
eBook (epub): 978-3-534-73910-3

Inhalt

Vorwort

1

MEHR ALS 150 JAHRE sind vergangen, seit CHARLES DARWIN sein Hauptwerk „Über die Entstehung der Arten" veröffentlichte. Die darin vorgestellte Evolutionstheorie hat unser Weltbild grundlegend verändert. Sie öffnete uns den Blick dafür, dass wir weder in einer statischen, noch in einer aus dem Nichts (*ex nihilo*) erschaffenen Welt leben, sondern in einem kreativen, sich selbst organisierenden Kosmos, der den Menschen in einer Jahrmilliarden andauernden Entwicklungsgeschichte hervorgebracht hat. Obwohl im heutigen Denken fest etabliert, hat die Evolutionstheorie nichts an Faszination eingebüßt, im Gegenteil: Das Konzept der Evolution durchdringt längst nicht nur alle Teilgebiete der Biowissenschaften. Auch in anderen Naturwissenschaften entfaltet es seine explanative Kraft und gibt Anlass zur Auflegung zahlreicher Forschungsprogramme. In technologischen Bereichen kommen evolutionäre Strategien zum Einsatz, die helfen, Probleme zu lösen. Selbst in die Philosophie hat der Evolutionsgedanke Einzug gehalten.

Freilich lassen sich nicht alle Aspekte der Bioevolution gleichermaßen auf andere Wissenschaften übertragen. So hat etwa die Evolution des Kosmos mit DARWIN und mit der Bioevolution wenig zu tun, weil es in der Kosmologie keine Vererbung, keine Konkurrenz und keine Auslese in der Weise gibt, wie sie in biologischen Systemen bestehen. Das *interdisziplinäre* Konzept der Evolution, um das es in diesem Band geht, konzentriert sich vielmehr auf die *Emergenz* neuer Systemeigenschaften, die Entstehung von *qualitativ* Neuem, zunehmend Komplexem, bedingt durch das fortwährende Wechselspiel von Zufall und Notwendigkeit. Die Mechanismen dieses Wechselspiels sind natürlich vielschichtig. So gibt und gab es in der Geschichte des Kosmos verschiedene Sternpopulationen, die in Jahrmilliarden der Entwicklung schwere Elemente hervorbrachten, anreicherten und ins interstellare Medium entließen. In nachfolgenden Sterngenerationen entstanden aus diesen schweren Elementen Planetensysteme mit unterschiedlicher Zusammensetzung und Konstellation sowie eine komplexe Chemie, die unter günstigen Voraussetzungen bis zur Entstehung von Leben führte.

In diesem Band erläutern die Autoren die Rolle evolutionären Denkens in der Philosophie, Kosmologie, Entwicklungsbiologie, Molekularbiologie und Biochemie, Biotechnologie, Verhaltensbiologie und Medizin. Zunächst verschafft uns Prof. VOLL-MER einen Überblick über die meisten erfahrungswissenschaftlichen und philosophischen Disziplinen, in die der Evolutionsgedanke Einzug hielt. Im 3. Kapitel schildern Dr. GASSNER und Prof. LESCH die Geschichte des Kosmos und zeigen an vielen Beispielen, dass unser Weltall ohne evolutionären Hintergrund schlichtweg nicht verstehbar ist. Im 4. Kapitel widmet sich der Herausgeber der Evolutionären Entwicklungsbiologie und erörtert die fruchtbare Verflechtung zwischen Evolutionstheorie und Embryologie. Im 5. Kapitel widmen sich der Herausgeber und Dr. KAISER der Frage, inwieweit chemische Evolution und evolutionäre Bioinformatik zum Verständnis der Struktur des Lebendigen beitragen. Das 6. Kapitel aus der Feder von Prof. SCHUSTER macht den Schritt von der Bioevolution zur Evolution von Molekülen im Reagenzglas nachvollziehbar und beschreibt Prinzipien und Anwendungsgebiete der noch jungen Disziplin der *Evolutionären Biotechnologie*. Anschließend gehen Dr. STÖRMER und Prof. VOLAND der Frage auf den Grund, warum verschiedene Tierarten unterschiedliche Lebensgeschichten entwickelt haben und inwieweit Evolution bestimmte Formen des Sozialverhaltens begünstigte. Im 8. Kapitel von Prof. BEYER geht es dann um medizinische Fragen, beispielsweise darum, inwieweit die Evolution das Altern und die Regenerationsfähigkeit von Organen bei verschiedenen Tierarten beeinflusst. Abschließend skizziert Prof. KANITSCHEIDER die Grundlagen einer naturalistischen Ethik und erklärt, weshalb eine zeitgemäße Ethik nicht umhin kommt, auch evolutionär erworbene Verhaltensprogramme (als *Brückenprinzipien*, die zwischen dem „Sein" und dem „Sollen" vermitteln) in moralischen Forderungen zu berücksichtigen.

In den verschiedenen Beiträgen wird vor allem zweierlei deutlich: Zum einen, dass die Einbeziehung evolutionärer Strategien hilft, auch anwendungsorientierte Probleme zu lösen. Für die Beiträge über die Evolutionäre Bioinformatik und die Evolutionäre Biotechnologie gilt dies in besonderem Maße. Beeindruckend ist in diesem Zusammenhang auch die fruchtbare Verzahnung zwischen Evolutionsbiologie und Medizin (Grundzüge einer „*Evolutionären Medizin*").

Zum anderen wird klar, dass sich viele grundlegende Phänomene ohne Evolution überhaupt nicht verstehen und erklären lassen. Warum beispielsweise finden wir bestimmte Dinge ästhetisch, andere hässlich? Weshalb finden wir uns in unserer Welt zurecht? Weshalb lässt sich vieles, das uns ausmacht, nur als Ergebnis chemischer Evolution auffassen? Warum finden sich in der Embryonalentwicklung vielfach Strukturen, die an die Endorgane anderer Tierarten erinnern? Das breit gefächerte Spektrum an Fragen macht das Buch zu einer guten Einführung in die Thematik. Der Band bezieht den Menschen mit all seinen Eigenschaften in die naturwissenschaftliche Kosmovision eines gesetzesartigen, sich selbst organisierenden Stufenbaus der Welt ein, ohne das Staunen über die Komplexität und Einzigartigkeit der menschlichen Natur zu eliminieren. Um es in einem Satz zu sagen: Evolution ist nicht alles, aber ohne Evolution ist vieles nichts! Gehen Sie, liebe Leser, mit uns auf die Reise und sehen Sie sich an, wo überall evolutionäre Muster zutage treten und in welchen Lebensbereichen evolutionäre Problemlösungsstrategien zum Tragen kommen.

An dieser Stelle möchte ich ein Wort des Dankes an all jene aussprechen, die mich bei der Arbeit besonders unterstützt haben, insbesondere Prof. Dr. ANDREAS BEYER, Dr. JENS SEELING, meine Frau KATJA und THOMAS WASCHKE.

MARTIN NEUKAMM, im Februar 2014

Zur Tragweite des Evolutions-
gedankens in den Wissenschaften
und in der Philosophie

2

Gerhard Vollmer

2.1 „Nichts in der Biologie macht Sinn außer im Lichte der Evolution."

SO ÜBERSCHREIBT 1973 der russisch-amerikanische Genetiker Theodosius Dobzhansky (1900–1975) einen Aufsatz über die Bedeutung der Evolutionstheorie für die
Biologie.[1] Dobzhansky wird häufig zitiert, auch wenn die wenigsten den Aufsatz, der
sich an Biologielehrer wendet, gelesen haben dürften. Heute, über 40 Jahre später, können, ja müssen wir ihm immer noch recht geben. Der Evolutionsgedanke reicht sogar
weit über die Biologie hinaus. Wir belegen das in fünf Schritten von zunehmender Allgemeinheit:

◆ Evolution als Grundlage der Biologie,
◆ Evolution als Leitthema der Naturwissenschaften,
◆ Evolution als zentraler Begriff aller Erfahrungswissenschaften,
◆ Evolution als Element der Aufklärung,
◆ Evolution als tragendes Element eines modernen Weltbildes.

Diese fünf Leitideen werden zunächst vorgestellt.

2.1.1 Evolution als Grundlage der Biologie

Es ist wahr: Erst durch die Evolutionstheorie hat die Biologie ein einheitliches Fundament erhalten; erst durch die Evolutionstheorie ist die Biologie zu einer eigenständigen
Wissenschaft geworden, in der alles mit allem zusammenhängt; erst die Evolutionstheo-

rie bietet die Möglichkeit, das Gegenwärtige aus dem Vergangenen zu *erklären*; erst die Evolutionstheorie macht den Rückgriff auf einen Schöpfer, auf Teleologie und Finalität, auf eine *Entelechie*, eine *vis vitalis* und andere obskure Faktoren überflüssig.

Eine weitere Grundlegung mit ähnlicher Tragweite erfährt die Biologie um die Mitte des 20. Jahrhunderts durch die Molekularbiologie. Doch wird dadurch die Evolutionstheorie als Gerüst der Biologie keineswegs entbehrlich. Denn die Erklärungsleistung der Molekularbiologie liegt, zeitlich gesehen, in der Nahzone, die der Evolutionstheorie in der Fernzone. Fragt man etwa, warum der Schneehase weiß ist, so zeigt die Molekularbiologie im Verbund mit der Physiologie, welche Vorgänge in Zellen, Geweben und Körperteilen die Farbe des einzelnen und damit aller Schneehasen bewirken; der Evolutionsbiologe sucht dagegen nach der *Funktion*, die das Merkmal Farbe für den Schneehasen erfüllt und in aller Regel auch schon in der Evolution erfüllt hat. Es geht dabei also um den individuen- oder gen-erhaltenden Wert, um die fitness-steigernde Wirkung aller oder wenigstens der meisten organismischen Merkmale.

Um die beiden Erklärungsarten deutlich zu unterscheiden, hat der deutsch-amerikanische Biologe ERNST MAYR die Begriffe *proximat* und *ultimat* eingeführt. Physiologen und Molekularbiologen bieten dann proximate, Evolutionsbiologen dagegen ultimate Ursachen und Erklärungen. Diese Redeweise ist nicht sehr glücklich; denn unter einer *ultimaten* Erklärung versteht man eher eine *letzte* oder eine *endgültige* Erklärung, die einer weiteren Nachfrage weder fähig noch bedürftig wäre. Eine solche Letzterklärung gibt es aber so wenig wie eine letztgültige Definition oder eine Letztbegründung, und in diesem Sinne ist *ultimat* bei ERNST MAYR auch gar nicht gemeint. In seinen eigenen Büchern übersetzt MAYR diese Wörter denn auch mit *unmittelbar* und *mittelbar,* doch haben die meisten deutschen Autoren seine lateinisch-englischen Bezeichnungen übernommen.

Es wäre müßig, herausfinden zu wollen, ob nun proximate oder ultimate Erklärungen wichtiger sind, ob also Molekularbiologie, Physiologie oder Evolutionstheorie der Biologie die entscheidende Grundlage geben. Wir fragen ja auch nicht, ob für ein Auto Motor oder Getriebe bedeutsamer sind. Und doch lässt sich der Evolutionsgedanke durch ein besonderes Merkmal auszeichnen: Er kann auf andere Wissenschaften verallgemeinert werden. Während Begriffe wie Stoffwechsel, Vermehrung, Vererbung, natürliche Auslese auf die Biologie beschränkt bleiben, ist der Evolutionsbegriff für viele weitere Disziplinen fruchtbar geworden. Das führt uns zur nächsten Leitidee.

2.1.2 Evolution als Leitthema der Naturwissenschaften

Die Einheit der Biologie, so erfreulich sie sein mag und so eindrucksvoll sie sich vorführen ließe, ist nicht unser Hauptthema; sie wird hier einfach vorausgesetzt. Uns geht es um mehr: Es geht um die Bedeutung des Evolutionsgedankens für die Wissenschaft überhaupt, also auch für die nichtbiologischen Wissenschaften! Man könnte sagen, viele Wissenschaften seien vom Evolutionsgedanken „infiziert". Das hat ihnen durchweg gutgetan. Für die Naturwissenschaften ist das leicht zu zeigen; nicht umsonst sprechen wir von kosmischer, galaktischer, stellarer, planetarer, geologischer, chemischer, molekularer Evolution als Vorstufen der biologischen Evolution, in deren Verlauf der Kosmos, Galaxien, Sterne, Planeten und Monde, die Erde, Atmosphäre und Biomoleküle entstanden sind.

Warum aber gibt es dann keine evolutionäre Geologie? Ganz einfach: Die geologischen *Prozesse* haben mit den Gesetzen der biologischen Evolution nichts gemeinsam. Von den wichtigsten Evolutionsfaktoren wie Stoffwechsel, Reproduktion und Vererbung, Variation und natürliche Auslese ist in der Geologie nicht die Rede. Geologische Systeme haben keine Nachkommen, sie vererben nichts, und sie konkurrieren nicht miteinander; deshalb spielt die natürliche Auslese bei ihnen keine Rolle. Und doch gibt es zwischen Geologie und Biologie so viele interessante Querverbindungen, dass es ein Versäumnis wäre, sie unerwähnt zu lassen.

Nimmt man es nicht gar zu genau, dann hat der Evolutionsgedanke in Geologie und Biologie nahezu gleichzeitig Fuß gefasst, in der Geologie in allgemeiner Form durch den Engländer Charles Lyell (1787–1875) mit seinem dreibändigen Werk *Principles of geology*, in der Biologie durch den Franzosen Jean-Baptiste de Lamarck (1744–1829) mit seiner zweibändigen *Philosophie zoologique* und natürlich durch Charles Darwin (1809–1882) mit dem *Ursprung der Arten*. Darwin selbst hat sich für Geologie sehr interessiert. Nachdem er ein Medizinstudium abgebrochen hatte, studierte er Theologie, und das einzige Examen, das er je abgelegt hat, ist eine Bakkalaureus-Prüfung 1831 in diesem Fach. Doch besuchte er Vorlesungen zu naturwissenschaftlichen Fächern, insbesondere zu Botanik, Zoologie und Geologie. Er nahm an Exkursionen teil und knüpfte Kontakte zu vielen Naturwissenschaftlern, etwa zu dem *Botaniker* und Theologen John Stevens Henslow, mit dem er lebenslang freundschaftlich verbunden blieb, oder zu dem *Geologen* Adam Sedgwick, der ihn in gründliches wissenschaftliches Arbeiten einwies, ihm allerdings später seine Evolutionstheorie übelnahm. Auf seiner fünfjährigen Reise mit der Beagle trieb Darwin auch geologische Studien. Als er auf den Höhen der südamerikanischen Anden versteinerte Muscheln fand, schloss er, dass der Andenkamm ganz allmählich aus Meereshöhe angehoben worden sein müsse. An diesem *geologischen* Befund fand er Lyells These bestätigt, dass viele kleine Schritte über ausreichend lange Zeiträume zu großen Veränderungen führen können. Diese Einsicht übertrug er dann später auf die *biologische* Evolution; sie erlaubte es ihm, eine gradualistische Evolutionstheorie zu formulieren, nach der die Entstehung und Entwicklung der Arten ebenfalls in vielen kleinen Schritten erfolgt sein soll.

Die Geologie profitiert aber auch umgekehrt von der Evolutionsbiologie. Denken wir an die so genannten *Leitfossilien*, die es dem Kenner erlauben, Erdschichten zu identifizieren und, sobald einmal eine Chronologie der biologischen Evolution zur Verfügung steht, zuverlässig zu datieren. Genau genommen handelt es sich bei diesem Hin und Her, wie so oft, nicht um einen Teufelskreis, einen *circulus vitiosus*, sondern um ein fruchtbares Wechselspiel gegenseitiger Unterstützung, um einen *circulus virtuosus*, den man sich am besten als Spirale vorstellt.[2]

Denken wir auch daran, wie viel die Plattentektonik als geowissenschaftliche Disziplin der Biologie zu verdanken hat. Schon den Geografen des 17. Jahrhunderts war aufgefallen, dass die Ostküste von Südamerika sehr gut an Afrikas Westküste passt; Gebirge im einen Kontinent scheinen eine Fortsetzung im anderen zu haben; auf beiden Seiten finden sich gleiche Tiere, die unmöglich über die weiten Wasser des Atlantiks gekommen sein können; vor allem aber deuten Fossilien darauf hin, dass diese und andere Kontinente einmal verbunden gewesen sein müssen. Der Meteorologe Alfred Wegener stellte schon 1915 alle verfügbaren Argumente zugunsten eines ehemaligen Superkontinents „Pangaea" und zugunsten der Kontinentaldrift zusammen[3], fand aber zu seinen Lebzeiten nur wenig Zustimmung, wurde sogar als Pseudowissenschaftler verlacht. Erst um 1970 führte die Plattentektonik zur Anerkennung von Wegeners Theorie und zugleich zu einer Verknüpfung aller geologischen Disziplinen. So wurde die Geologie eine Wissenschaft nicht nur vom *Aufbau* der Erde, sondern auch von ihrer *Geschichte*. Seitdem ist die Geologie wahrhaft evolutionär, aber eben nicht im biologischen Sinne. Von evolutionärer Geologie im Sinne eines weltgeschichtlichen Geschehens zu sprechen wäre kein Widerspruch, sondern ein Pleonasmus: Es erübrigt sich einfach.

Solche Überlegungen gelten nun aber nicht nur für die Geowissenschaften, sondern auch für die Kosmologie, die Astrophysik, die Chemie, die Entstehung der Atmosphäre (die in ihrer heutigen Zusammensetzung dem Leben auf der Erde zu verdanken ist) und der Biomoleküle. Sie gelten insbesondere für die Entstehung des Lebens, die allerdings noch nicht zufriedenstellend geklärt ist. Diese stellt ja gerade den Übergang vom Unbelebten zum Belebten dar, also die Stelle, an der die biologische Evolution beginnt. Von da an sind alle Naturwissenschaften „evolutionär".

2.1.3 Evolution als zentraler Begriff aller Erfahrungswissenschaften

Es sind aber wiederum nicht nur die Naturwissenschaften, die den Evolutionsgedanken übernommen und für sich fruchtbar gemacht haben. Auch die Geisteswissenschaften haben davon profitiert. Schon 1909 schreibt der amerikanische Philosoph und Psychologe James Mark Baldwin als Nichtbiologe zu Darwins 100. Geburtstag ein ganzes Buch *Darwin and the humanities*. Er meint damit nicht Darwin als Person, sondern dessen Theorie, eben die Evolutionstheorie. Von den Geisteswissenschaften behandelt er Psychologie, Sozialwissenschaften, Ethik, Logik (womit bei ihm die wissenschaftliche Methodologie gemeint ist), Philosophie, Religion. Wenn Baldwin dabei von *genetischer Psychologie* spricht, so hat das (1909!) noch nichts mit Genetik zu tun, sondern nur mit Genese, insbesondere mit Ontogenese, letztlich also mit dem, was wir heute Entwicklungspsychologie nennen.

Was BALDWIN zu diesem Zeitpunkt nicht weiß: Gleichzeitig erscheint, ebenfalls zu DARWINS 100. Geburtstag und zum 50. Jahrestag seines Hauptwerkes, in England ein Sammelband *Darwin and modern science*, herausgegeben von dem Botaniker und Geologen ALBERT CHARLES SEWARD.[4] Von dreißig Aufsätzen sind darin zwar achtzehn der Biologie gewidmet, aber immerhin sieben den Geisteswissenschaften: Psychologie, Philosophie, Soziologie, Religion, Religionswissenschaft, Sprachwissenschaft, Geschichte, natürlich im Hinblick darauf, was sie mit der DARWIN'schen Theorie zu schaffen haben. Heute, mehr als hundert Jahre später, können wir viele weitere Geisteswissenschaften in diese Liste aufnehmen. Wir werden uns vor allem der Philosophie widmen.

2.1.4 Evolution als Element der Aufklärung

Das Zeitalter der Aufklärung als geistesgeschichtliche Epoche sehen wir vor allem im späten 17. und im 18. Jahrhundert, in Frankreich verbunden mit Namen wie DESCARTES, MONTESQUIEU, VOLTAIRE, DIDEROT und D'ALEMBERT, ROUSSEAU, in England mit HOBBES, LOCKE und besonders HUME, in Deutschland mit LEIBNIZ, LESSING und schließlich KANT. Dessen Schrift „Beantwortung der Frage: Was ist Aufklärung?" wird noch heute an vielen Schulen gelesen. Zu wissen, was Aufklärung ist, reicht allerdings nicht aus, um aufgeklärt zu sein oder um bei anderen Aufklärung zu erreichen. Irgendwie sind wir zwar alle ihre Kinder; doch haben wir sie zugleich immer wieder nötig. Insofern ist Aufklärung eine immerwährende Aufgabe, die wohl niemals abgeschlossen sein wird. So meint auch schon KANT, er lebe nicht etwa in einem *aufgeklärten* Zeitalter im Sinne eines abgeschlossenen Prozesses, wohl aber in einem Zeitalter der *Aufklärung*. Zwar sei es für den Einzelnen schwierig, sich aus seiner Unmündigkeit herauszuarbeiten, für eine freie Gesellschaft sei es jedoch durchaus möglich, ja geradezu unausbleiblich. Nach mehr als 200 Jahren unvollendeter Aufklärung sind wir vielleicht nicht mehr ganz so optimistisch, wissen aber umso besser, wie nötig es ist, am Projekt unserer eigenen Aufklärung mitzuarbeiten.

Aufklärung soll vor allem eines: etwas klarmachen, erhellen, ans Licht bringen. In diesem Sinne bringt auch der Evolutionsgedanke *Licht* ins Dunkel, und zwar wiederum nicht nur im Bereich der Biologie, der Naturwissenschaften oder der Erfahrungswissenschaften, sondern unseres Weltbildes insgesamt. Woran liegt das? Erstens erlaubt der Evolutionsgedanke, alle Systeme unserer Welt in *Veränderung* zu sehen; zweitens regt er dazu an, die Gegenwart aus der Vergangenheit zu *erklären*; drittens leistet er dies, *ohne* dafür einen Schöpfer verantwortlich zu machen; er unterstützt also viertens ein *naturalistisches* Weltbild, wonach es *überall* in der Welt *mit rechten Dingen* zugeht, also keinerlei übernatürliche Instanz in Anspruch genommen wird. Die Evolutionstheorie steht hier in Konkurrenz zu religiös orientierten Schöpfungsgeschichten, da sie ausschließlich auf natürliche Faktoren zurückgreift. Wir kommen damit zu der fünften und letzten Rolle der Evolutionstheorie.

2.1.5 Evolution als tragendes Element eines modernen Weltbildes

Noch vor DOBZHANSKY, schon 1958, holt der englische Biologe, Philosoph und Schriftsteller JULIAN HUXLEY (1887–1975), Mitbegründer der Synthetischen Evolutionstheorie, Enkel von THOMAS HENRY HUXLEY (DARWINS „Bulldogge"), noch wesentlich weiter aus: Nach ihm kann und soll alles Geschehen nicht unter dem klassisch-spinozistischen Aspekt der Ewigkeit, *sub specie aeternitatis*, sondern geradezu im Gegenteil unter dem Aspekt der Evolution, *sub specie evolutionis*, also eher der Vergänglichkeit gesehen werden. Hören wir ihn selbst:

> „Die Menschen begannen, die Evolution von Weltennebeln und Sternen, von Sprachen und Werkzeugen, von chemischen Elementen, von sozialen Organisationen zu untersuchen. Sie gingen am Ende dazu über, das ganze Universum *sub specie evolutionis* zu betrachten und aus dem Begriff der Entwicklung ein allumfassendes Konzept zu machen. Diese Verallgemeinerung von Darwins Grundidee – der Evolution auf natürlichem Wege – vermittelt uns eine neue Sicht vom Kosmos und von unserer menschlichen Bestimmung. […] Alles Bestehende kann in gewisser Hinsicht als Evolution bezeichnet werden. Die biologische Evolution ist nur ein Sektor oder eine Phase des allgemeinen Evolutionsprozesses."[5]

Mit diesem Gedanken möchte JULIAN HUXLEY ein neues Weltbild begründen oder, soweit es dieses Weltbild schon gibt, zum Programm machen, den *Evolutionären Humanismus*. HUXLEYS Wunsch war es, die 1945 gegründete UNESCO, deren erster Generaldirektor er war, auf einen solchen evolutionär-humanistischen Rahmen zu verpflichten, was jedoch nicht gelang. Der Titel dieses Kapitels *Im Lichte der Evolution* ist also nicht nur eine Anspielung auf die Aufklärung, sondern auch auf JULIAN HUXLEY und seine richtungweisenden Überlegungen. Der Titel der Buchreihe *Am Zügel der Evolution* und der Titel des Buches *Darwins langer Arm – Evolutionstheorie heute* kämen für den vorliegenden Beitrag also ebenfalls in Frage.

Tatsächlich: Wenn sich heute trotz aller fachlichen Zersplitterung die Möglichkeit abzeichnet, die vielen Aspekte der materiellen Welt in einem großen Zusammenhang zu sehen, vielleicht sogar zu einem einheitlichen Weltbild zurückzufinden, dann ist dafür die Tatsache verantwortlich, dass sich bei allen realen Systemen sinnvoll nach ihrer Entstehung, ihrer Entwicklung und ihrem Ende fragen lässt. Das zentrale Element einer solchen Zusammenschau ist also die Idee der *Evolution*. Dieser Idee wollen wir nun weiter nachgehen.

2.2 Ist wirklich alles in Evolution?

Ist man erst einmal darauf aufmerksam geworden, so entdeckt man, in wie vielen Gebieten von Evolution die Rede ist. Für die Biologie ist das kein Wunder. Es gibt aber auch zahlreiche nichtbiologische Bereiche, für die der Evolutionsbegriff eingesetzt wird. Wir stellen einige solche Bereiche zusammen, der Einfachheit halber alphabetisch – was dann die Liebe mit den Mineralen zusammenbringt.

Evolution der Atmosphäre
Evolution des Bösen
Chemische Evolution
Evolution von Galaxien
Evolution des Gewissens
Evolution Gottes
Evolution von Institutionen
Evolution der Komplexität
Evolution der Kooperation
Evolution des Kosmos
Evolution der Kultur
Evolution des Lebens (im Sinne der Biogenese)
Evolution der Liebe
Evolution der Minerale
Evolution der Biomoleküle
Evolution der Moral
Evolution der Phantasie (gemeint ist die Kunst)
Evolution der Quasare
Evolution des Rechts
Evolution der Sprache
Evolution der Technik
Evolution der Wissenschaft

Diese Liste ist natürlich in keiner Weise vollständig. Aber schon unvollständig macht sie deutlich, dass der Evolutionsgedanke auf sehr vieles anwendbar ist – nicht nur in der Biologie. Eine kritische Frage lautet deshalb: Ist etwa *alles* in Evolution? Auch der Kosmos als Ganzes, auch die so genannten Naturkonstanten, vielleicht sogar die Naturgesetze, auch die Evolutionsgesetze, und am Ende auch noch die Wahrheit?

Die Antwort hängt wesentlich davon ab, wie man den Evolutionsbegriff versteht. Fasst man ihn weit, so ist die Antwort vergleichsweise einfach: Alle *realen Systeme* sind in Evolution, auch der Kosmos als Ganzes. Naturkonstanten wie die Lichtgeschwindigkeit oder die Gravitationskonstante sind dagegen keine realen Systeme, sondern *Eigenschaften* von natürlichen Systemen und als solche keine realen Objekte, sondern Abstraktionen. Die realen Systeme allerdings, welche diese Eigenschaften haben, *könnten* sich durchaus ändern, und in diesem Sinne *könnten* sich auch Naturkonstanten ändern. Bisher haben sie sich jedoch trotz immer genauerer Messungen nicht als veränderlich erwiesen. – Auch Naturgesetze sind Abstraktionen: Sie stellen Zusammenhänge zwischen den Eigenschaften realer Systeme dar; insofern sind sie sogar Abstraktionen höherer Stufe und damit der Evolution erst recht nicht unterworfen. – Und das gilt schließlich auch für die Wahrheit. Wahrheit kann man verstehen als eine bestimmte Eigenschaft von Aussagen oder als die Menge aller wahren Aussagen. Aber Eigenschaften sind Mengen, und Mengen sind eben keine realen Systeme, sondern Abstraktionen; auf sie ist der Evolutionsbegriff nicht anwendbar, auch wenn sich unsere *Meinungen* über das, was wahr ist, immer wieder ändern können und auch oft genug ändern.

2.3 Evolution also auch außerhalb der Biologie

Ein zentraler Abschnitt der Evolution ist natürlich die Evolution der Lebewesen; die zugehörige Theorie ist die biologische *Evolutionstheorie*. Inzwischen haben sich viele Disziplinen herausgebildet, die sich auf diese Evolutionstheorie stützen und sich deshalb *evolutionär* nennen. Dabei bedeutet jedoch *evolutionär*, wie wir gerade gesehen haben, nicht immer dasselbe. Und selbst wenn die beiden wichtigsten Faktoren der biologischen Evolution, Variation und Selektion, gemeint sind, können gerade sie sehr biologienah, aber eben auch in einem übertragenen Sinne benutzt werden.

Es lohnt sich deshalb, verschiedene Ebenen oder Phasen der Evolution zu unterscheiden. So sprechen wir von kosmischer, astrophysikalischer, chemischer, molekularer, biologischer, psychischer, sozialer, kultureller, wissenschaftlicher, technischer Evolution und könnten leicht noch weitere Unterteilungen vornehmen. Man kann nun jede dieser Phasen für sich allein behandeln, wobei sie zunächst nur den Evolutions*begriff* gemeinsam haben. – Man kann sie auch, der evolutionären Chronologie folgend, aneinanderhängen und ein großes *evolutionäres Szenario* entwerfen, das dann vom Urknall bis in die Gegenwart reicht oder sogar, wenn man sich Prognosen zutraut, weiter in die Zukunft des Menschen, der Erde, der Sonne, der Milchstraße, des Kosmos als Ganzen bis zu dessen Verödung oder zum Endknall. Dabei ist natürlich nicht gemeint, dass die verschiedenen Phasen einander in Form einer Kette ablösen, sondern dass sie in Form einer Pagode aufeinander aufbauen, wobei die vorhergehenden Phasen die späteren ermöglichen und stützen. – Man kann aber auch zwei oder mehr Evolutionsphasen (oder wenigstens ihre theoretischen Beschreibungen) nebeneinanderstellen und *vergleichen*, wobei man nicht nur viele Gemeinsamkeiten, sondern auch viele Unterschiede finden wird. – Und schließlich kann man versuchen, eine *einheitliche Evolutionstheorie* zu finden, die für mehrere, vielleicht sogar für alle Phasen der Evolution gilt. Um solche evolutionären Szenarien, um ihren Vergleich und um Ansätze zu einer einheitlichen Evolutionstheorie soll es im Folgenden gehen.

2.4 Übergreifende Evolutionsszenarien

Schon länger gibt es Bücher, die versuchen, Evolution als *übergreifendes* Geschehen darstellen. Es geht dabei um die breite Anwendbarkeit des Evolutions*gedankens*, nicht immer auch schon der Evolutions*theorie* im DARWIN'schen Sinne. Ein frühes Werk dieser Art ist CARL FRIEDRICH VON WEIZSÄCKERS Buch *Die Geschichte der Natur*, das auf Vorlesungen aus dem Jahre 1946 zurückgeht und immer wieder aufgelegt wird. Obwohl er DARWINS „Selektionslehre" voll anerkennt, spricht VON WEIZSÄCKER nicht von Evolution, sondern nur von Geschichte und Entwicklung. Spätere derartige Bücher stammen von Autoren wie BRYSON, BYLINSKI, CALVIN, VON DITFURTH, GRIBBIN, RENSCH, RIEDL und UNSÖLD, und von Herausgebern wie FABIAN, GESSLER, GRAFEN, JANTSCH, LASKOWSKI, PATZIG, SIEWING und WILHELM. Diese haben dann – anders als VON WEIZSÄCKER – auch keine Hemmungen mehr, durchgängig von *Evolution* zu sprechen. Wie nicht anders zu erwarten, wird dabei der Evolutionsbegriff sehr unterschiedlich verwendet. Über einen dieser Autoren – den Biologen BERNHARD RENSCH – berichten wir etwas ausführlicher.

BERNHARD RENSCH (1900–1990) war Mitbegründer der Synthetischen Theorie der Evolution. Neben zahlreichen biologischen Arbeiten schrieb er auch Bücher über allgemeinere, besonders über philosophische Themen. Eines seiner letzten Bücher ist *Das universale Weltbild. Evolution und Naturphilosophie* (1977), eine eindrucksvolle Zusammenschau seines Gesamtwerkes. Hier sieht er, wie der Titel schon erwarten lässt, überall Evolution am Werk. Er beginnt mit Kapiteln über die Evolution des Universums, der Galaxien, des Sonnensystems und der Erde, bietet später auch Kapitel über die Evolution heutiger Rassen und Völker, menschlicher Kulturen, ethischer und religiöser Vorstellungen und der Kunst, des Psychischen und sogar über die Evolution spezieller Naturgesetze. RENSCH fasst den Evolutionsbegriff also sehr weit.

Allerdings spricht er nur beim *Aufbau von Systemen* von Evolution, nicht dagegen beim Abbau. In Wahrheit gehört der Abbau genauso zur Evolution wie der Aufbau; häufig sind ja gerade die Katastrophen Voraussetzung und Chance für eine weitere Evolution. Und nicht nur das: Auch Körperteile und Fähigkeiten, die nicht mehr gebraucht werden, können verschwinden. Fische, die aus oberflächennahen Gewässern in die Tiefsee oder in Höhlen vordringen, verlieren ihre Augen; Schalentiere, die ihre Ernährung auf einfaches Filtern von Meerwasser umstellen, brauchen sich nicht mehr zu bewegen und verlieren große Teile ihres Gehirns; das menschliche Steißbein ist der unscheinbare Rest des Schwanzes, den unsere nächsten Verwandten, die Menschenaffen, noch haben, den der aufrechte Gang unserer Vorfahren aber anscheinend entbehrlich machte. Wenn man so will, ist Evolution also noch umfassender, als RENSCH sie sieht.

Insgesamt skizziert RENSCH ein umfassendes evolutionäres Bild; doch macht er nirgends den Versuch, allgemeine Evolutionsgesetze oder gar eine *allgemeine* Evolutionstheorie aufzustellen. Das gilt auch für viele andere Bücher, vor allem für Sammelbände: Sie fassen den Evolutionsbegriff ähnlich weit, ohne eine einheitliche Theorie in Aussicht zu stellen oder gar vorzulegen. Häufig verraten das schon die Titel, etwa *Evolution: Woher und Wohin? Antworten aus Religion, Natur- und Geisteswissenschaften.*

In solchen Büchern geht es vorwiegend um die Darstellung verschiedener Evolutions*phasen*. Es ist ganz natürlich, dass dabei jeder Autor gerade jene Abschnitte der Evolution hervorhebt, für die er besonderes Interesse oder besondere Kompetenz hat. Zusammenstellungen evolutionärer Disziplinen, die über bloße Aufzählungen hinausgehen oder sogar so etwas wie Vollständigkeit anstreben, finden sich dagegen selten. Einem solchen Wunsch recht nahe kommt das Buch *Evolutionär denken* des niederländischen Philosophen CHRIS BUSKES mit 10 evolutionären Disziplinen und noch näher der hervorragende Sammelband *Evolution*, herausgegeben von den Zürcher Wissenschaftshistorikern PHILIPP SARASIN und MARIANNE SOMMER mit rund 20 evolutionären Disziplinen.[6] Rund 50 wissenschaftliche und philosophische Disziplinen behandelt das Buch des gegenwärtigen Autors GERHARD VOLLMER: *Im Lichte der Evolution. Darwin in den Wissenschaften und in der Philosophie.*[7]

2.5 Evolutionstheorien im Vergleich

Nun ist es ja durchaus möglich, zwei oder mehr Phasen, Ebenen, Typen der Evolution miteinander zu *vergleichen* und nach Gemeinsamkeiten, nach Unterschieden oder nach beidem zu suchen. Das ist allerdings keine leichte Aufgabe, weil man dazu auf den jeweils verglichenen Gebieten ausreichend bewandert sein sollte. Viele Bücher und noch mehr Aufsätze stellen verschiedene Phasen der Evolution nur nebeneinander.

So vergleicht
- der deutsch-amerikanische Biologe ERNST MAYR kosmische und organismische Evolution,
- der Physiker PETER GRASSMANN technische Entwicklung mit biologischer Evolution,
- der Biologe ULRICH KULL biologische und sprachliche Evolution,
- der Sprachwissenschaftler ANDREAS FISCHER den Baum des Lebens mit dem Baum der Sprache,
- der Ethnologe CHRISTOPH ANTWEILER Bioevolution und Kulturevolution.

Am häufigsten werden biologische und kulturelle Evolution nebeneinandergestellt. In den Begleittexten äußern die Herausgeber dann den lobenswerten Wunsch, durch die interdisziplinäre Herangehensweise möge sich ein *ganzheitliches* Bild des Menschen ergeben. Aber bloße Interdisziplinarität führt noch nicht zwangsläufig zu Ganzheit.

2.6 Gibt es eine allgemeine Evolutionstheorie?

Die Reichweite des Evolutions*gedankens* ist verblüffend, aber ist damit auch die Reichweite der Evolutions*theorie* bereits abgesteckt? Insbesondere stellt sich die Frage, ob es für die verschiedenen Phasen der Evolution eine *gemeinsame* Theorie gibt, eine *allgemeine* Evolutionstheorie, die alle oder wenigstens die meisten Arten von Evolution umfasst. Diese Frage wird sehr unterschiedlich beantwortet. Oft wird sie kurzerhand verneint. So meint der Biologe HANS MOHR, der Entwurf einer allgemeinen Evolutionstheorie, die biologische, ökonomische und kulturelle Evolution umfasst, entspreche der Suche der Physiker nach der „Weltformel".

Nun ist aber keineswegs ausgemacht, dass es keine Weltformel gibt oder dass sie, wenn es sie gibt, für uns unauffindbar bleiben muss. Ebenso wenig ist ausgemacht, dass es keine allgemeine Evolutionstheorie geben kann. Vielmehr wird sie von vielen für möglich gehalten, von manchen gesucht und von einigen als vorhanden vorgestellt. Fragt man allerdings, wie diese umfassende Theorie aussehen könnte, so erhält man sehr unterschiedliche Antworten, die kaum Notiz voneinander nehmen und sich meist mit Schlagworten zufrieden geben.

So fragt der Biologe und Philosoph GEORG TOEPFER ausdrücklich, ob es eine generelle Evolutionstheorie gibt, verneint diese Frage aber gleich darauf, weil kosmische, chemische und biologische Evolution sehr unterschiedlichen Mechanismen unterliegen. Man wird daraufhin fragen, ob es wenigstens für alle Evolutionsvorgänge bei *Lebewesen* eine solche *allgemeine* Theorie geben könnte, außer für die biologische Evolution also für die Evolution von Kulturen, Sprachen, Werkzeugen, Künsten, Gesellschaften, Wirtschaftssystemen. Hier begnügt sich TOEPFER mit einer Zusammenstellung von Begriffen, die nach verschiedenen Autoren für Evolutionsvorgänge charakteristisch sind: Reproduktion, Vererbung, Variation, fitnessabhängige Überlebens- und Vermehrungsraten, Irreversibilität, Entstehung neuer Systeme, Ungeplantheit, Einfluss von Zufallsfaktoren.[8] Wie eine *allgemeine* Evolutionstheorie dann wirklich aussehen könnte, wird damit leider nicht klar. Dabei gibt es durchaus Versuche, solche Theorien zu formulieren, von denen wir wenigstens einige vorstellen wollen.

Im englischen Sprachraum diskutiert man das Thema einer allgemeinen Evolutionstheorie unter dem Stichwort *Universal Darwinism*. Schon DARWIN selbst macht sich Gedanken darüber, ob seine Evolutionsprinzipien Urverwandtschaft, Vererbung, Variation und Selektion auch für andere Gebiete gelten, insbesondere für die Evolution der menschlichen Sprache und der Moral. Der Ausdruck *Universeller Darwinismus* wird jedoch erst dem Biologen RICHARD DAWKINS zugeschrieben. Allerdings geht es DAWKINS dort noch nicht um eine Verallgemeinerung der Evolutionstheorie auf nicht-biologische Gebiete, sondern um die Allgemeingültigkeit von DARWINS Theorie, insbesondere des Prinzips der natürlichen Auslese, für *alle Lebewesen*.

Bald danach jedoch wird der Begriff erneut erweitert, und seitdem greift er über die Biologie weit hinaus. Dabei unterscheidet man noch zwischen solchen Anwendungen, bei denen die Genetik eine Rolle spielt (etwa Medizin oder Psychologie), und solchen, bei denen die Information anders gespeichert und weitergegeben wird als bei Lebewesen (etwa Computerprogramme, Kunststile oder wissenschaftliche Theorien).

2.6.1 DANIEL DENNETT und der DARWIN'sche Algorithmus

Wohl am bekanntesten ist der Philosoph DANIEL DENNETT mit seinem Buch *Darwins gefährliches Erbe* von 1995.[9] In diesem Buch verteidigt DENNETT die Evolutionstheorie nicht nur als eine für die Biologie entwickelte und in der gesamten Biologie äußerst erfolgreiche Theorie, er versucht auch, sie auf andere als biologische Prozesse zu verallgemeinern. Er nennt einen Prozess *Darwinsch*, wenn dieser die drei Merkmale *Vermehrung* (mit Vererbung), *Variation* und *Selektion* aufweist. Nach DENNETT kann man das Zusammenwirken dieser drei Faktoren als einen *Algorithmus* auffassen, der überall greift, wo die genannten drei Begriffe, Merkmale oder Faktoren eine Rolle spielen. Der Begriff des Algorithmus ist sehr abstrakt; es spielt keine Rolle, auf welchem Material diese Prozesse ablaufen. So kann man versuchen, ihn auf andere als biologische Systeme zu übertragen.

Warum nennt DENNETT DARWINS Ideen *gefährlich*? Sicher nicht nur, um den Verkauf zu fördern. Das entscheidende Merkmal ist vielmehr die Übertragbarkeit und *Verallgemeinerbarkeit* der Theorie: Sie ist eben in vielen Disziplinen anwendbar, biologischen wie nicht-biologischen. Tatsächlich hat sie im Laufe der Zeit immer mehr Disziplinen erfasst, und DENNETTS Buch dient gerade dem Nachweis dieser Fruchtbarkeit. Er vergleicht die Wirkung von DARWINS Theorie, insbesondere des Prinzips der natürlichen Auslese, mit einer universellen Säure, die alles angreift, was ihr in den Weg kommt, und die deshalb nicht einzuschließen und nicht aufzuhalten ist.

Aber ist es nicht erfreulich, wenn eine Theorie sich als vielfach anwendbar erweist? Wird hier nicht eine Einheit entdeckt oder gestiftet, von der einige schon lange träumen? Es kommt auf den Standpunkt an. Wie die drei *Kränkungen* des Menschen durch KOPERNIKUS, DARWIN und FREUD, die SIGMUND FREUD nicht ohne Eigenlob diagnostiziert, und die weiteren Kränkungen, die inzwischen eingetreten sind, keineswegs für alle Menschen echte Kränkungen darstellen[10], so sehen auch nicht alle in DARWINS Theorie eine *Gefahr*, sondern viele eher eine Chance. Wissenschaftlicher Fortschritt ist für viele erfreulich, für die Entdecker sogar meist beglückend. Er kann uns allerdings auch mancher Illusion berauben, insbesondere der Illusion über eine *Sonderstellung* des Menschen: seine Mittelpunktstellung im Kosmos (KOPERNIKUS), seine Ausnahmestellung gegenüber der Tierwelt (LAMARCK und DARWIN), die Rolle der Vernunft in seinen eigenen Entschlüssen und Handlungen (FREUD). Dass einige Menschen sich durch wissenschaftliche Entdeckungen tatsächlich gekränkt fühlen, sieht man am besten an dem *Widerstand*, der ihnen entgegengebracht wird. Da werden Forscher exkommuniziert, Bücher auf den Index gesetzt, Entdecker beschimpft oder lächerlich gemacht, Forschungen nicht mehr gefördert oder sogar verboten.

Nun sagt DARWIN nicht, dass der Mensch ein gewöhnliches Tier sei. Das behaupten auch nur wenige seiner Anhänger. Nicht nur ist jede Tierart, ist sogar jedes Individuum etwas Besonderes; vielmehr sind die Besonderheiten des Menschen besonders zahlreich, besonders auffällig und besonders folgenreich. Der Mensch ist also, wenn dieses Wortspiel erlaubt ist, in besonderer Weise besonders. Was DENNETT bei DARWIN gefährlich nennt, ist die Tatsache, dass dessen Theorie der natürlichen Auslese eine Erklärung „von unten" bietet. Im Gegensatz zu vorher bedarf es nun zum Verständnis der belebten Welt keines Schöpfers mehr, keiner Vorsehung, keiner Teleologie, keiner übernatürlichen Instanz, keines Weltenlenkers.

Der Mensch mit seinen Fähigkeiten ist nicht gewollt, nicht geplant, nicht geschaffen; er ist auf ebenso natürliche Weise entstanden wie alle anderen Lebewesen auch. Und das gilt eben nicht nur für seinen Körper, seine Anatomie, Morphologie und Physiologie, sondern für *alle* Merkmale, auch für sein Gehirn und dessen Leistungen! Und da seine Eigenschaften und Erzeugnisse von sehr vielen Disziplinen untersucht werden, naturwissenschaftlichen wie geisteswissenschaftlichen, hält auch die natürliche Erklärung dieser Eigenschaften und Fähigkeiten in alle diese Disziplinen Einzug – unnachgiebig, unaufhaltsam, geradezu voraussagbar. Diese Naturalisierung gefällt vielen nicht, sie fühlen sich in ihrer tatsächlichen oder vermeintlichen Sonderstellung bedroht und wehren sich – letztlich vergeblich. Deshalb ist DARWINS Theorie für viele unwillkommen, beunruhigend, gefährlich. Das naturalistische Welt- und Menschenbild, wonach es überall in der Welt „mit rechten Dingen" zugeht, wird von vielen abgelehnt.

Es gibt viele Ansätze, die Evolutionstheorie zu verallgemeinern. Die meisten gehen davon aus, dass eine solche umfassende Theorie nur die belebte Welt umfasst. Was ja Aufgabe genug ist. Wir begnügen uns hier mit drei jüngeren Ansätzen zu einer allgemeinen Theorie.

2.6.2 ENRICO COEN und die Formel des Lebens

Wir beginnen mit einem Buch des britischen Molekularbiologen ENRICO COEN *Die Formel des Lebens. Von der Zelle zur Zivilisation*. Schon der englische Titel[11] und auch der deutsche Untertitel verraten, worauf der Autor hinauswill: auf eine Theorie, die mehrere Entwicklungsprozesse übergreift. Diese Prozesse sind:

◆ die *Evolution* von der Bakterie bis zum menschlichen Gehirn,
◆ die *Entwicklung* von der Eizelle zum Individuum,
◆ das *Erlernen* neuer Umweltbeziehungen und
◆ die *soziokulturelle Entwicklung* von der Stammesgesellschaft zur Hochzivilisation.

Auf diesen vier Ebenen soll aller Wandel belebter Systeme stattfinden; hier wird nach Gemeinsamkeiten gesucht. (Leider wird die ökonomische Ebene, die heute besonders viel diskutiert wird, in COENS Buch mit keinem Wort erwähnt.)

Aber wo steckt nun die Formel des Lebens? COEN nennt sieben *Prinzipien*, die den Wandel beschreiben sollen: Variation, Beständigkeit, Verstärkung, Wettbewerb, Wiederholung, Kooperation und kombinatorische Vielfalt. Diese sieben Prinzipien und ihr Zusammenspiel sollen die *Formel des Lebens* ausmachen.

Hier könnte man stutzig werden: Was hier aufgezählt wird, das sind Begriffe, keine Prinzipien. Prinzipien sind Grundsätze, die wahr und falsch sein können, etwa das Archimedische Prinzip des Auftriebs oder das Trägheitsprinzip der klassischen Physik. Genaue Formulierungen für COENS Prinzipien finden sich bei ihm nicht. – Vor allem aber bleibt ungeklärt, in welchem Sinne es sich dabei um eine *Formel* handelt, denn weder die Prinzipien noch ihr Zusammenwirken werden in Gestalt einer oder mehrerer Formeln dargestellt. – Eine weitere Merkwürdigkeit: Gibt man den sieben Prinzipien eine andere Reihenfolge und ergänzt sie um den Begriff (oder das Prinzip) der *Abschwächung*, so erhält man vier Gegensatzpaare: Beständigkeit und Variabilität, Kooperation und Wettbewerb, Verstärkung und Abschwächung, Wiederholung und Vielfalt. Man könnte also auch von vier Paaren *antagonistischer* Prinzipien sprechen. Das macht die Liste sofort viel übersichtlicher. Leider wird diese Möglichkeit nirgends erwähnt.

Prüft man die von COEN genannten vier Ebenen des Wandels – Evolution, Entwicklung, Lernen, Kultur –, so findet man tatsächlich eine Gemeinsamkeit: die Rückkopplung (feedback). Im Buch wird sie für jede Ebene bildlich dargestellt. Dabei geht es in der Evolution um den Fortpflanzungserfolg, bei der Individualentwicklung um die Musterbildung, beim Lernen um die Synapsenstärke im Gehirn, bei der Kulturentwicklung um die Wertschätzung der Sozialpartner. COEN betont, dass diese doppelte Rückkopplungsschleife allen vier Ebenen gemeinsam ist. Doch macht er nicht deutlich, dass erst diese Rückkopplungen seine „Prinzipien" miteinander *verbinden* und damit zur „Formel des Lebens" gehören!

COEN betont zu Recht, dass sein Unternehmen ein *angemessenes Abstraktionsniveau* voraussetzt. Aber welches Niveau ist angemessen? Stellen wir uns vor, eine vielseitige Physikerin arbeitet über mehrere Naturerscheinungen, etwa über Wasserwellen, Schall, Licht, Mikrowellen, Elektromagnetismus, Erdbeben und Gravitation. Ganz begeistert erzählt sie uns, dass diese Naturerscheinungen gemeinsamen „Prinzipien" genügen: endliche Ausbreitungsgeschwindigkeit abhängig von der Dichte des Mediums, Energieübertragung ohne Materietransport, Abnahme der Intensität mit zunehmender Entfernung, Überlagerung (Superposition) von Signalen aus verschiedenen Richtungen, wechselseitige Verstärkung und Auslöschung. Sie zeigt auch noch, dass sich alle diese Erscheinungen als *Wellen* beschreiben lassen, also als räumlich und zeitlich periodische Vorgänge. Aber sie verrät uns *nicht*, dass diese Gemeinsamkeiten durch eine einzige Gleichung ausgedrückt werden können: die Wellengleichung. Sie stellt – auch quantitativ – die gemeinsame Struktur der genannten Erscheinungen dar. Sie ist zwar keine Weltformel, aber doch eine *universelle Beschreibung* für alle Wellenerscheinungen. Dann stellt diese Gleichung die angemessene Abstraktionsebene dar, und deshalb muss heute jeder Physiker mit dieser Gleichung vertraut sein.

Nun erwarten wir nicht, dass es für die Lebenserscheinungen mit einer einzigen Formel getan ist – obwohl COEN gerade dies durch sein Schwärmen von der *Formel des Lebens* durchaus nahelegt und mehrfach als seine persönliche Entdeckung ausgibt. Auch die Physik besteht ja nicht nur aus der Wellengleichung, sondern stützt sich, solange eine Weltformel nicht zur Verfügung steht, auf viele weitere fundamentale Gleichungen. So würden wir uns wünschen, dass auch COEN verrät, wie weit sich seine „Formel" tatsächlich formalisieren lässt, sodass die von ihm aufgewiesene Strukturgleichheit auch quantitativ sichtbar würde. Erst dann könnte man beurteilen, ob hier wirklich eine Formel allen Lebens gefunden wurde oder ob es bei den üblichen vagen Analogien bleibt. So erweist sich COENS Bemühen, von einer Formel zwar zu reden, dabei aber jede Art von formaler Präzisierung sorgsam zu *vermeiden*, als Bumerang: Die Gesamtstruktur bleibt in der Schwebe. Der Leser erfährt nicht einmal, dass es so etwas wie Biomathematik überhaupt gibt. Erst recht findet er keinerlei Hinweis auf einen Text für Fachleute, in dem COEN oder jemand anderes diese Lücke füllt. So bleibt völlig offen, ob es die versprochene Formel überhaupt gibt.

2.6.3 GERHARD SCHURZ und die DARWIN'schen Module

Fast gleichzeitig mit dem Buch von COEN erschien ein Buch des Physikers und Philosophen GERHARD SCHURZ mit dem Titel *Evolution in Natur und Kultur. Eine Einführung in die verallgemeinerte Evolutionstheorie.*[12] Wenn SCHURZ nicht von *einer*, sondern gleich von *der* verallgemeinerten Evolutionstheorie spricht, dann muss er ja wohl auch die einzige, die erste oder die bisher beste derartige Theorie zu bieten haben. Hat er?

Vorweg: Es ist ein sehr gutes Buch! Auf 450 Seiten enthält es beeindruckend viel Information, und überall lohnt sich die Lektüre. Über zahlreiche Disziplinen hinweg werden hochinteressante und sorgfältig recherchierte und belegte Themen behandelt: Entwicklungstheorien vor DARWIN, Argumente gegen Kreationisten, anthropisches Prinzip, wissenschaftstheoretische und ethische Fragen der Evolutionstheorie, Brückenprinzipien zwischen Sein und Sollen, kulturelle Evolution, die Mem-Theorie von RICHARD DAWKINS, mathematische Grundlagen, klassische und evolutionäre Spieltheorie, Evolution von Moral, Wissen und Religion.

Wie aber steht es mit dem Versprechen, eine verallgemeinerte Evolutionstheorie anzubieten? Studiert man das Inhaltsverzeichnis, so ist dieser Verallgemeinerung zwar Teil II gewidmet, tatsächlich aber nur ein Unterkapitel (6.3) von sieben Seiten. Und in Teil IV werden „mathematische Grundlagen und theoretische Modelle der verallgemeinerten Evolutionstheorie" vorgestellt. Aber wo lernen wir die allgemeine Theorie ohne Mathematik denn wirklich kennen? Welche Seiten oder Kapitel soll jemand lesen, der schon einiges über Evolution und Evolutionstheorien weiß, jetzt aber auch die *verall-gemeinerte* Evolutionstheorie kennenlernen möchte? Diese allgemeine Evolutionstheorie ist, quantitativ gesehen, nicht als Hauptanliegen des Buches erkennbar. Immerhin könnte man der Meinung sein, alle Kapitel über *einzelne* Arten von Evolution seien notwendig, um die Angemessenheit der vorgeschlagenen *allgemeinen* Evolutionstheorie zu belegen.

Welche Arten oder Phasen der Evolution sind gemeint? SCHURZ lässt seine verallgemeinerte Evolutionstheorie erst bei der biologischen Evolution im Sinne DARWINS beginnen. Das liegt daran, dass er den Evolutionsbegriff auf DARWIN'sche Evolution einschränkt. In ihr wirken die drei Faktoren – SCHURZ nennt sie DARWIN'sche „Module" – *Reproduktion, Variation, Selektion*, denen wir schon bei DENNETT begegnet sind. Durch die Forderung nach *Reproduktion* werden viele Evolutionsphasen ausgeschlossen, mindestens alle jene, bei denen eben keine echte Reproduktion vorliegt. (Bloßes Weiterexistieren ist natürlich keine Reproduktion, selbst wenn sich dabei einiges ändert.) Von der Evolution des Kosmos ist deshalb nur kurz die Rede und nur im Zusammenhang mit der kosmologischen Vielwelten-Spekulation des Astrophysikers LEE SMOLIN, die aber mit Evolution so gut wie nichts zu tun hat, weil es unter den verschiedenen Welten keine Wechselwirkung, keine Konkurrenz und keine Auslese gibt. Im Übrigen spielen Kosmos, Galaxien und Sterne keine Rolle. Auch die Evolution von Planetensystemen und die chemische Evolution, also die Entstehung von Biobausteinen auf der Früherde, fallen noch nicht unter den hier zugrunde gelegten Evolutionsbegriff; ihnen billigt SCHURZ allenfalls den Status von *Protoevolutionen* zu. Das leuchtet ein; aber auch die *Entstehung* des Lebens, zu der DARWIN noch so gut wie nichts sagen konnte, über die aber inzwischen doch einiges bekannt ist, kommt mit vier Seiten zu kurz. Dabei ist gerade sie für Evolutionsfragen besonders lehrreich, weil die entscheidenden Evolutionsfaktoren bei den ersten lebenden Systemen, den Einzellern oder ihren Vorgängern, gewissermaßen in Reinkultur am Werk sind.

Nun gibt es ja auch höhere Evolutionsphasen. Der sozialen Evolution sind merkwürdigerweise nur vier, der technologischen nur fünf Seiten gewidmet, und die Evolution der Wissenschaft findet so gut wie gar keine Erwähnung. Besonders nachteilig wirkt sich aus, dass die Evolutorische Ökonomik überhaupt keine Rolle spielt; gerade hier ist, wie der Name verrät, die Verwandtschaft mit der Evolutionstheorie besonders eng.

Die Evolutionsphase, der SCHURZ sich besonders widmet, ist die kulturelle Evolution. In sorgfältig erarbeiteten Tabellen (S. 142, 195, 207, 237f.) stellt er biologische und kulturelle Evolution gegenüber. Dabei schließt er sich weitgehend der von RICHARD DAWKINS ab 1976 entwickelten Mem-Theorie an, wonach Meme (Ideen) für die kulturelle Evolution eine ähnliche Rolle spielen sollen wie die Gene für die biologische Evolution. Dabei gewinnt man jedoch den Eindruck, dass die *Unterschiede* die Ähnlichkeiten weit überwiegen, so sehr, sodass von einer übergreifenden Theorie kaum mehr die Rede sein kann. Es ist schon schwierig zu sagen, in welchem Sinne Ideen sich *reproduzieren* sollen. Insbesondere kennt die kulturelle Evolution eine lamarckistische „Vererbung" erworbener Eigenschaften, die für die biologische Evolution ausdrücklich verneint wird. Auch ist es so gut wie unmöglich, einen nicht-zirkulären Fitnessbegriff zu prägen, der Prognosen darüber erlaubt, ob ein Mem oder eine Idee sich ausbreitet oder in Vergessenheit gerät.

Hätte ich zu raten, so würde ich als Untertitel wählen: *Eine Einführung in die Probleme einer verallgemeinerten Evolutionstheorie.* Über solche Probleme wird man tatsächlich bestens informiert.

2.6.4 Peter Mersch und die Systemische Evolutionstheorie

Ein besonders viel versprechender Ansatz stammt von dem Systemanalytiker Peter Mersch mit einem Buch *Die egoistische Information. Eine neue Sicht der Evolution.*[13] Auf der Suche nach einer allgemeinen Theorie kritisiert Mersch die biologische Evolutionstheorie zum Teil als zu eng, zum Teil aber auch als falsch – was bei Biologen sofort Unbehagen und Widerspruch auslöst. Die *Grundvoraussetzungen* seiner Theorie sind:

◆ *Variation:* Die Mitglieder einer Population sind verschieden und deshalb unterschiedlich gut an ihren Lebensraum angepasst;
◆ *Reproduktionsinteresse,* das in der Regel ein Selbsterhaltungsinteresse einschließt; und
◆ *Reproduktion,* also das Erzeugen von Nachkommen, die ähnlich sind, aber nicht gleich sein müssen.

Das klingt zunächst ganz darwinistisch und erinnert an den Algorithmus der natürlichen Auslese bei Dennett und die Darwin'schen Module von Schurz. Doch fällt auf, dass der Begriff der natürlichen Auslese bei Mersch gar nicht vorkommt. Tatsächlich stellt Mersch fest, dass seine Allgemeine Evolutionstheorie das Prinzip der natürlichen Selektion nicht benötige, weil es aus dem grundsätzlicheren Prinzip der (gleichverteilten) Reproduktionsinteressen von selbst folge. Da jedoch nur Lebewesen *Interessen* haben können, gilt die Theorie zunächst auch nur für Lebewesen und die durch sie gebildeten sozialen Systeme. Bei großzügiger Auslegung der Terminologie lassen sich aber auch nichtbiologische Evolutionstypen wie Kultur, Technik und Sport mit dieser Theorie erfassen. Dagegen wird man fragen, inwiefern *alle* Lebewesen Interessen haben sollen, benützen wir doch diesen Begriff in aller Regel in einem *psychologischen* Sinne, was dann eben auch eine Psyche voraussetzt. Dazu muss Mersch dem Begriff *Interesse* eine *metaphorische* oder sogar *fiktive* Bedeutung geben: Alle Lebewesen verhalten sich so, *als ob* sie am Überleben und an der Fortpflanzung Interesse *hätten*. (Das erinnert an den metaphysischen Begriff des *Willens*, der von Arthur Schopenhauer auch Pflanzen und sogar unbelebten Systemen zugeschrieben wird.)

MERSCHS größte Leistung liegt darin, dass er ein geeignetes Abstraktionsniveau für eine universelle Evolutionstheorie gefunden hat. Es gelingt ihm, seine Theorie so zu formulieren, dass sie sowohl die biologische als auch die soziale Evolution angemessen beschreibt. Insbesondere gelingt es ihm, das für die Ökonomik grundlegende Theorem des Engländers DAVID RICARDO (1772–1823), auch Theorem der komparativen Kostenvorteile genannt, aus seinen Grundannahmen abzuleiten (10.4). Das ist genau das, was wir von einer *universellen Theorie* erwarten.

In kompetenter Weise setzt sich MERSCH mit vielen Einwänden auseinander, sowohl mit solchen gegen die klassische Evolutionstheorie als auch mit möglichen Einwänden gegen seine eigene. Dazu gehört die Tatsache, dass gerade intelligente und beruflich erfolgreiche Leute ein geringeres Reproduktionsinteresse und deshalb auch weniger Kinder haben, was verschiedentlich als das *zentrale theoretische Problem für die Soziobiologie des Menschen* angesehen wird. MERSCH zeigt, dass seine Theorie dieses und andere Probleme lösen kann. Mir scheint, dass hier die bisher beste Verallgemeinerung des Evolutionsgedankens vorliegt. Diesem Ansatz ist deshalb besonders viel Aufmerksamkeit zu wünschen.

2.7 DARWIN und die Philosophie

Schon zu Beginn haben wir die Bedeutung der Evolutionstheorie für die Wissenschaften betont. Es wäre ein Leichtes, diese Bedeutung an Beispielen aus den Erfahrungswissenschaften zu belegen. Das wird in dem vorliegenden Buch vielfach getan. Wir gehen nun noch einen Schritt weiter: An mehreren Beispielen wollen wir zeigen, dass Evolutionsgedanke und Evolutionstheorie auch in die Philosophie Eingang gefunden haben. Dazu zeigen wir zunächst, welche Beziehungen zwischen DARWIN und Philosophie bestanden. Danach stellen wir einige philosophische Disziplinen vor, die besonders viel von der Evolutionstheorie profitiert haben: Evolutionäre Erkenntnistheorie, Evolutionäre Ethik, Evolutionäre Ästhetik, Evolutionäre Metaphysik, Evolutionäre Logik.

Die Beziehungen zwischen Darwin und der Philosophie lassen sich nach vier Fragen ordnen:

◆ Welches Verhältnis hatte Darwin zur Philosophie?
◆ Welche Verbindung hatte Darwin zu zeitgenössischen Philosophen?
◆ Wie reagierten zeitgenössische Philosophen auf Darwins Evolutionstheorie?
◆ Welchen Einfluss hatte Darwins Evolutionstheorie auf die Philosophie?

Wir wollen diese Fragen nacheinander behandeln. Dabei bildet die letzte, nicht historisch gemeinte Frage naturgemäß den Hauptteil unserer Überlegungen.

2.7.1 Welches Verhältnis hatte DARWIN zur Philosophie?

Diese erste Frage ist aus seinen veröffentlichten Werken kaum zu beantworten; zur Philosophie äußert er sich dort nur wenig. Dabei könnte man immerhin einige seiner Vorgänger als Philosophen einstufen, schrieb doch LAMARCK 1809 eine zweibändige *Philosophie zoologique*, die 2009 ebenfalls ein Jubiläum feiern konnte. Aber gerade dadurch wurde LAMARCK zum Vorgänger DARWINS, insbesondere der Evolutionstheorie und damit auch der neuzeitlichen Biologie. LAMARCK, DARWIN und andere haben die neuzeitliche Biologie als einheitliche Disziplin erst *begründet*.

Auch in DARWINS Autobiographie gibt es zwar ein ganzes Kapitel über seine *religiösen* Ansichten; er erläutert darin, wie und warum er allmählich zum Agnostiker wurde. Über seine *philosophischen* Überzeugungen erfährt man jedoch so gut wie nichts. Offenbar haben ihn philosophische Texte wenig beeindruckt, Bücher über Metaphysik schon gar nicht. Zwar hatte er nach zwei Jahren Medizin Theologie studiert und dort auch das einzige Examen seines Lebens gemacht; was ihn während des Studiums jedoch wirklich interessierte, das waren Geologie, Paläontologie, Botanik, Zoologie. Zum Glück gab es Professoren wie JOHN STEVENS HENSLOW, die nicht nur Theologie lehrten, sondern gleichzeitig auch Botanik, sodass er dessen Exkursionen mitmachen konnte.

Mehr entnehmen wir seinen Notizbüchern, in denen er 1837/1838 Gedanken zu zahlreichen naturkundlichen Themen zusammenträgt, die aber nicht zur Veröffentlichung bestimmt sind. In Notizbuch M notiert er 1838: „Ursprung des Menschen nun bewiesen. Die Metaphysik muss aufblühen. Wer den Pavian versteht, hätte mehr für die Metaphysik getan als Locke." Und etwas später: „PLATON ... sagt im *Phaidon*, unsere ,*notwendigen Ideen*' entstammten der Präexistenz der Seele, seien nicht von der Erfahrung abgeleitet. – Lies Affen für Präexistenz." Damit verweist er auf eine Lösung für das alte philosophische Problem der angeborenen Ideen: Was uns von Geburt an mitgegeben ist und uns universell, manchmal sogar denknotwendig erscheint, das verdanken wir letztlich unseren tierlichen und menschlichen Vorfahren. Angeborene Ideen kann es danach durchaus geben; vielleicht können wir ihnen auch gar nicht entrinnen; sie sind dann *a priori* in einem biologisch-genetischen und *denknotwendig* in einem psychologischen Sinne. Eine Wahrheitsgarantie liegt darin jedoch nicht.

Auch zu anderen Problemen, die wir gern philosophisch nennen, nimmt er gelegentlich Stellung, so zur wissenschaftlichen Methodologie („Ich arbeitete nach echten BACON'schen Grundsätzen."), zur teleologischen Weltsicht, die er bekämpft, zur Willensfreiheit, die er als Illusion bezeichnet, zu ethischen Problemen, etwa zur Genese der Moral, des Gewissens, des Gemeinsinns, der Religiosität, oder zu aktuellen politischen Fragen, insbesondere zu Sklaverei und zu Kinderarbeit, die er verurteilt, wie er sich auch sonst gegen jede Art von Unterdrückung wendet.

Aber wird er dadurch schon zum Philosophen? In einem Aufsatz zur Suche nach einer *evolutionären Philosophie des Menschen* gibt der Evolutionsbiologe RICHARD

ALEXANDER dem Mathematiker und Genetiker J. B. S. HALDANE darin Recht, dass DARWIN *die größte philosophische Revolution aller Zeiten* ausgelöst habe.[14] Die Evolutionstheorie sei schon deshalb philosophisch, weil sie so umfassend sei und dabei auch den Menschen einschließe; sie gebe damit auch eine Antwort auf die Frage „Was ist der Mensch?", die wichtigste Frage der Philosophie überhaupt. Diese Antwort sei so revolutionär, dass man alle vorhergehenden Antworten ignorieren könne.

Das kann man aber auch ganz anders sehen. Dass DARWINS Gedanken, insbesondere seine Evolutionstheorie, großen *Einfluss* nicht nur auf die Wissenschaften, sondern auch auf die Philosophie hatten, ist unbestritten. Das heißt aber noch nicht, dass DARWIN selbst Philosoph war. Vermutlich liegt die Wahrheit in der Mitte: DARWIN war hellsichtig genug, die Relevanz seiner Evolutionstheorie für die Philosophie zu sehen und hervorzuheben. Er war aber auch bescheiden und vorsichtig genug, keinen philosophischen Aufsatz und erst recht kein philosophisches Buch zu schreiben.

2.7.2 Welche Verbindung hatte DARWIN zu zeitgenössischen Philosophen?

Dazu passt, dass er auch zu zeitgenössischen Philosophen nur wenig Kontakt hatte. Unter den vielen Menschen, denen er begegnete, waren anscheinend nur zwei Philosophen: WILLIAM WHEWELL und HERBERT SPENCER. Über WHEWELL schreibt DARWIN: „Nach Sir J. MACKINTOSH war er der beste Gesprächspartner für ernste Themen, dem ich jemals zuhörte."

Sehr kritisch äußert sich DARWIN dagegen über SPENCER: „Ich muss sagen, dass [seine Schlussfolgerungen], wie mir scheint, keine ernste wissenschaftliche Bedeutung besitzen." Immerhin hat DARWIN den Ausdruck *survival of the fittest* von SPENCER übernommen. Dieser hatte den Ausdruck 1864 eingeführt, und DARWIN verwendete ihn ab der fünften Auflage 1869 seines Hauptwerkes *Vom Ursprung der Arten*. Aber nicht einmal das war – wegen der Unklarheit des Begriffs – eine gute Wahl. Unklar ist, wer überhaupt *fit* genannt werden kann und wer dann der *Fitteste* ist; unklar ist, wie man das Wort *fit* übersetzen soll (tauglich, tüchtig, angepasst?); und unklar ist, ob der Ausdruck *survival of the fittest* das Prinzip der natürlichen Auslese wirklich angemessen wiedergibt. Denn erstens kommt es in der biologischen Evolution weniger auf mein *Überleben* an als auf die Zahl meiner *Nachkommen*, genauer: auf die Zahl meiner Gene in der nächsten Generation. Zweitens überlebt nicht nur der Tüchtigste, vielmehr überleben viele einigermaßen Tüchtige. Nur die jeweils Untüchtigsten bringen weniger Gene in die nächste Generation, sodass ihre Gene allmählich verschwinden. Drittens wird man erst dann von *Aussterben* sprechen, wenn dieser Prozess ganze Rassen, Arten oder höhere taxonomische Einheiten betrifft. So stiftet der von SPENCER übernommene Ausdruck mehr Verwirrung als Orientierung.

Sicher aber dürfen wir DARWINS Begegnungen noch JOHN FREDERICK WILLIAM HERSCHEL hinzufügen. Zwar ist HERSCHEL eher als Naturwissenschaftler bekannt, vor allem als Astronom; doch erscheint 1830 *A preliminary discourse on the study of natural philosophy*, nach JOHN LOSEE „das umfassendste und ausgewogenste wissenschaftstheoretische Werk seiner Zeit"[15]. Von diesem Buch und von ALEXANDER VON HUMBOLDTS *Personal narrative of travels to the equinoctial regions of America during the years 1799–1804* ist DARWIN so begeistert, dass er sich wünscht, selbst einmal einen solchen Beitrag zur Naturkunde leisten zu können. Eine Gelegenheit dazu wird ihm noch im selben Jahr geboten: eine fünfjährige Weltumseglung mit der *Beagle*, eine Reise, die DARWINS ganze spätere Laufbahn prägt.

2.7.3 Wie reagierten zeitgenössische Philosophen auf DARWINS Evolutionstheorie?

Aus dieser Frage ließe sich ein langes Kapitel, wahrscheinlich sogar ein ganzes Buch machen. Während nämlich der Einfluss der Philosophie auf DARWIN gering war, ist umgekehrt sein Einfluss auf die Philosophie ungeheuer. Wie zu erwarten war, reichen die Reaktionen von begeisterter Zustimmung bis zu erbitterter Ablehnung.

Schon 1859, also noch im Erscheinungsjahr von DARWINS *Ursprung der Arten*, schreibt FRIEDRICH ENGELS an KARL MARX: „Übrigens ist der DARWIN, den ich gerade lese, ganz famos. Die Teleologie war nach einer Seite hin noch nicht kaputt gemacht, das ist jetzt geschehen. Dazu ist bisher noch nie ein so großartiger Versuch gemacht worden, historische Entwicklung in der Natur nachzuweisen, und am wenigsten mit solchem Glück." Sozialisten und Kommunisten machen denn auch reichlich Gebrauch von DARWINS Theorie; doch hat er es nicht nötig, sich um diese Reaktionen zu kümmern. Für ihn kommt hier der Beifall von der falschen Seite.

Während es ihm – vor allem mit Rücksicht auf seine tiefgläubige Frau – durchaus nahegeht, dass ihn die Kirche bekämpft, kann er es sich leisten, die Philosophen zu ignorieren. Aber natürlich gibt es auch viele Kritiker. FRIEDRICH NIETZSCHE etwa äußert sich mehrfach *kritisch* zu DARWIN. Sowohl in seinen veröffentlichten Schriften als auch in seinem Nachlass finden sich zahlreiche Kurztexte zu DARWIN, von denen gleich mehrere mit „Anti-DARWIN" überschrieben sind. In der Literatur gibt es keinen Hinweis, dass umgekehrt DARWIN von NIETZSCHE irgendwie Kenntnis genommen hätte.

2.7.4 Welchen Einfluss hatte DARWINS Evolutionstheorie auf die Philosophie?

Dass DARWINS Theorie auch Folgen für die Philosophie haben würde, wurde schon früh bemerkt. DARWIN selbst war sich völlig im Klaren, dass seine Theorie nicht nur innerbiologische Bedeutung besitzt, sondern auch philosophische Implikationen hat. Er selbst hat diese Folgerungen nur angedeutet. Es gab aber genügend andere Leute, die diese Bedeutung sofort erkannten und auch zum Ausdruck brachten. Tatsächlich hat sich die Evolutionstheorie – oder sollten wir vorsichtiger sagen: der Evolutionsgedanke? – für viele weitere Themenkreise als fruchtbar erwiesen, auch für viele Bereiche der Philosophie. Das hat früh begonnen.[16]

Bekanntlich hat der bereits erwähnte Philosoph HERBERT SPENCER, nur ein gutes Jahrzehnt jünger als DARWIN, die Evolution zur Grundlage seines umfangreichen Werkes gemacht, das ihn als Hauptvertreter des *Evolutionismus* in der zweiten Hälfte des 19. Jahrhunderts ausweist, zu einer Zeit also, in der sich DARWINS Theorie noch gar nicht durchgesetzt hatte.

Weniger bekannt ist, dass auch der Philosoph CHARLES SANDERS PEIRCE eine „evolutionäre Philosophie" ins Auge fasst.[17] Dabei geht er davon aus, dass sogar die heute herrschenden Naturgesetze durch Evolution entstanden seien. Nur der *Zufall* könne am Anfang aller Entwicklung stehen, und nur der Zufall könne aus homogenen Anfangszuständen die heterogene Vielfalt werden lassen, die wir heute vorfinden und von der auch wir ein Teil sind. Man darf hier von einer Evolutionären Naturphilosophie sprechen. Im Gegensatz zum *Evolutionären Naturalismus* enthält sie allerdings viele metaphysische Elemente, insbesondere ein umfangreiches Kategoriensystem.

Ein weiterer früher Vertreter einer evolutionären Philosophie ist ROY WOOD SELLARS. In seinem Buch *Evolutionary naturalism* von 1922 verbindet er evolutionäres Denken mit einem konsequenten Naturalismus, eine Verbindung, die uns heute ganz natürlich zu sein scheint. Der Naturalist geht davon aus, dass es überall in der Welt „mit rechten Dingen" zugehe. Deshalb muss er alle Eigenschaften des Menschen auf *natürliche* Weise erklären, also auch Erkennen, Handeln und Urteilen.[18] Dafür ist ihm die Evolutionstheorie besonders willkommen. Sie wird damit zu einem wesentlichen Baustein für einen *Evolutionären* Naturalismus. Nicht nur hat DARWIN diesen Baustein geliefert, er hätte sich dieser Auffassung sicher auch gern angeschlossen.

JOHN DEWEY (1859–1952), Pragmatist und Naturalist, der die amerikanische Philosophie besonders stark geprägt hat, kann DARWINS Einfluss gar nicht genug betonen. Dieser habe den Blick der Biologen vom Sein auf das Werden gerichtet. Zwar hätten das in der Physik andere schon vor ihm getan, etwa KEPLER und GALILEI; aber in der Biologie habe eben noch ein statisches Denken geherrscht, wonach die einzelnen Lebewesen sich entwickeln, die Arten aber nicht: „Der Einfluss DARWINS auf die Philosophie beruht darauf, dass er die Phänomene des Lebens für das Prinzip des Übergangs erobert hat und dadurch die neue Logik für eine Anwendung auf Geist und Moral und Leben befreit hat."[19] Damit habe DARWIN die gesamte klassische Naturphilosophie und Erkenntnistheorie in Frage gestellt; insbesondere habe er alle Teleologie entbehrlich gemacht. – Ganz ähnlich beurteilt HARALD HÖFFDING (1843–1931) den Einfluss des Evolutionsdenkens auf die Philosophie in seinem Beitrag zu dem schon zu Anfang erwähnten Sammelband von ALBERT CHARLES SEWARD zu DARWINS 100. Geburtstag.

Trotz dieser frühen Stimmen, die den Einfluss der Evolutionstheorie auf die Philosophie hervorheben und offenbar auch begrüßen, muss dieser Einfluss in Deutschland auch heute noch als gering bezeichnet werden. Für die erste Hälfte des 20. Jahrhunderts kann man dafür noch Verständnis aufbringen; war doch damals die Evolutionstheorie selbst noch umstritten. Für die zweite Jahrhunderthälfte greift diese Ausrede aber nicht mehr. Hier muss man ganz klar sehen, dass deutsche Philosophie in dieser Zeit immer noch stark idealistisch bis religiös geprägt ist. So hat auch das dreizehnbändige *Historische Wörterbuch der Philosophie* die Chance, die Bedeutung der Evolutionstheorie für die Philosophie zu thematisieren, rundweg verpasst. Wie kommt es, dass die Bedeutung der Evolutionstheorie für die Philosophie in Deutschland so unterschätzt wird? Es scheint mehrere Gründe zu geben.

Erstens wird die Evolutionstheorie selbst weit unterschätzt. An den Schulen wird sie kaum behandelt, wenn überhaupt, dann erst in oberen Klassen und auch dort recht oberflächlich. Bedenkt man, was sonst alles sogar schon an Grundschulkinder herangetragen wird – Religionsunterricht, Fremdsprachen, ein bisschen Geschichte, ein bisschen Erdkunde – dann fragt man sich, warum der Evolutionsgedanke nicht auch schon viel früher vermittelt wird.

Zweitens bleibt der Evolutionsgedanke im Allgemeinen auf die Biologie beschränkt. Dass er eine ungeheure Tragweite hat – für andere Naturwissenschaften, für viele weitere Disziplinen, für die Philosophie, für unser gesamtes Weltbild –, das wird den Lernenden nicht klar.

Wer soll es ihnen denn auch erzählen? Es ist ja – drittens – auch den Lehrenden nicht bewusst. An welchen Universitäten gibt es das Fach Evolutionsbiologie? An welchen Universitäten ist es Pflicht? An welchen Universitäten reicht es über die Biologie hinaus? An welchen Schulen und Hochschulen wird die Tragweite dieser Idee vorgestellt?

Und viertens hat es sich in Deutschland immer noch nicht herumgesprochen, dass auch Grundzüge der Naturwissenschaften zur Bildung gehören. Das erschreckendste Beispiel ist das Buch *Bildung – Alles, was man wissen muss*. Sein Autor, der Anglist Dietrich Schwanitz, meint dort: „Naturwissenschaftliche Kenntnisse müssen zwar nicht versteckt werden, aber zur Bildung gehören sie nicht." So enthält sein Buch bei einem Umfang von 700 Seiten so gut wie nichts über Naturwissenschaften, nämlich nur dreieinhalb Seiten über Darwin und die Evolution, drei Seiten über Einstein und die Relativitätstheorie. Und ausgerechnet hier muss man entsetzt feststellen, dass es selbst in diesen wenigen Bemerkungen von Fehlern nur so wimmelt![20]

Im Folgenden schildern wir nicht den Einfluss der Evolutionstheorie auf die Philosophie als Ganzes, sondern ihre Auswirkungen auf einige wichtige *Teilgebiete* der Philosophie.

2.8 Die großen Teilgebiete der Philosophie

Nach klassischem Muster unterscheiden wir fünf Disziplinen:

- *Erkenntnistheorie* als Lehre vom menschlichen Erkennen,
- *Ethik* als Lehre vom richtigen Handeln,
- *Ästhetik* als Lehre von Schönheit und Geschmack,
- *Metaphysik* als Frage nach den ersten und den letzten Dingen,
- *Logik* als Lehre vom korrekten Schließen.

Eine angemessene Charakterisierung dieser Disziplinen wird, was oft vergessen wird, immer auch noch das *Gegenteil* einbeziehen: bei der Logik die Fehlschlüsse, bei der Metaphysik das Immanente, bei der Erkenntnistheorie den Irrtum, bei der Ethik das unmoralische Handeln und das Unterlassen, bei der Ästhetik das Hässliche. Darauf werden wir jedoch nicht weiter eingehen.

Ist diese Liste vollständig? Mit IMMANUEL KANT sind wir versucht, eine weitere Disziplin einzubeziehen, nämlich die *philosophische Anthropologie* mit der leitenden Frage „Was ist der Mensch?" Er selbst rechnet auch noch die Religion zur Philosophie; dabei geht es ihm vor allem um die Frage „Was dürfen wir hoffen?" Darin folgen wir ihm heute nicht, aber natürlich gibt es eine *Religionsphilosophie* und die verschiedenen Fragen nach dem *Sinn* der Welt, der Evolution, des Lebens, der Geschichte, die wir hier unterbringen können. Schließlich wäre es angebracht, die Philosophie des Geistes als eigenes Teilgebiet hinzuzufügen. Für sie hat KANT keine eigene Frage formuliert, sodass sie von Autoren, die sich auf KANT berufen, leicht unterschätzt oder ganz vergessen wird. Typische Probleme sind das Leib-Seele-Problem und das Problem der Willensfreiheit.

Alle diese Disziplinen und Probleme hat es schon gegeben, als es noch keine Evolutionstheorie gab; aber zu allen kann man *evolutionäre* Varianten ins Auge fassen:

- *Evolutionäre Erkenntnistheorie,*
- *Evolutionäre Ethik,*
- *Evolutionäre Ästhetik,*
- *Evolutionäre Metaphysik,*
- *Evolutionäre Logik.*

Für welche dieser philosophischen Disziplinen ist DARWINS Theorie bedeutsam? Die Antwort ist einfach: für alle, freilich in verschiedenem Maße. Auch weitere Teilgebiete der Philosophie könnten wir auf ihren evolutionären Charakter befragen. So wird es auf jeden Fall eine *Evolutionäre Naturphilosophie* geben. Zu der Frage, wie weit der Evolutionsgedanke unser gesamtes Natur- und Menschenbild verändert hat, haben wir uns schon im ersten Kapitel *Im Lichte der Evolution* Gedanken gemacht. Ein gemeinsames Merkmal aller hier vorgestellten evolutionären Disziplinen ist der naturalistische Ansatz, den wir bereits kurz charakterisiert haben.

2.8.1 Evolutionäre Erkenntnistheorie

Die kognitiven Leistungen des Menschen sind erstaunlich. Man kann diese Leistungen als gegeben hinnehmen; man kann aber auch fragen, wie es eigentlich kommt, dass wir die Welt so gut erkennen können. Klassische Erkenntnistheoretiker waren sogar der Meinung, dass es *sicheres* Wissen über die Welt gebe, und versuchten, diese Sicherheit nachzuweisen und zu erklären. Skeptiker folgen ihnen darin nicht mehr. Angesichts von Vergesslichkeit, Sinnestäuschungen, Fehlschlüssen und vielen Irrtümern kann man natürlich auch fragen, warum unser Erkenntnisvermögen nicht noch besser ist. *Warum sind wir nicht klüger?* lautet dementsprechend der Titel eines Buches von Nicholas Rescher. Die Evolutionäre Erkenntnistheorie versucht, auf beide Fragen eine Antwort zu geben. Ihre Hauptthesen lauten:

Denken und Erkennen sind Leistungen des menschlichen Gehirns, und dieses Gehirn ist in der biologischen Evolution entstanden – als Überlebensorgan, nicht als Erkenntnisorgan. Unsere kognitiven Strukturen *passen* (wenigstens teilweise) auf die Welt, weil sie sich – phylogenetisch – in *Anpassung* an diese reale Welt herausgebildet haben und weil sie sich – ontogenetisch – auch bei jedem Einzelwesen mit der Umwelt auseinandersetzen müssen. So können wir *Leistungen und Fehlleistungen* unseres Gehirns erklären. Der Evolutionsbiologe George G. Simpson (1902–1984) drückt es sehr bildhaft aus: „Der Affe, der keine realistische Wahrnehmung von dem Ast hatte, nach dem er sprang, war bald ein toter Affe – und gehört deshalb nicht zu unseren Urahnen.“[21]

Ein besseres Erkenntnisvermögen – schärfere Sinne, genauere Vorstellungen, besseres Gedächtnis, zuverlässigere Folgerungen, damit auch bessere Prognosen, mehr Selbstkritik – ist zwar denkbar, wäre aber aufwendiger. Um in der Evolution Erfolg zu haben, muss man eben nicht perfekt sein, sondern nur etwas besser als die Konkurrenz.

Der Vater der Evolutionären Erkenntnistheorie ist der deutsche Verhaltensforscher Konrad Lorenz (1903–1989), vor allem durch sein Buch *Die Rückseite des Spiegels* von 1973. Ihren Namen erhielt sie jedoch von dem Psychologen Donald T. Campbell, der damit Ideen des Philosophen Karl Popper (1902–1994) charakterisieren wollte. Poppers Interesse galt jedoch mehr der Wissenschaftstheorie, sodass man seine Lehre eher als Evolutionäre Wissenschaftstheorie bezeichnen sollte.

Eine wichtige Denkfigur der Evolutionären Erkenntnistheorie ist der *Mesokosmos*. Das ist der Ausschnitt der realen Welt, den wir erkennend, also wahrnehmend, erfahrend, rekonstruierend und handelnd überblicken und intuitiv bewältigen. Es ist eine Welt der mittleren Dimensionen.

Wir können diesen Mesokosmos verlassen; dazu benötigen wir jedoch zusätzliche „Denkzeuge" wie Sprache, Schrift, Logik, Mathematik, Algorithmen, Computer. Der Ursprung der Sprache ist nur unter Zuhilfenahme kühner Vermutungen datierbar, liegt aber mindestens 200 000 Jahre zurück; sie hat für die (biologische) Evolution des Menschen eine wesentliche Rolle gespielt. Alle weiteren Denkzeuge sind Errungenschaften der letzten 5000 Jahre, zum Teil sogar der letzten Jahrhunderte. Man kann zwar auch dann noch von einer „Evolution" des Wissens und der Wissenschaft sprechen; hierfür spielt jedoch die *biologische* Evolution, insbesondere die natürliche Auslese, keine wesentliche Rolle mehr. Für die Kosmologie, für Relativitäts- und Quantentheorie, Molekularbiologie und Plattentektonik gibt es keine biologischen Wurzeln. Kein Wunder, liegen sie doch im ganz Großen, im ganz Kleinen, im Unanschaulichen und im sehr Komplizierten und damit weit außerhalb des Mesokosmos. Immerhin kann man die biologischen *Hindernisse* verstehen, die der „Evolution" der Wissenschaft im Wege standen. Insofern hat auch die eher historisch orientierte Evolutionäre Wissenschaftstheorie enge Bezüge zur biologisch orientierten Evolutionären Erkenntnistheorie.

2.8.2 Evolutionäre Ethik

„Wenn es keinen Gott gibt, dann ist alles erlaubt!" meint Dostojewski in einem Brief an einen Freund. Nun mag Dostojewski für vieles ein guter Gewährsmann sein; die hier zitierte Behauptung ist gleichwohl falsch. Es gibt genügend Instanzen, die mir sagen, was geboten, verboten, erlaubt ist. Zwar ist eine *Letztbegründung* moralischer Normen unmöglich. Diese Unmöglichkeit gilt jedoch für alle Normen und Normensysteme. Es gilt auch für göttliche Gebote und Verbote, dies selbst dann, wenn sie vom Himmel zu fallen scheinen; denn wie soll ich erkennen, dass diese Gebote wirklich von Gott stammen? Durchaus möglich sind jedoch *relative Begründungen* der Art: „Wenn du dieses erreichen willst, dann solltest du jenes tun!" Für eine solche Begründung greift der Naturalist nicht auf metaphysische Instanzen zurück. Auch glaubt er weder an objektive Werte noch an absolute moralische Normen. Er hält es nicht nur für wünschenswert, sondern auch für möglich, dass sich Menschen auf elementare Grundnormen *einigen*, die ein friedliches Zusammenleben ermöglichen. Man nennt diese Position *Vertragstheorie* oder *Kontraktualismus*.

Die wichtigsten Bausteine einer naturalistischen Ethik ordnen wir in fünf Klassen: Grundnormen, Symmetrieprinzipien, Brückenprinzipien, Spieltheorie, Wissen über die Natur des Menschen.

◆ Grundnormen
Zur naturalistischen Moralbegründung gehören zunächst einige *Grundnormen* inhaltlicher Art, aus denen sich mit Hilfe von Fakten weitere Normen ableiten lassen.

Beispiele sind die Menschenrechte, aber auch die weiter unten behandelten Symmetrieprinzipien. Bei Grundnormen wird auf eine Begründung verzichtet, weil man irgendwo anfangen muss. Nehmen wir die Nachhaltigkeitsforderung: „Wir sollten dafür sorgen, dass es künftigen Generationen nicht schlechter geht als uns!" Eine Letztbegründung für diese Forderung ist nicht zu erwarten. Dass wir uns auf diese oder eine ähnliche Forderung *einigen* können, bleibt also logisch gesehen eine *Annahme*, praktisch gesehen eine *Hoffnung*.

Da es einfacher ist, sich über Tatsachen zu einigen als über Normen, liegt es im Interesse des Naturalisten, die Zahl der Grundnormen möglichst gering zu halten und dafür möglichst viel Faktenwissen in die Argumentation einfließen zu lassen.

◆ **Symmetrieprinzipien**

Symmetrieprinzipien sind besondere Grundnormen. Wir nennen einige Beispiele.

– Das Prinzip der *Verallgemeinerbarkeit*: Normen sollen für alle Personen gelten, aber auch für alle Orte, Zeiten, Situationen. Dieses Prinzip spielt in allen Ethikansätzen eine zentrale Rolle.

– Die *Goldene Regel*, etwa das alltagssprachliche Verbot: „Was du nicht willst, dass man dir tu, das füg auch keinem andern zu!"

– Kants *kategorischer Imperativ*: „Handle so, dass die Maxime deines Willens jederzeit als oberstes Gesetz gelten könnte!" Er soll als Testkriterium dienen, nach dem man bestimmte Handlungstypen als unmoralisch ausschließen kann.

– Der *Schleier der Unwissenheit (veil of ignorance)* nach dem Moralphilosophen JOHN RAWLS: Die Gesellschaftsordnung sollte so gestaltet werden, dass jeder ihr zustimmen kann, auch wenn er noch nicht weiß, an welcher Stelle der Gesellschaft er einmal stehen wird.

– Der *herrschaftsfreie Diskurs* nach JÜRGEN HABERMAS: Beim Diskutieren sollen alle Teilnehmer die gleichen Rechte haben: Themenfreiheit, Meinungsfreiheit, Recht auf Zweifel, Hierarchiefreiheit, gleiche Redezeit, gleiches Stimmrecht.

Solche Symmetrieprinzipien lässt man zunächst einmal gelten, ohne eine Begründung zu verlangen oder auch nur zu erwarten. Nur die *Abweichungen* von der Symmetrie müssen dann eigens begründet werden. Dieses Vorgehen erscheint gerecht und damit demokratisch; es ist sparsam, weil nur die Ausnahmen einer Begründung bedürfen; und es lenkt die Aufmerksamkeit auf die eigentlichen Streitfragen.

◆ **Brückenprinzipien**

Brückenprinzipien sollen einen Übergang von Fakten zu Normen ermöglichen. Ein Beispiel ist das Sollen-Können-Prinzip „Normen sollten befolgt werden können", das schon im römischen Recht anerkannt war. Hier dient die *faktische* Unmöglichkeit, einer Norm zu folgen, als Argument gegen die Berechtigung, die Geltung oder die Anwendbarkeit eben dieser *Norm*. Auch Brückenprinzipien sind Vereinbarungs- und Erfolgssache. Während die zuvor genannten Symmetrieprinzipien häufig diskutiert und in der Regel auch anerkannt werden, sind Natur und Rolle von Brückenprinzipien noch weitgehend unbekannt. Ihre Bedeutung hat vor allem HANS ALBERT betont.

◆ Evolutionäre Spieltheorie

Die Spieltheorie ist eine mathematische Disziplin. Die Mathematik ist eine Strukturwissenschaft, die uns nichts über die Welt sagt, weder wie sie ist noch wie sie sein soll. Sie kann deshalb keine moralischen Normen liefern, doch kann sie uns über die voraussichtlichen Folgen unseres Handelns aufklären und uns somit helfen, die für uns richtigen Entscheidungen zu treffen. Für die Ethik ist die Spieltheorie ein wichtiges *Werkzeug*. Die Evolutionäre Ethik macht dann natürlich ausgiebig Gebrauch von der *Evolutionären* Spieltheorie, in der die langfristigen Folgen von Strategien ermittelt werden, insbesondere deren evolutionäre Stabilität.

◆ Wissen über die Natur des Menschen

Ein letzter, von seiner Funktion her unentbehrlicher und vom Umfang her gewichtiger Baustein für jede Ethik ist *Faktenwissen*. Wenn etwa Geschwisterehen gesetzlich verboten werden sollen, ist es hilfreich zu wissen, welche Gefahren mit Inzest verbunden sind, oder zu wissen, dass miteinander aufgewachsene Geschwister einander als Sexualpartner nicht attraktiv finden.

Was aber hat nun Ethik mit Evolution zu tun? Natürlich geht es hier nicht um die historische Entwicklung der Ethik als einer philosophischen Disziplin, sondern um die *stammesgeschichtlichen Wurzeln unseres Sozialverhaltens, insbesondere unserer moralischen Maßstäbe*, und um ihre Folgen für moralphilosophische Fragen. Die Disziplin, von der wir dabei am meisten lernen können, ist die *Soziobiologie*. Sie befasst sich mit dem Sozialverhalten von Tieren und Menschen, findet Gemeinsamkeiten und Unterschiede und sucht in beiden Fällen nach evolutionären Erklärungen. Wie die gesamte Verhaltensforschung stützt sie sich dabei gern auf den Artvergleich. Tatsächlich finden sich *Ansätze* zu moralischem Verhalten nicht nur bei unseren nächsten Verwandten, den Menschenaffen, sondern auch bei anderen sozial lebenden Tieren, insbesondere bei den staatenbildenden („eusozialen") Insekten. Das bestätigt die Vermutung, dass moralisches Verhalten in der biologischen Evolution entstanden ist, evolutionäre Vorteile bietet und teilweise genetisch verankert ist. Es liegt dann nahe, dasselbe auch für den Menschen anzunehmen. Dass diese Ansätze in der kulturellen Evolution stark ausgebaut wurden, versteht sich von selbst.

2.8.3 Evolutionäre Ästhetik

Ästhetik ist die Lehre vom Schönen (und vom Hässlichen) und von unserem Urteilen über Schönes. Im Gegensatz zu einer rein beschreibenden Ästhetik, die empirisch feststellt, was uns gefällt, sucht die Ästhetik als philosophische und damit auch normative

Disziplin nach Maßstäben für das Schöne und nach Gründen, warum uns etwas gefällt und warum es uns gefallen *sollte*.

Die *Evolutionäre Ästhetik* untersucht die biologisch-evolutionären Wurzeln unseres Geschmacks, also unseres *ästhetischen Urteilens*, die sie über Sinnesphysiologie und Wahrnehmungspsychologie, über Genetik und Hirnforschung zu finden hofft. Natürlich spielen dabei auch Kunstwerke und ihre Geschichte eine große Rolle; doch geht es der Evolutionären Ästhetik nicht einfach um die *Geschichte der Kunst*. Vielmehr geht es um unser Kunst*vermögen*, um unsere künstlerischen Fähigkeiten, um unseren ästhetischen Sinn beim Gestalten und Genießen, und dabei insbesondere um die *Herkunft* dieses Vermögens. Insofern ist ein Buchtitel wie *Die Herkunft des Schönen*[22] irreführend, wenn das Buch doch gar nicht die Evolution schöner Dinge, sondern unseres Schönheits*sinnes* behandelt. Treffender ist der Titel eines Aufsatzes von GÁBOR PAÁL: *Woher kommt der Sinn für das Schöne?*[23] Er bietet die beste mir bekannte Einführung in die Evolutionäre Ästhetik.

Die *Evolutionäre Ästhetik* kann unsere Geschmacksurteile beschreiben und, soweit sie dabei erfolgreich ist, einige davon evolutionär *erklären*, jedoch nicht durch Verweis auf die Evolution *rechtfertigen* oder *begründen*. So kann sie auch nicht sagen, welche Geschmacksurteile letztlich berechtigt sind. Immerhin macht das Wissen darüber, was allgemein oder wenigstens zurzeit als schön empfunden wird und warum, *allgemeine* Ratschläge möglich, statt nur konkrete Objekte als schön zu bewerten. Und gerade evolutiv entstandene Präferenzen bieten die Aussicht, für viele Menschen zu gelten und vergleichsweise stabil zu sein (während *Moden* sich durch ihre Kurzlebigkeit auszeichnen). Wenn es also schon keinen objektiven Maßstab für Schönheit gibt, so gibt es doch intersubjektiv geltende Merkmale oder Kriterien, die für viele Menschen gelten.

Naturschönes

In einer Evolutionären Ästhetik sollten wir zwei Arten von Geschmacksurteilen unterscheiden: solche, bei denen der evolutive Ursprung offensichtlich oder wenigstens plausibel ist, und solche, bei denen er weniger augenfällig ist. Wen ich als Partner, insbesondere als Sexualpartner attraktiv finde, das hat unzweifelhaft Einfluss auf den Erhalt und die Verbreitung meiner Gene. So ist empirisch belegt, dass in diesem Bereich *schön* meist mit *gesund* gleichzusetzen ist. Kulturübergreifende Studien zeigen, dass Männer bei Frauen sowohl kindliche als auch Erwachsenenmerkmale bevorzugen, Frauen bei Männern dagegen vor allem Erwachsenenmerkmale. Hier spielt die *sexuelle Auslese* eine Rolle: Männer suchen die gesunde, gebärfähige und deshalb eher junge Frau, Frauen den zuverlässigen Versorger für sich und die Kinder, der dann auch etwas älter sein darf. In diesen Fällen steckt also hinter dem ästhetischen immer auch ein funktioneller Aspekt: Unsere Gene bringen uns dazu, das attraktiv zu finden, was ihrer Verbreitung dient.

Dem Schönen im philosophischen Sinne sind wir damit allerdings noch nicht auf der Spur. Nach IMMANUEL KANT setzt diese Art von Schönheit nämlich „interesseloses Wohlgefallen" voraus. Und unser Urteil über die Schönheit eines möglichen Sexualpartners ist natürlich alles andere als interesselos. Es ist auch verständlich, dass wir versuchen, unsere natürlichen Vorzüge sichtbar zu machen und sogar künstlich zu verstärken, wobei der gekünstelte Anteil wiederum nicht als künstlich auffallen sollte.

Zum Naturschönen gehören natürlich nicht nur Artgenossen und Artgenossinnen, sondern auch Landschaften, Wiesen und Wälder, Flüsse und Seen, Berge und Täler, Tulpen und Schmetterlinge. Biologen nehmen an, dass unsere emotionale Verbundenheit mit der Natur bereits in den Genen angelegt ist. Aber nicht nur mit der Natur allgemein, sondern sogar mit einer bestimmten Landschaft! Von unterschiedlichen Landschaftsbildern bevorzugen wir nahezu einhellig die *Savanne*, eine Landschaft, in der sich unsere Ahnen vor knapp zwei Millionen Jahren entwickelt haben; Gebirge, Wüsten und Dschungel sind dagegen weniger beliebt.

Kunstschönes – Das Handicap-Prinzip

Nun erstreckt sich unser Wohlgefallen aber auch auf andere Erscheinungen. Warum gefallen uns Gebäude, Gedichte, Musikstücke, Bilder, Plastiken, Tänze, Kunstflug, Kunstreiten, Kunstspringen, Kunstturnen, also das Kunstschöne? Manche vermuten auch hier evolutionäre, also biologische und damit genetische Wurzeln und sprechen dann von Darwin' *scher Ästhetik*. Solche evolutionären Wurzeln sind allerdings nur schwer nachzuweisen, weil der Zusammenhang mit der natürlichen oder der sexuellen Auslese selbst dann nicht offensichtlich ist, wenn es ihn tatsächlich gibt. Deshalb ist die Evolutionäre Ästhetik in diesem Bereich noch nicht weit fortgeschritten.

Noch etwas weiter gehen Versuche, *Kunstsinn und Musikalität* allgemein evolutionsbiologisch zu erklären. Tatsächlich sind Kunst und Musik selektionstheoretisch gesehen zunächst eher paradox: Sie mögen ja unterhaltsam sein; aber wie sollten sie zum Überleben des Individuums oder zur Ausbreitung seiner Gene beitragen können? Kosten sie nicht nur Zeit, Kraft, Geld und andere Ressourcen und halten von lebens- oder paarungswichtigen Aktivitäten ab?

Hier greift das so genannte *Handicap-Prinzip*. Letztlich geht es auf Darwins Prinzip der sexuellen Auslese zurück; ausdrücklich formuliert wurde es aber erst 1975. Um Sexualpartner zu gewinnen, muss man sie beeindrucken; dafür muss man ihnen zeigen, dass man genügend Ressourcen hat; und um das zu belegen, muss man sie deutlich erkennbar verbrauchen oder – noch besser – *verschwenden*! Paradebeispiele sind der Pfauenschwanz und das Elchgeweih. Damit zeigt der Mann dem Weibchen, dass er sich solch aufwendigen, im Alltag sogar hinderlichen Schmuck *leisten* kann, also kräftig, gesund und wohl auch sonst gut ausgestattet ist. Weitere Beispiele sind das Brunftgeschrei des Hirschs, der Gesang der Lerche, der Tanz des Birkhuhns, das Winken der Winkerkrabbe, das Leuchten des Glühwürmchens.

Dieses Handicap-Prinzip soll nun auch für die Entstehung der Kunst gelten: Gerade *weil* Kunst und Musik dem Ausübenden keine unmittelbaren Überlebensvorteile bringen, belegen sie, dass der ins Auge gefasste Partner sich solchen Luxus leisten kann. Und eben das macht ihn attraktiv. Kunst und Musik dienen in diesem Fall also nicht dem Wohle des Individuums, sondern der Verbreitung seiner Gene. Das schließt natürlich nicht aus, dass Kunst noch weiteren evolutionären Zwecken dient, etwa dem Zusammenhalt der Gruppe, der Identitätsfindung des Einzelnen, der Beschwörung oder Besänftigung von Göttern, Geistern, Ahnen oder Jagdtieren. Dazu bedenke man, dass Regentänze zwar keinen Regen bringen, wohl aber das Wir-Gefühl stärken, also eine soziale Funktion haben.

Fazit

In einer Evolutionären Ästhetik sind also viele Faktoren zu berücksichtigen. Einleuchtend erscheint mir, dass für unser Schönheitsempfinden *zwei* unabhängige Faktoren eine wichtige Rolle spielen: einerseits die richtige Mischung aus Bekanntem und Neuem, andererseits die richtige Verbindung von Intuition und Reflexion. Und da die Reflexion in dem hier erforderlichen Maße auf die Sprache angewiesen ist und deshalb erst beim Menschen eine Rolle spielen kann, wäre diese Art von ästhetischem Empfinden tatsächlich dem Menschen vorbehalten. Diese doppelte Abhängigkeit unseres ästhetischen Urteils sowohl vom sprachlosen Empfinden als auch vom sprachgebundenen Reflektieren erklärt vielleicht die große Bandbreite unserer Meinungen über Schönheit und Kunst.

2.8.4 Evolutionäre Logik

Der Begriff *Logik* wird sehr unterschiedlich gebraucht. In einem recht weiten Sinne meint man damit nicht mehr als *Struktur* oder – etwas enger – als *argumentative Struktur*. Im Folgenden halten wir uns jedoch an die engere Bedeutung; danach ist Logik die *Lehre vom korrekten Schließen*. Als solche liefert sie also keine neuen Wahrheiten, sondern stellt sicher, dass in einem Gedankengang oder in einer Schlusskette einmal gewonnene oder wenigstens vorausgesetzte Wahrheit nicht verlorengeht.

Worum geht es dann in einer *Evolutionären* Logik? Wir meinen nicht den *Lernprozess*, in dem das Individuum logische Fähigkeiten erwirbt. Natürlich meinen wir auch nicht die *Geschichte* der Logik als einer wissenschaftlichen Disziplin, selbst wenn man versucht sein könnte, hier eine Art Evolution zu sehen, wie das für alle wissenschaftlichen Disziplinen möglich ist. Schließlich will eine Evolutionäre Logik auch nicht die *Struktur der Evolution*, also die *Evolutionsstrategie* herausarbeiten, obwohl auch das eine interessante Aufgabe wäre.

Evolutionäre Logik versucht vielmehr, unser logisches Schließen aus dem evolutionären Ursprung des Menschen zu *erklären*, vielleicht sogar zu *begründen*. Ein solches Unterfangen ist nur dann sinnvoll, wenn man annimmt, dass unser Schließen wenigstens zum Teil *genetisch* verankert ist. Genetische Elemente könnten schon vorsprachlich existieren und wirken; sie könnten aber auch über das Sprachvermögen und das Sprechen des Menschen zum Tragen kommen. Welche dieser Möglichkeiten zutrifft, ist leider sehr schwer herauszufinden.

Bereits im Vorfeld ist umstritten, ob die Logik überhaupt *empirische* Elemente enthält. Im Allgemeinen wird diese Frage verneint, und es gilt als das große Verdienst des Mathematikers, Logikers und Philosophen GOTTLOB FREGE, die Logik von aller Psychologie befreit zu haben. Die Regeln der Logik gelten dann als konventionell, als zunächst unbewusste Vereinbarungen, zu denen es durchaus *Alternativen* geben könnte. Tatsächlich hat man mit der Ausarbeitung und Präzisierung der modernen Logik auch andere Logiken entwickelt.

Kennt man aber erst einmal verschiedene Logiken, so wird man sofort fragen, warum man eine bestimmte Logik anderen gegenüber bevorzugt und unter welchen Umständen man eine andere Wahl treffen würde oder sogar treffen sollte. Warum haben sich Menschen ausgerechnet auf die Regeln der *klassischen* Logik geeinigt und warum waren sie gerade mit *diesen* Regeln erfolgreich? Die Fragen nach Erklärung und Begründung der logischen Regeln ist also auch dann berechtigt, wenn es sich dabei um Konventionen handelt. Ebenfalls berechtigt wäre die Frage, ob diese Konventionen sich in unserem Erbgut niedergeschlagen haben. An der Möglichkeit, die Logik ohne Rücksicht auf ihre Herkunft als formales System aufzufassen, ändert sich dadurch nichts. So kommt es wohl auch, dass wir Logik als wissenschaftliche Disziplin betreiben können, *ohne* uns über ihre Herkunft, ihre Geschichte oder ihre Begründung Gedanken zu machen.

Gibt es also doch empirische Elemente in der Logik? Solche Elemente könnten individuell erworben werden oder schon stammesgeschichtlich ausgebildet sein. In beiden Fällen ließe sich argumentieren, dass es sich offenbar lohnt, folgerichtig zu denken, zu handeln, zu sprechen und zu argumentieren. Genauso könnte es sich lohnen, solche Regeln, die jedem nützen, genetisch zu fixieren und an die Nachkommen weiterzugeben; das erspart es dem Einzelnen, immer alles neu zu lernen. Im Falle einer solchen stammesgeschichtlichen Entstehung des logischen Schließens würden wir ganz zu Recht von *Evolutionärer Logik* sprechen. Dazu wäre nicht erforderlich, dass wir *immer* logisch korrekt schließen, also immer folgerichtig denken und argumentieren – was wir ja auch nicht tun; in der Stammesgeschichte dürfte es genügen, wenn die *meisten* Menschen in den *meisten* für die Verbreitung ihrer Gene relevanten Fällen *einigermaßen* korrekt schließen.

Nun aber eine entscheidende Frage: Wenn das logisches Schließen phylogenetisch entstanden ist, und zwar deshalb, weil es sich unter dem Druck der natürlichen Auslese bewährt hat, woran ist es dann eigentlich angepasst? Die Antwort hängt von der Natur der Logik ab – oder besser davon, was wir als die Natur der Logik ansehen. So könnte man die Gesetze der Logik als allgemeinste Naturgesetze auffassen oder als Denkgesetze, die entweder beschreiben, wie wir im Allgemeinen denken, oder vorschreiben, wie wir denken sollten, oder einfach als Regelmäßigkeiten in unserem

Sprachgebrauch. Im Folgenden verstehen wir die *Logik als Struktur beschreibender und argumentativer Sprachen*.

Wenn wir aber Logik brauchen, um bestimmte *Ziele* zu erreichen, wenn die Verwendung der Logik also *zweckmäßig* ist, dann haben wir jetzt auch eine Antwort auf die Frage, woran unsere Logik *angepasst* ist: Sie ist angepasst an unser *Bedürfnis*, miteinander zu sprechen, die Welt zu beschreiben und zu erklären, wahre Mitteilungen zu erhalten und zu machen, zu argumentieren und zu diskutieren, Falsches als falsch zu erkennen und nach Möglichkeit zu korrigieren.

Besonders verlockend ist die Möglichkeit, eine Beziehung zur *Kausalstruktur* der Welt herzustellen. So kann man sagen, dass in unserer Sprache *kausale Zusammenhänge auf logische Zusammenhänge abgebildet* werden. Die Logik ist dann nicht erst für eine Erklärung, sondern auch schon für eine angemessene Beschreibung der Welt nützlich, sogar unerlässlich.

Diese Beziehung legt die Vermutung nahe, dass wenigstens eine gewisse Minimallogik sich *evolutionär* herausgebildet hat, und zwar in *Anpassung* an die Kausalstruktur der Welt, die wir erleben, berücksichtigen und nützen. Dass die Logik als *Disziplin*, ist sie erst einmal sprachlich formuliert und bewusst gemacht, noch viele weitere Feinheiten hinzugewonnen hat, ist dann durchaus einleuchtend.

2.8.5 Evolutionäre Metaphysik

Die Metaphysik ist eine alte philosophische Disziplin. Sie hat mindestens zwei Seiten. Einerseits soll sie helfen, die Welt zu beschreiben und zu *erklären*; andererseits soll sie es ermöglichen, Normen – also Gebote, Verbote und Erlaubnisse – zu *begründen*. Wenn möglich, sollte es sich dabei um letzte Erklärungen und letzte Begründungen handeln, also um solche, die einer weiteren Erklärung oder Begründung nicht mehr bedürfen. Im Hinblick auf die Beschreibung und Erklärung der Welt beschäftigt sich die Metaphysik mit den ersten und den letzten Dingen, also mit Objekten, die es geben könnte und nach der Meinung vieler auch tatsächlich gibt; sie ist also zumindest dem Anspruch nach eine Wirklichkeitswissenschaft. Doch sind diese Objekte unserer Erfahrung nicht zugänglich; sie übersteigen alle menschliche Erfahrung, sind *transzendent*. Typische Themen der Metaphysik sind Gott, Freiheit, Unendlichkeit, Ewigkeit, Unsterblichkeit, der Ursprung alles Seienden oder sogar allen Seins, Anfang und Ende der Welt, der Sinn des Lebens oder der ganzen Welt, das Wesen aller Dinge. Sie sind zwar vielleicht definierbar, aber eben empirisch nicht erforschbar.

Evolution dagegen, ganz gleich, ob biologische, kulturelle oder universelle Evolution, ist zwar keine Tatsache, wie manche etwas voreilig versichern, wohl aber ein *Geschehen*, das in mehreren Erfahrungswissenschaften beschrieben wird; dieses Geschehen soll der Erfahrung also durchaus zugänglich sein. Kann es eine Evolutionäre

Metaphysik dann überhaupt geben? Ist der Ausdruck *Evolutionäre Metaphysik* nicht ein Widerspruch in sich?

Nicht unbedingt: Erstens kann es eine Entwicklung oder „Evolution" der Metaphysik geben. Das ist allerdings nicht unser Thema. Zweitens kann eine metaphysische Theorie evolutionäre Elemente enthalten. Als Beispiele nennen wir WHITEHEAD und POPPER. Drittens kann man fragen, ob unsere Neigung oder Fähigkeit, Metaphysik zu betreiben, evolutionäre Wurzeln hat. Viertens kann man untersuchen, ob der Evolutionsgedanke selbst schon ein Stück Metaphysik ist. Zu den letzten drei Möglichkeiten wollen wir uns einige Gedanken machen.

Was sind die Grundbausteine der Welt?

Sind es, wie meistens angenommen wird, kleinste materielle Teilchen, letztlich also *Dinge* mit ihren Eigenschaften? Oder sind es gerade nicht Materie und Energie, sondern *Informationseinheiten*? Oder sind die Grundbausteine der Welt vielleicht *Ereignisse*, Ereignisketten, Vorgänge, Prozesse, die von vornherein einen *zeitlichen* Aspekt mitbringen? Hier könnte eine Evolutionäre Metaphysik ansetzen.

Der Philosoph ALFRED NORTH WHITEHEAD (1861–1947) hat eine solche Prozessphilosophie entworfen. Die Grundbausteine der Welt sind danach Prozesse. Auf ihn beruft sich insbesondere die *Prozesstheologie*, eine aus Nordamerika stammende Richtung der philosophischen Theologie, die sich ausdrücklich auf Whiteheads Kosmologie stützt. WHITEHEAD hat diese Entwicklung selbst vorbereitet, indem er seine Kosmologie mit einer Religionsphilosophie verband.

Ein weiterer Kandidat für eine Evolutionäre Metaphysik ist der Philosoph KARL POPPER (1902–1994). Er unterscheidet drei Welten: Welt 1 umfasst alle *physischen* Systeme (die natürlich auch alle *physikalische* Systeme sind). Welt 2 umfasst alle *psychischen* Zustände und Prozesse, also solche, zu denen wir auch einen inneren Zugang haben. Welt 3 enthält die *Inhalte des Denkens und die Erzeugnisse des menschlichen Geistes*, also Ideen, Gedanken, Vermutungen, wahre und falsche Theorien, Probleme, Argumente, Baupläne, Werkzeuge, die Inhalte von Büchern, Kunstwerke, Gedichte, Sinfonien. Von den Elementen aus Welt 2 unterscheiden sie sich dadurch, dass sie *objektiv* sind, dass wir sie formulieren, aufschreiben, aufzeichnen und anderen mitteilen können. Auf diese Weise können sie fortbestehen, auch wenn wir selbst nicht mehr an sie denken oder wenn wir sogar tot sind, ja selbst dann noch, wenn es einmal keine Menschen mehr gibt. POPPER vergleicht seine Welt 3 gern mit PLATONS Ideenwelt und mit FREGES Welt der Gedanken. Er sieht jedoch einen entscheidenden Unterschied, den er besonders betont: PLATONS und FREGES Welten seien statisch, seine Welt 3 sei dagegen dynamisch oder, wie er noch lieber sagt, *evolutionär*. Sie ist evolutionär, weil wir Menschen kreativ sind, weil wir immer *neue* Ideen entwickeln, die wir der Welt 3 hinzufügen.

Die Dinge der Welt 3 sind zwar, wie POPPER mehrfach betont, durchaus *objektiv,* aber POPPERS *Theorie* der Welt 3 ist metaphysisch. Auch hier könnte man von einer *Evolu-*

tionären Metaphysik sprechen. Es geht dabei allerdings nicht um die Evolution *realer*, aber leider empirisch unzugänglicher Systeme, sondern um die Evolution unserer geistigen Erzeugnisse, also unserer Ideen, Begriffe und Theorien.

Hat der Mensch eine metaphysische Veranlagung, und ist sie ein Evolutionsprodukt?

Wie wir bei der Evolutionären Erkenntnistheorie unterscheiden zwischen der Evolution der Erkenntnis und der Evolution der Erkenntnis*fähigkeit*, so können wir auch unterscheiden zwischen einer Metaphysik als Ergebnis unseres Nachdenkens und einer *Fähigkeit* oder Veranlagung, vielleicht sogar einem Bedürfnis, Metaphysik zu betreiben. Dass es Metaphysik als philosophische Disziplin gibt, daran besteht kein Zweifel. Gibt es aber auch ein menschliches *Grundbedürfnis* nach Metaphysik? Oder ist Metaphysik nur eine Beschäftigung für Spezialisten, denen – je nach Einstellung – eine besondere Begabung oder eine besondere Realitätsferne zugeschrieben wird?

Schon Immanuel Kant spricht in seiner *Kritik der reinen Vernunft* von Metaphysik als einer *Naturanlage der Vernunft*. Die menschliche Vernunft habe ein „eigenes Bedürfnis", über die Erfahrung hinauszugehen, „und so ist wirklich in allen Menschen, sobald Vernunft sich in ihnen bis zur Spekulation erweitert, irgendeine Metaphysik zu aller Zeit gewesen, und wird auch immer darin bleiben". – Auch Arthur Schopenhauer schreibt in seinem Hauptwerk *Die Welt als Wille und Vorstellung* ein ganzes Kapitel *Über das metaphysische Bedürfnis des Menschen*, das den Menschen von allen Tieren unterscheide, weshalb er ihn ein *animal metaphysicum* nennt.

Gibt es also evolutionäre Ursprünge der Metaphysik? Da wir im Allgemeinen bei der Religiosität einen solchen evolutionären Ursprung durchaus für möglich halten, müssen wir das auch der Metaphysik zubilligen. So sprechen manche von einem metaphysischen Bedürfnis, von einem metaphysischen Trieb, der misshandelt werden und sich dafür sogar rächen kann, oder auch von einer Art Instinkt. Nun spricht nichts dagegen, für den Hang zur Metaphysik eine *genetische* Anlage zu vermuten. Es dürfte aber sehr schwer sein, eine solche Anlage *nachzuweisen*. Denn sicher sind metaphysische Überzeugungen an Sprache gebunden. Hat man aber die Sprache, dann können metaphysische Überzeugungen auch sprachlich formuliert und weitergegeben werden; einer genetischen Anlage bedarf es dazu nicht. Die Frage nach biologisch-evolutionären Ursprüngen der Metaphysik muss wohl vorerst offen bleiben.

Ist der Evolutionsgedanke selbst metaphysisch?

Schließlich könnte man der Frage nachgehen, ob die Idee der Evolution selbst eine *metaphysische* Idee ist.[24] Wie üblich sollten wir hier unterscheiden zwischen dem Evolutionsbegriff der Biologie und einem allgemeineren Evolutionsbegriff, der auf vieles oder sogar auf alles anwendbar sein soll. Karl Popper hat ja zeitweise sogar Darwins Evolutionstheorie als metaphysisches Forschungsprogramm bezeichnet, weil sie nicht prüfbar, jedenfalls nicht falsifizierbar sei. Hierin hat er sich geirrt, und er hat sein

Urteil, das viele als Verurteilung empfanden, ausdrücklich *widerrufen*.[25] Das ist allerdings nur wenigen bekannt.

Anders sieht es aus, wenn wir einen *allgemeinen* Evolutionsbegriff verwenden. Hier seien, so heißt es, die Hypothesen nicht immer prüfbar; vielmehr trage man ein Ordnungsschema an die Beobachtungstatsachen heran. Aber was ist daran eigentlich metaphysisch? Soweit es um bestimmte Phasen der Evolution geht, um die Entwicklung von Galaxien, Sternen, Planeten oder Biomolekülen, um die Entwicklung von Kulturen, Bräuchen, Religionen oder Wissenschaften, handelt es sich in jedem Einzelfall um eine heuristische Annahme, nämlich um die Vermutung, diese Entwicklung folge ganz bestimmten Gesetzen, die es dann zu formulieren und zu prüfen gilt. Über diese Gesetze ist zunächst nur wenig bekannt; wir wissen nur, dass sie Vorgänge *in der Zeit* beschreiben und zudem eine bestimmte *Richtung* in der Zeit auszeichnen. (Sonst würden wir nämlich nicht von *Evolution* sprechen.) Diese Gesetze können dann ihrerseits prüfbar sein – oder auch nicht. Das aber ist in den Erfahrungswissenschaften der Normalfall! Metaphysisch wird der Evolutionsgedanke dadurch nicht.

Trotzdem kann man hier ein metaphysisches Element diagnostizieren: Es beruht auf der Vagheit des Evolutionsbegriffs. Wenn sich eine vorgeschlagene evolutionäre Theorie nicht bewährt, dann können wir immer wieder nach neuen Gesetzen und Bedingungen suchen, nach denen die vermutete Evolution ablaufen könnte. Für diese Suche haben wir einen großen Spielraum. Die Vermutung, dass es sich dabei um irgendeine Art von *Evolution* handelt, brauchen wir deshalb nie aufzugeben, solange wir den Evolutionsbegriff definitorisch nicht ernsthaft einschränken. Wir können diese Vermutung also auch kaum falsifizieren. Insofern ist die allgemeine Evolutionsidee tatsächlich *metaphysisch*. Sie ist eine metaphysische Leitidee, die sich in überraschend vielen Fällen als äußerst nützlich erwiesen hat. Daraus folgt allerdings nicht, dass sie auf *alles* anwendbar ist. Schon in dem frühen Kapitel 2.2 wurde klar: Alles ist in Evolution außer den Evolutionsgesetzen! Das wiederum zeigt, dass die Idee einer allgemeinen Evolution zwar nicht streng widerlegbar, aber doch wirksam kritisierbar ist. Wir dürfen sie somit zur guten Metaphysik rechnen.

2.9 Schlusswort

Darwin hat die Gesetze der biologischen Evolution an einigen Arten entdeckt. (Die Darwin-Finken waren es übrigens nicht!) Und es zeigte sich, dass diese Gesetze für *alle* Lebewesen gelten, für Pflanzen, Tiere und Menschen, auch für Lebewesen, die zu Darwins Zeit noch gar nicht bekannt waren. Daran hatte schon Darwin keine Zweifel, während sein Kollege und Konkurrent Alfred R. Wallace den Menschen von diesen Gesetzen ausnehmen zu müssen glaubte.

Wir haben gesehen, dass die Gesetze der Evolution auch auf Bereiche anwendbar sind, die mit Biologie zunächst gar nichts zu tun haben. Diese Erweiterungen seiner

Theorie hat DARWIN nicht miterleben dürfen. Sicher war er glücklich, dass er einen so tiefen Blick in die Ordnung der Welt werfen durfte. Wir haben das Glück, mit diesen Einsichten arbeiten und leben zu dürfen; wir haben die Zuversicht, dass es im Bereich des Komplexen noch ungeheuer viel zu entdecken, zu erklären und zu gestalten gibt; und wir sind überzeugt, dass die Evolutionstheorie, wo sie falsch oder unvollständig ist, noch verbessert werden kann.

Die Welt, die belebte wie die unbelebte, ist nicht weniger faszinierend, wenn wir sie erklären können. Wir dürfen uns über vieles wundern; aber wir brauchen deshalb nicht an Wunder zu glauben. Im Gegenteil: Wer sich nicht wundert, hat keine Fragen, und wer an Wunder glaubt, verlernt das Fragen. Denn was er nicht versteht, was nicht in sein Menschen- oder Weltbild passt, das erklärt er kurzerhand zum Wunder – und hat fortan seine Ruhe. Aber wenn wir uns damit abfänden, was gäbe es dann noch zu erforschen?

Zum Glück hat es sich für unsere evolutionären Vorfahren gelohnt, bis ans Lebensende neugierig zu sein. Auch wenn Neugier im christlichen Mittelalter als Laster galt: Als Kinder der Neuzeit und der Aufklärung dürfen wir hoffen, dass uns diese lebenslange Neugier erhalten bleibt.

1 THEODOSIUS DOBZHANSKY: Nothing in biology makes sense except in the light of evolution. American Biology Teacher 35 (1973) 125–129.

2 Zum Begriff *circulus virtuosus* GERHARD VOLLMER: Über vermeintliche Zirkel in einer empirisch orientierten Erkenntnistheorie (1983). In ders.: Was können wir wissen? Band 1: Die Natur der Erkenntnis. Stuttgart: Hirzel 1985, [4]2008, 217–267, S. 236–243.

3 ALFRED WEGENER: Die Entstehung der Kontinente und Ozeane. Braunschweig: Vieweg 1915, [4]1929, Nachdruck 2005.

4 ALBERT CHARLES SEWARD (Hrsg.): Darwin and modern science. Cambridge University Press 1909; Nachdrucke 2006, 2008, 2009.

5 JULIAN HUXLEY: Die Anfänge des Darwinismus (Vortrag 1958). In ders.: Ich sehe den künftigen Menschen. Natur und neuer Humanismus. München: List 1965, 37–54, S. 31.

6 CHRIS BUSKES: Evolutionär denken. Darwins Einfluss auf unser Weltbild. Darmstadt: WBG 2008 – PHILIPP SARASIN, MARIANNE SOMMER (Hrsg.): Evolution. Ein interdisziplinäres Handbuch. Stuttgart: Metzler 2010.

7 GERHARD VOLLMER: Im Lichte der Evolution. Darwin in den Wissenschaften und in der Philosophie. Stuttgart: Hirzel 2015.

8 GEORG TOEPFER: Generelle Evolutionstheorie. In SARASIN/SOMMER, s. Anm. 6, 126–137.

9 DANIEL C. DENNETT: Darwins gefährliches Erbe. Die Evolution und der Sinn des Lebens. Hamburg: Hoffmann und Campe 1997 (vergriffen, auch gebraucht unerschwinglich!) (engl.: Darwin's dangerous idea: evolution and the meanings of life. 1995).

10 Über vergangene, gegenwärtige und zukünftige Kränkungen GERHARD VOLLMER: Abwertung des Menschen – Aufwertung des Tieres? Kränkungen und kein Ende. In: HELMUT FINK, RAINER ROSENZWEIG (Hrsg.): Das Tier im Menschen. Münster: Mentis 2013, 235–272.

11 ENRICO COEN: Die Formel des Lebens. Von der Zelle zur Zivilisation. München: Hanser 2012 (engl.: Cells to civilizations. The principles of change that shape life, 2012).

12 GERHARD SCHURZ: Evolution in Natur und Kultur. Eine Einführung in die verallgemeinerte Evolutionstheorie. Heidelberg: Spektrum 2011. – Nicht zu verwechseln mit dem Sammelband VOLKER GERHARDT, JULIAN NIDA-RÜMELIN (Hrsg.): Evolution in Natur und Kultur. Berlin: de Gruyter 2010, bei dem keine übergreifende Theorie angestrebt wird.

13 PETER MERSCH: Die egoistische Information. Eine neue Sicht der Evolution. North Charlton, SC: Create Space 2014 – Einige ältere Bücher von Mersch wie *Evolution, Zivilisation und Verschwendung* von 2008 und *Systemische Evolutionstheorie* von 2012 kann man als Vorstufen des Buches von 2014 ansehen.

14 RICHARD D. ALEXANDER: The search for an evolutionary philosophy of man. Proc. Roy. Soc. Victoria 84 (1971) 99–119.

15 JOHN LOSEE: Wissenschaftstheorie. Eine historische Einführung. München; Beck 1977, 112 (engl. 1971).

16 Den Einfluss der Evolutionstheorie auf die Philosophie diskutiert der Philosoph MICHAEL HAMPE (*1961) in dem Buch PHILIPP SARASIN, MARIANNE SOMMER (Hrsg.): Evolution. Ein interdisziplinäres Handbuch. Stuttgart: Metzler 2010, 273–286.

17 CHARLES S. PEIRCE: Naturordnung und Zeichenprozess. Schriften über Semiotik und Naturphilosophie (Hrsg. HELMUT PAPE). Frankfurt/M.: Suhrkamp 1998, Manuskript 975, etwa 1884, 117–119; der Ausdruck *evolutionäre Philosophie* findet sich dort auch auf S. 237.

18 Einen Einblick in die naturalistische Weltsicht gibt GERHARD VOLLMER: Gretchenfragen an den Naturalisten. Aschaffenburg: Alibri 2013.

19 JOHN DEWEY: Der Einfluss des Darwinismus auf die Philosophie. In JOHN DEWEY: Erfahrung, Erkenntnis und Wert. Frankfurt/M.: Suhrkamp 2004, 31–43, S. 36 (engl. 1909).

20 Die zahlreichen Irrtümer von Schwanitz im Hinblick auf Evolutions- und Relativitätstheorie benennt und erläutert GERHARD VOLLMER: Interdisziplinarität – unerlässlich, aber leider unmöglich? In MICHAEL JUNGERT u. a. (Hrsg.): Interdisziplinarität. Theorie, Praxis, Probleme. Darmstadt: Wiss. Buchgesellschaft 2010, ²2013, 47–75, S. 68–71.

21 GEORGE G. SIMPSON: Biology and the nature of science. Science 139 (1963) 81–88, S. 84.

22 KLAUS RICHTER: Die Herkunft des Schönen. Grundzüge der evolutionären Ästhetik. Mainz: Philipp von Zabern 1999.

23 GÁBOR PAÁL: Woher kommt der Sinn für das Schöne? Grundzüge einer evolutionären Ästhetik. In H. A. MÜLLER (Hrsg.): Evolution: Woher und Wohin? Göttingen: Vandenhoeck & Ruprecht 2008, 165–179 – Umfassend und überzeugend ist auch THOMAS JUNKER: Die Evolution der Phantasie. Wie der Mensch zum Künstler wurde. Stuttgart: Hirzel 2013.

24 GERHARD VOLLMER: Wie viel Metaphysik brauchen wir? In DIRK WESTERKAMP, ASTRID VON DER LÜHE (Hrsg.): Metaphysik und Moderne. Würzburg: Königshausen & Neumann 2007, 67–81, S. 78–81.

25 KARL R. POPPER: Natural selection and the emergence of mind. Dialectica 32 (1978) 339–355, S 345; deutsch gekürzt in: KARL R. POPPER: Lesebuch. Ausgewählte Texte. Tübingen: Mohr Siebeck 1995, 225–233, S. 229.

Das aktuelle kosmologische Weltbild

3

Ein Produkt evolutionären Denkens

JOSEF M. GASSNER / HARALD LESCH

DIE KOSMOLOGIE, DIE LEHRE von der Welt, beschäftigt sich mit dem Ursprung, der Entwicklung und der grundlegenden Struktur des Universums (Kosmos) als Ganzes und ist damit ein Teilgebiet sowohl der Physik als auch der Astronomie und Philosophie. Es geht um die Frage, woher *alles* kommt; es gilt, die größtmögliche Evolutionsgeschichte zu erzählen. Unser Problem besteht ja letztlich darin, dass wir auf die Welt kommen und die Welt schon da ist. Ein Universum, das in einem Urknall sämtliche Voraussetzungen mit sich bringt, nach Jahrmillionen die Metamorphose von toter Materie zu lebenden Organismen zu vollziehen, wird für reflektierende Lebewesen zwangsläufig zum bestaunenswerten Rätsel.

Dass unser Universum aus dem „Nichts" entstand, schien lange Zeit unmöglich. Entweder waren es Götter, die das Universum erschufen, oder es war stationär und schon immer da, somit ewig. Das stationäre, ewige Universum war zwar eine Provokation für den nachfragenden Geist, aber eine große Beruhigung für die weniger kritischen Geister. Mit dem Beginn der Neuzeit und den sich entwickelnden empirischen Naturwissenschaften machte die wissenschaftliche Forschung jedoch auch vor dem Kosmos als Ganzes nicht halt. Das Wirken veränderlicher Kräfte wurde offenbar: Beispielsweise entstehen und vergehen Sterne, schwere chemische Elemente entstehen, neue Sterne und Planetensysteme bilden sich, eine komplexe Chemie entsteht usw. Kurzum: Der Kosmos hat eine evolutionäre Geschichte – und daran war unmittelbar die Frage nach seinem Anfang geknüpft.

Doch nicht nur der Kosmos, sondern auch unser wissenschaftliches Weltbild evolviert. Im Lauf der Jahrhunderte konnten sich Ideen entweder behaupten und wurden verfeinert, oder sie wurden falsifiziert und starben aus. Die moderne Kosmologie ist ein Produkt evolutionären Denkens!

3.1 Der Urknall als empirisch gesicherte Tatsache – Warum sich der Kosmos nur evolutionär begreifen lässt

Als in den 1920er Jahren immer mehr Beobachtungen auf eine *Expansion* des Kosmos hindeuteten, kam es zum finalen Aufbäumen der Hypothese vom ewigen, statischen Universum. Die so genannte *Rotverschiebung* des Lichts ferner Galaxien deutete auf eine Expansion hin, wodurch die Gleichungen der Allgemeinen Relativitätstheorie neu interpretiert werden mussten. Die Vorstellung eines expandierenden Kosmos erschütterte das damalige Weltbild in seinen Grundfesten. Die weitreichendste Konsequenz war ein zeitlicher und räumlicher Anfang des Universums in einem Zustand unvorstellbarer Dichte und Temperatur, den wir Urknall nennen.

Weitere empirische Beweise waren notwendig, damit sich eine Hypothese durchsetzen konnte, die unser Vorstellungsvermögen derart strapaziert. Beispielsweise sollten Relikte der frühen heißen Strahlung (wenn man so will: das „Nachglimmen des Urknalls") noch messbar sein. Die fortwährende Expansion und Abkühlung des Universums hat sie lediglich zu sehr niedrigen Energien verschoben – wie wir heute wissen in den Mikrowellenbereich bei 2,725 Kelvin. Der erste Nachweis dieser sogenannten *kosmischen Hintergrundstrahlung* gelang eher zufällig im Jahr 1965 durch die Physiker Arno Penzias und Robert Woodrow Wilson.

Weitere Belege der Expansion folgten, darunter der Sachs-Wolfe-Effekt. Rainer Kurt Sachs und Arthur Michael Wolfe erkannten 1967, dass die ersten Verdichtungen im frühen Universum an den Photonen der Hintergrundstrahlung eine Signatur hinterlassen haben. Grundsätzlich gewinnen Photonen Energie bei der Annäherung an Masse und verlieren diese Gravitationsenergie wieder, sobald sie sich entfernen. Anschaulich gesprochen „fallen" die Photonen in eine Vertiefung hinein, einen sogenannten Potenzialtopf, und „klettern" anschließend wieder heraus. Wird nun in der kurzen Verweildauer des Photons im Potentialtopf dessen Form verändert, beispielsweise wird die Vertiefung durch die Expansion des Raumes flacher, so ist für das Herausklettern weniger Energie notwendig und es bleibt ein Netto-Energiegewinn. Entsprechende Messungen konnten den Effekt belegen und mit ihm eine expandierende Raumzeit.

Die Hypothese eines heißen Urknalls wird darüber hinaus von der materiellen Zusammensetzung unseres Universums gestützt. Bezogen auf die Massenanteile liefern die Beobachtungen etwa 75 % Wasserstoff und 25 % Helium. Dies ist exakt das Ergebnis, das Berechnungen zu den Fusionsprozessen im frühen Universum vorhersagen. In den ersten Minuten nach dem Urknall war es im gesamten Kosmos heiß genug, um die Fusion von Wasserstoffkernen zu Heliumkernen zu betreiben. Alle schwereren Elemente, die erst im Inneren der Sterne fusioniert werden, liegen zusammengenommen unter einem Prozent Massenanteil. Die Beweislast wurde somit immer erdrückender und das Modell vom Urknall hat sich durchgesetzt, es wurde die anerkannte Marke, das Standardmodell der Kosmologie. Es war und ist bis heute erfolgreicher und erklärungsmächtiger als alle konkurrierenden Modelle.

Abb. 3.1
Aufnahme der Hintergrundstrahlung durch die WMAP-Sonde. Die Graustufen stehen für winzige
Temperaturunterschiede von etwa 5×10^{-5} Grad. Bild: NASA/gemeinfrei.

Bevor wir nun den aktuellen Stand der Wissenschaft zur Evolution des Kosmos
ausbreiten, begeben wir uns zurück ins 20. Jahrhundert, wo das Urknallmodell seinen
Anfang nahm.

3.2 Die Evolution der Naturwissenschaft

Edwin Hubble hatte über Jahre hinweg eine besondere Klasse der Riesensterne beobachtet, die sogenannten *Cepheiden*. Sie verändern ihre gewaltige Helligkeit streng periodisch, typischerweise innerhalb von wenigen Tagen, wodurch er sie über Millionen
von Lichtjahre hinweg bis ins Innere unserer Nachbargalaxien aufspüren konnte. Mithilfe der zugrunde liegende Theorie dieser veränderlichen Leuchtkraft gelang es ihm,
Entfernung und Geschwindigkeit dieser Objekte in einem Diagramm zusammenzutra-
gen. Bereits 1927 hatte der Priester und Physiker Georges Lemaître anhand ähnlicher Beobachtungen erkannt, dass sich weit entfernte Objekte tendenziell von uns
wegbewegen. Damit hatte er dem etablierten Weltbild eines ewig statischen Universums
bereits einen empfindlichen Wirkungstreffer verpasst. An jenem denkwürdigen Tag
im Jahre 1929 legte Edwin Hubble nun ein Lineal an und zeichnete eine Gerade in
sein Diagramm – einen linearen Zusammenhang zwischen Entfernung und Flucht-
geschwindigkeit. Gewissermaßen ein kurzer Strich für einen Menschen aber ein weit-
reichender Strich für die Naturwissenschaft.

Was war geschehen? Die immerwährende Evolution in der Naturwissenschaft hatte ein weiteres namhaftes Opfer gefordert: die Theorie des ewig statischen Universums. Die Daten belegten, dass Objekte, die man von der Erde aus in beliebigen Richtungen betrachtet, sich umso schneller von uns wegbewegen, je weiter sie entfernt sind. Dies entzieht der Theorie eines statischen Universums die Lebensgrundlage und sie wird verdrängt durch eine Theorie des expandierenden Universums.

Ähnlich den biologischen Organismen, die sich in einem Lebensraum behaupten oder durch andere Organismen verdrängt werden, unterliegen auch naturwissenschaftliche Theorien diesem Evolutionsprinzip. Der natürliche Feind der Theorie ist hierbei nicht eine andere Theorie, sondern das Experiment. Beispielsweise hatte bereits Jahre vor HUBBLES Entdeckung ALBERT EINSTEIN die Allgemeine Relativitätstheorie entwickelt, deren Gleichungen ein expandierendes Universum zwangsläufig beinhalten. Nur unter größter Not – mit Hilfe eines mathematischen Kunstgriffes in Form einer kosmologischen Konstanten – war die Theorie mit einem statischen Universum verträglich. Selbst ein Schwergewicht wie die Allgemeine Relativitätstheorie musste sich ohne entsprechende experimentelle Unterstützung dem Dogma eines statischen Universums beugen, während es keine geringere Theorie als die NEWTONsche Mechanik vergleichsweise mühelos vom Podest stürzte. Verantwortlich für letzteren Erfolg waren wiederum Beobachtungsdaten: z. B. die gravitative Beugung des Lichts und die Stärke der Periheldrehung des Merkurs. Die Art und Weise, mit der die Allgemeine Relativitätstheorie die NEWTON'sche Mechanik verdrängt hat, ist übrigens kennzeichnend für eine „sanfte Form" der Evolution in der modernen Naturwissenschaft. Je besser eine etablierte Theorie durch experimentelle Daten gestützt wird, desto schwieriger wird es, sie mit Bausch und Bogen zu verwerfen. Entsprechend wird sie assimiliert und behält als Grenzfall (im Beispiel der NEWTON'schen Mechanik für Geschwindigkeiten deutlich unterhalb der Lichtgeschwindigkeit) ihre Gültigkeit. Auf Neudeutsch entspräche dies eher einem Facelift denn einem Paradigmenwechsel.

Die Naturwissenschaft durchläuft also einen stetigen Anpassungsprozess, in dem sich kleine Mutationen der Theorien als erfolgreicher durchsetzen und von Zeit zu Zeit ereignen sich spektakuläre Paradigmenwechsel, ausgelöst durch schlagartig drastisch veränderte „Lebensbedingungen". Einen solchen „Meteoriteneinschlag" stellten die Beobachtungsdaten von EDWIN HUBBLE dar und ganze Spezies an Theorien starben aus. An ihre Stelle trat ein neues Weltmodell – das expandierende Universum – das, wiederum mit entsprechenden Anpassungen, bis zum heutigen Tag zahllose Bestätigungen erfahren hat.

Einschläge dieser Art sind in letzter Zeit rar geworden. Je weiter sich die Gegenstände der modernen Forschung von unserer anschaulichen makroskopischen Welt entfernen, umso schwerer fällt es uns, entsprechende Experimente zu entwickeln, d. h. geeignete Fragen an die Natur zur Überprüfung zu stellen. Der verzweifelte Versuch, in einem 27 km langen unterirdischen Ring aus supraleitenden Magneten, die konstant nahe dem absoluten Temperaturnullpunkt gehalten werden müssen, die Winzigkeiten zweier Protonen mit jeweils 7 TeV Energie wohldefiniert zur Kollision zu bringen, mag dieses Dilemma zum Ausdruck bringen. Die Rede ist natürlich vom *Large Hadron Collider* (LHC), dem gewaltigen Aufbäumen der Experimentalphysiker, die notwendigen Energien bereitzustellen, um noch einmal einen Vorhang zur Seite zu schieben und einen Blick auf die Welt des Allerkleinsten zu erhaschen, noch einmal einen Schritt näher an den Urknall heranzurücken. Wir haben in den Gewächshäusern der theoretischen Physik unter künstlichen Bedingungen eine Vielzahl exotischer Pflanzen herangezogen, nur es gelingt uns nicht mehr, sie vor die Tür zu stellen und unter natürlichen Bedingungen zu erproben. Der naturwissenschaftliche Evolutionsmechanismus ist an dieser Stelle ins Stocken geraten und unser Gewächshaus droht aus allen Nähten zu platzen. Nach 13,8 Milliarden Jahren Entwicklungsgeschichte können wir jedoch auf eine Sache getrost vertrauen: Die Evolution wird einen Weg finden, so wie sie es immer getan hat.

3.3 Die Evolution des Kosmos

Das Universum expandiert. Ein scheinbar harmloser Satz, der tatsächlich enormen Sprengstoff in sich trägt: Denn ein expandierendes Universum war offensichtlich in der Vergangenheit kleiner und somit heißer. Konsequent zu Ende gedacht beginnt die Geschichte des Kosmos mit einem Zustand unbeschreiblicher Dichte und Temperatur: dem Urknall. Demnach hatte das Universum einen Anfang, demnach gibt es einen Tag mit einer einzigartigen Eigenschaft: den Tag ohne gestern. Das widerspricht vollständig unserer Intuition, wonach wir stets die Frage nach dem „Davor" stellen können. Unser menschliches Gehirn hat sich perfekt angepasst an das Überleben in der makroskopischen Welt und unser Vertrauen darauf, dass vor jeder Wirkung eine Ursache steht, war für unsere Spezies von großem evolutionärem Vorteil. Sämtliche Erfahrungswerte, auf die wir uns dabei stützen, wurden durch Sinnesorgane gewonnen, die ebenfalls evolutionär für das Leben auf unserem Planeten optimiert wurden. Augen sehen beispielsweise im Bereich 380–780 nm, weil unsere Sonne in diesem Bereich ihr Maximum hat. Ein Verständnis für die Allgemeine Relativitätstheorie stellte dagegen für unsere Vorfahren keinen Überlebensvorteil dar. Auf einem hohen Berg sitzend vergeht die Zeit sehr wohl schneller als näher am Erdmittelpunkt, wo das Gravitationsfeld geringfügig stärker wirkt; nur relativistische Effekte dieser Art sind vernachlässigbar klein und die Ausbildung entsprechender Sinnesorgane war nicht lohnend.

Auch ein Gespür für mikroskopische Zusammenhänge – allen voran der Unschärferelation – bot keinen zählbaren Vorteil in einer Welt voller scharf lokalisierter Feinde, die nach einem klaren kausalen Prinzip agierten: Erst kommt die Pranke, dann der Schmerz. So finden wir uns heute gefangen in einer universellen Weltanschauung, in den Denkstrukturen eines Primatengehirns, das bei genauerer Analyse nur in einem kleinen Geltungsbereich die Realität sinnvoll abbildet. Für uns ist etwas so oder nicht so, etwas geschieht oder geschieht nicht. Der Raum trennt dabei die Objekte, legt fest, wo etwas ist und wo nicht, d. h. alles findet auf einer Bühne aus unveränderlichem Raum und absoluter Zeit statt. Um allerdings die Evolution des Universums verstehen zu können, müssen wir mit diesen wohlvertrauten Erfahrungswerten brechen – gewissermaßen selbst einen evolutionären Schritt vollziehen. Wir müssen ein Gespür entwickeln für die Expansion des Raumes zwischen den Galaxien, für die Expansion des Nichts zwischen dem Etwas. Die Vorstellung eines Urknalls in Form einer Explosion ist dabei irreführend, dann hätte das Universum einen Mittelpunkt und nur dort entstünde der Eindruck, dass sich die Dinge in jeder Richtung entfernen. In unserem Universum gilt diese Beobachtung jedoch an jedem beliebigen Ort, d. h., es gibt eine Art Quelle für das Nichts, aus der zwischen dem Etwas fortwährend frisches Nichts entspringt. Ähnlich wie ein frischer Hefeteig aufgeht, breitet sich der Raum zwischen den Galaxien aus. Die Galaxien sind dabei vergleichbar mit Rosinen, die im aufgehenden Teig mitschwimmen, der sie voneinander weg treibt. Das stellt unsere menschliche Vorstellungskraft bereits vor große Probleme und es kommt noch schlimmer: In dieser Weise expandiert nicht nur der dreidimensionale Raum, sondern die vierdimensionale Raumzeit.

Merken Sie es? Genau an dieser Stelle ist der angekündigte evolutionäre Schritt von Nöten, damit sich unser Gehirn an ein Gespür herantasten kann. Gut, dass wir dabei auf den Schultern von Riesen stehen. Allerdings nannte selbst ein Albert Einstein, der intuitiv erkannte, dass Raum und Zeit in die Prozesse mit einbezogen werden müssen, die Effekte der Quantenmechanik, über die noch zu reden sein wird, schlichtweg „spukhaft". Die Naturwissenschaft begegnet dieser Problematik mit ihrer Allzweckwaffe: der Mathematik. Nachdem wir über mehrere Jahrhunderte in unserer makroskopischen Welt Vertrauen zu dieser Form der Wirklichkeitsbeschreibung gewonnen haben, tasten wir uns mit diesen Fühlern vor in Bereiche, die nie zuvor ein Mensch „gesehen" hat. Erst im Nachgang lässt sich aus den mathematischen Gleichungen die Entwicklung des Kosmos wieder übersetzen in die Sprache und Modelle unserer makroskopischen Welt. Um die unvermeidbaren Übersetzungsfehler möglichst gering zu halten, ist es wichtig, die verwendeten Begriffe „Nichts", „Feld", „Masse", „Zeit" und „Phasenübergang" eindeutig festlegen. Was genau verstehen wir beispielsweise unter dem „Nichts" wenn wir uns die Frage stellen, warum nicht Nichts ist und wie unser Universum daraus entstehen konnte?

3.3.1 Der Urknall aus dem Nichts? Am Anfang war das Quantenvakuum

Beginnen wir mit einem Gedankenexperiment: Würden wir einen Raumbereich abgrenzen und daraus den gesamten Inhalt entfernen, d. h., ein ideales Vakuum erzeugen, wäre dann wirklich nichts mehr in diesem Raum? (Der Ordnung halber erwähnen wir, dass die Wände zur Begrenzung des gedachten Volumens die Temperatur 0 K aufweisen – ansonsten würde laufend Wärmestrahlung emittiert.)

Hätten wir die Kenntnis darüber erlangt, dass sich an einem bestimmten Ort zu einer bestimmten Zeit exakt „ein Nichts" befindet mit der exakten Energie null? Was wir aus unserem Raumgebiet nicht entfernen können, sind die Naturgesetze, insbesondere die Gesetze der Quantenmechanik, wonach sich bestimmte Wertepaare nicht gleichzeitig beliebig genau ermitteln lassen. Üblicherweise handelt es sich bei diesen Paaren um einen Wert und dessen zeitliche Änderungsrate. Namhafte Vertreter sind Ort und Geschwindigkeit (oder Impuls) eines Teilchens, aber ebenso betroffen sind Stärke und Änderungsrate eines Feldes.

Auch Energie und Zeit bilden ein Paar, das der Unschärfe unterliegt, wodurch für sehr kurze Zeiträume die Energie allgemein und im speziellen auch die des Nichts unbestimmt ist, mit anderen Worten: Auch das Nichts schwankt. Teilchen-Antiteilchen-Paare ziehen hierfür dem Nichts ein wenig Energie aus der Tasche, wodurch sie sich materialisieren können und bevor das Nichts sich versieht, zerstrahlen sie wieder zu Energie und zahlen den Überbrückungskredit zurück. Die Lebensdauer dieser virtuellen Teilchen ist dabei umso kürzer, je größer ihre Masse, bzw. ihr Energiebedarf ist. Zugegeben, das wirkt wie ein Taschenspielertrick der theoretischen Physik, aber diese Schwankungen des Nichts – sogenannte Quantenfluktuationen – konnten experimentell nachgewiesen werden, weil sie niedrigste Atomniveaus beeinflussen. WILLIS EUGENE LAMB erhielt hierfür 1955 den Nobelpreis.

Dass zu jedem Teilchen gleichzeitig sein Anti-Teilchen entstehen muss, liegt daran, dass im Vakuum neben der Unschärferelation auch noch weitere physikalische Gesetze gelten z. B. die Ladungserhaltung. Bei der Erzeugung eines Teilchens mit beliebiger Ladung gleicht die Entstehung des Anti-Teilchens mit umgekehrter Ladung die Bilanz wieder aus. Wenn das Nichts also nicht nichts ist, welche Eigenschaften können wir ihm zuordnen? Lokal betrachtet, in einem beliebig kleinen Volumenelement, befinden sich materialisierte Dinge mit einer positiven Energie sowie ein zugehöriges „ausgequetschtes" Nichts als Energiegläubiger. Und wie das so ist mit den Gläubigern, sobald sie etwas verliehen haben, üben sie Druck aus, es wieder zurück zu erlangen – die Schuldner empfinden dies als negativen Druck.

Dies ist natürlich nur ein Wortspiel, aber physikalisch trifft es den Nagel auf den Kopf: Druck steht physikalisch für Kraft pro Fläche oder Energie pro Volumen. Kehren wir nochmals zurück zu unserem Gedankenexperiment und erzeugen wir wiederum ein Nichts in einem abgeschlossenen Raum. – Nennen wir es besser ein quantenmechanisches Vakuum, um der Erkenntnis Rechnung zu tragen, dass es angefüllt mit Quantenfluktuationen ist. Denken wir uns nun eine Wand unseres Behälters beweglich, gleich einem Kolben, so dass wir das quantenmechanische Nichts expandieren können, beispielsweise auf das doppelte Volumen. Lokal betrachtet ändert sich das Verhalten in unserem Behälter nicht, insbesondere lassen sich Quantenfluktuationen nicht verdünnen, im Gegensatz zu Gasen. Die Expansion des Raumes vergrößert lediglich die Spielwiese für Quantenfluktuationen und neue Teilchen-Anti-Teilchen-Paare füllen den zusätzlichen Raum aus. Ein Gas würde sich durch die Expansion abkühlen, d. h. der

Druck bzw. die Energie pro Volumen würde abnehmen. In unserem quantenmechanischen Vakuum bleiben diese Werte jedoch konstant, d. h., ein doppeltes Volumen enthält die doppelte Energie. Die Expansion um den Faktor zwei hat unser Ursprungsnichts gewissermaßen dupliziert. Dies ist nicht weiter tragisch, so lange seine Energie um den Nullpunkt schwankt: Zweimal null gibt wieder null. Sollte sich das quantenmechanische Nichts jedoch – warum auch immer – in einem falschen Zustand mit positiver Energie befinden, so hätte unsere Kolbenbewegung diese Energie verdoppelt. Selbstverständlich kann Energie nicht einfach entstehen, d. h. um den Kolben herauszuziehen, mussten wir exakt die Energie aufwenden, die wir im Inneren hinzugewonnen haben. Mit anderen Worten: Das quantenmechanische Vakuum hat unserer Expansion eine Kraft entgegengesetzt, es übt also einen „Sog", einen negativen Druck auf den Kolben aus. Schlimmer noch: Dieser negative Druck bleibt konstant, völlig unbeeindruckt von der Expansion. Dies ist ein wahrer Kracher unter den Eigenschaften des Nichts und das im doppelten Sinne.

Ein positiver Druck entspricht nämlich einer positiven Energie pro Volumen und seit ALBERT EINSTEIN wissen wir, dass positive Energie gemäß $E = mc^2$ gravitativ anziehend wirkt. Ebenso entspricht ein negativer Druck einer negativen Energie pro Volumen und wirkt gravitativ abstoßend. Eine antigravitative Energiefreisetzung aus dem Vakuum, die selbst unter extremster Expansion des Raumes nicht abgeschwächt wird, darauf werden wir noch zurückgreifen auf der Suche nach dem „Knall" des Urknalls. Jaja, ich höre Sie schon zweifeln – Das Nichts übt einen negativen Druck aus? Sie hätten gerne Beweise – bitteschön: HENDRIK CASIMIR hat bereits 1948 einen Versuchsaufbau beschrieben, in dem sich zwei parallele leitende Platten im Vakuum gegenseitig anziehen. Dank stark verbesserter Messgeräte konnte der Effekt mittlerweile mit hoher Genauigkeit bestätigt werden. Bei Platten in der Größe Ihrer Handflächen entspricht der negative Druck bei einem Abstand von einem zehntausendstel Zentimeter etwa dem Gewicht eines Wassertropfens.

3.3.2 Das Higgs-Feld

Wenden wir uns dem nächsten wichtigen Begriff zu: der Masse. Makroskopisch sind wir damit bestens vertraut: Unsere Welt besteht augenscheinlich aus unterschiedlicher Materie, die jeweils eine bestimmte Masse aufweist. Ein erstes Unwohlsein befällt uns bei der Vorstellung, dass Energie und Masse gemäß $E = mc^2$ einander äquivalent sind mit einem „Umtauschkurs" in Form des Quadrats der Lichtgeschwindigkeit. Das abstrakte Phänomen Energie und unsere wohlvertraute massebehaftete Materie, an der wir uns zuweilen schon den Kopf angeschlagen haben, sind zwei Seiten derselben Medaille? Dieses scheinbare Paradoxon lässt sich erst lüften durch ein tiefgehendes mikroskopisches Verständnis des Materieaufbaus. Nehmen wir ein beliebiges Stück Materie – beispielsweise das Buch, das Sie in Händen halten – und vergrößern wir es vor unserem geistigen Auge immer weiter, bis wir in seine Substruktur eintauchen. Selbst die glatteste Oberfläche wird zunehmend rauer und verwandelt sich schließlich in eine bizarre Schluchtenlandschaft. Allmählich erscheinen Gitterstrukturen aus Molekülen die sich wiederum aus Atomen zusammensetzen. Fokussieren wir nun eines dieser Atome, erkennen wir einen winzigen Atomkern, in dem sich nahezu die vollständige Masse zusammendrängt, umkreist von Elektronen in vergleichsweise riesigem Abstand. Vergrößern wir gedanklich dieses Atom weiter auf die Ausmaße eines Fußballstadions, so entspräche dieser kompakte Kern aus Protonen und Neutronen gerade mal einem Reiskorn im Anstoßkreis. Unsere Suche ähnelt mehr und mehr dem Öffnen russischen Matrjoschka-Puppen, die in ihrem Inneren stets neue Puppen enthalten. Nehmen wir also einen der Kernbausteine unter die Lupe – gleichgültig ob wir ein Neutron oder ein Proton wählen – welche Substruktur erwartet uns dann? Beeindruckenderweise haben Experimentalphysiker selbst hierfür eine Antwort parat: Protonen und Neutronen bestehen aus jeweils drei Quarks und einer Vielzahl masseloser, punktförmiger Teilchen die eine anziehende Kraft zwischen ihnen vermitteln, was ihnen die Bezeichnung Gluonen (englisch glue = kleben) eingebracht hat.

Damit sind wir bei unserer Suche nach dem Phänomen Masse an der innersten Matrjoschka angelangt: den Quarks – genauer gesagt bei den Up- und Downquarks. Unglücklicherweise ergeben deren Massen jedoch weniger als $^{1}/_{100}$ der Proton- bzw. Neutronmasse. Schlimmer noch: Wenn die theoretische Physik recht behält, sind selbst diese geringen Massen der Quarks, ebenso wie die sämtlicher Elementarteilchen, de facto null. Der Eindruck massebehafteter Elementarteilchen entsteht demnach durch ein überall vorhandenes „zähes" Etwas, das ihrer Beschleunigung entgegenwirkt. Wir nennen es das *Higgs-Feld*, nach einem der sechs Begründer dieser Theorie: PETER HIGGS.

Mit zähen Medien, die ihrer Durchquerung einen Widerstand entgegen setzen, sind wir in unserer makroskopischen Welt bestens vertraut. Jeder hat schon einmal einen Löffel durch ein Honigglas bewegt oder die Hand durch ein Wasserbecken. Aber Vorsicht! Hierbei wirkt das Medium der Geschwindigkeit entgegen. Das Higgs-Feld allerdings wirkt ausschließlich der Beschleunigung entgegen, bei manchen Teilchen etwas mehr, dann spricht man von einer starken Kopplung an das Higgs-Feld und bei manchen etwas weniger, die erscheinen uns dann entsprechend weniger massereich. Wir könnten also in unserem Honigglas den Löffel kräftefrei mit konstanter Geschwindigkeit bewegen, aber für die Dauer einer Beschleunigung wäre plötzlich ein Widerstand zu spüren, der erst verschwindet, sobald wir den Löffel wieder konstant bei der nun höheren Geschwindigkeit bewegen. Zu früh gefreut – hierzu haben wir in unserer anschaulichen Welt doch nichts Vergleichbares anzubieten.

Je tiefer wir also in die Materiestruktur vordringen, umso mehr rinnt uns das Phänomen Masse wie Sand durch die Finger. Unser scheinbares Ausgangsparadoxon löst sich in Wohlgefallen auf, weil die Masse der Materie gar nicht aus Masse besteht, son-

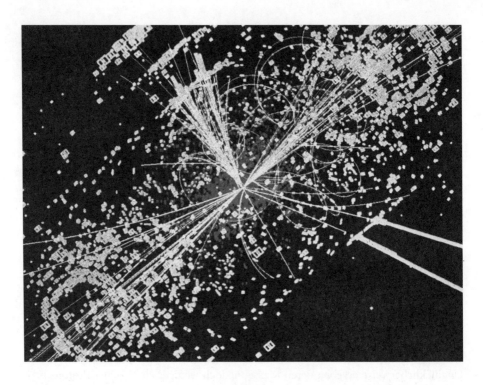

Abb. 3.2
Zerfallsreaktion eines potentiellen Higgs-Bosons am CMS-Detektor (LHC). Bild: Lucas Taylor, CERN
(http://cds.cern.ch/record/628469), Zugriff am 04.05.2014. Lizenz: CC BY-SA 4.0
(http://creativecommons.org/licenses/by-sa/4.0/ deed.de).

dern aus der Bewegungs- und Bindungsenergie der beteiligten Substruktur und der
Kopplung an ein geheimnisvolles Higgs-Feld. Es verbleibt die Erkenntnis: Masse entspricht nicht nur einer bestimmten Energie gemäß $E = mc^2$, Masse *ist* Energie und die
Bewegungsenergie der masselosen Gluonen trägt den Löwenanteil bei. Aber wie war
das noch mal mit dem Kopfanschlagen?

Jetzt, da wir wissen, dass es sich sowohl bei den Bestandteilen unseres Kopfes, als
auch den Bestandteilen des Buches letztendlich um Energie handelt, überprüfen wir
misstrauisch den Sachverhalt und schlagen das Buch vorsichtig gegen unseren Kopf.
Merken Sie es? Tatsächlich spüren Sie einen Widerstand – wie ist das möglich? EN-
RICO FERMI entdeckte, dass es zwei Lager gibt unter den mikroskopischen Teilchen,
abhängig von einer quantenmechanischen Eigenschaft: dem Spin. Die einen kann
man beliebig auf engstem Raum zusammendrängen (sogenannte Bosonen), während
die anderen (sogenannte Fermionen) diese Geselligkeit vermissen lassen. Letztere setzen näher rückenden identischen Teilchen einen sogenannten Fermi-Druck entgegen,
eine Art Platzangst, mit der sie ein Mindestmaß an Raum für sich beanspruchen.

Zusätzlich stoßen sich Teilchen aufgrund gleichnamiger Ladungen ab, sodass in Summa beider Effekte eine Barriere entsteht, an der wir uns den Kopf anschlagen. Die Zutaten:

◆ Energie,
◆ elektrische Ladung,
◆ Kopplung an ein omnipräsentes Higgs-Feld und
◆ mehr oder weniger Platzangst der Bausteine, je nach Zugehörigkeit zu den geselligen oder klaustrophobischen Teilchen, „gerinnen" zu etwas handfestem, das wir Materie nennen.

Die Zeit: Ganz und gar nicht handfest ist der Begriff der Zeit, so philosophierte AUGUSTINUS in seinen *Confessiones*: „Solange mich niemand danach fragt, ist's mir, als wüsste ich's; doch fragt man mich und soll ich es erklären, so weiß ich's nicht."

In unserer makroskopischen Welt erleben wir Zeit als eine Taktrate, nach der Prozesse sich entwickeln. Dabei wird mit jedem Takt aus einer Vielzahl möglicher zukünftiger Zustände genau einer zur Gegenwart auserkoren und im nächsten Augenblick als Vergangenheit dokumentiert. Diese Projektion ist irreversibel, sie prägt dem Geschehen eine Richtung auf: den Zeitpfeil. Um dieses Phänomen physikalisch packen zu können, bedient man sich der sogenannten Entropie, einem Maß für die Unordnung eines Systems, ein Relikt aus der Zeit der Dampfmaschine. Damals hat man erkannt, dass das Fortschreiten der Zeit unweigerlich mit einer Zunahme der Unordnung einhergeht, solange bis sich der Zustand höchster Unordnung – das Gleichgewicht – eingestellt hat. Dieser zweite Hauptsatz der Thermodynamik (der Energieerhaltungssatz ist der erste Hauptsatz) stellt kein unumstößliches Naturgesetz dar, sondern entspricht bei genauer Betrachtung einer Wahrscheinlichkeitsaussage und hängt von einigen Rahmenbedingungen ab.

Hierzu wiederum ein kleines Gedankenexperiment: Nähmen wir die ersten 100 Seiten dieses Manuskriptes wohlsortiert vom Drucker, so hätten wir es mit dem Zustand minimaler Unordnung, d. h. minimaler Entropie zu tun. Fällt uns nun unachtsam der Stapel zu Boden und sammeln wir alle Blätter wieder zusammen, so gibt es zwei Möglichkeiten:

◆ Der Stapel ist wiederum wohlsortiert.
◆ Der Stapel ist in einen Zustand höherer Entropie, beispielsweise mit zwei, drei oder vielen vertauschten Seiten übergegangen.

Der Fall 1 ist prinzipiell durchaus möglich – er ist allerdings extrem unwahrscheinlich verglichen mit der gewaltigen Anzahl möglicher Zustände 2. Deshalb ist es kein Naturgesetz, sondern eine Wahrscheinlichkeitsaussage, wenn wir den Fall 2 als natürlichen Ausgang unseres Experiments erwarten. Wir überprüfen den Stapel und verzeichnen

10 falsch angeordnete Seiten. Nun könnten wir auf die Idee kommen, der ursprünglichen Reihenfolge dadurch wieder näher zu kommen, dass wir die Blätter erneut in die Luft werfen und wieder zusammensammeln. Die Chancen für dieses Unterfangen stehen jedoch schlecht, da wiederum eine kleine Anzahl Zustände mit geringerer Unordnung (keine oder 2 bis 9 falsch platzierte Seiten) einer deutlichen Übermacht an Zuständen größerer Unordnung (11 oder mehr falsch angeordnete Seiten) gegenüber stehen. Der Zustand 3 unseres Experiments wird somit sehr wahrscheinlich höhere Entropie als Zustand 2 aufweisen. Tatsächlich ergibt die Kontrolle 22 falsch angeordnete Seiten.

Die Entropie hat also schrittweise zugenommen und allein daran hätte man die drei Zustände in die richtige zeitliche Abfolge stellen können, ohne unmittelbare Beteiligung am Experiment. Die Schwächen des zweiten Hauptsatzes werden ebenfalls offenbar: Je näher wir uns der maximalen Entropie nähern, umso mehr verliert er an Durchschlagskraft. Ebenso benötigt er – wie jede statistische Aussage – eine ausreichende Grundgesamtheit, d. h. ein Stapel aus 2 Blättern hätte keine sinnvolle Aussage erlaubt. In unserer makroskopischen Welt sind diese Einschränkungen allerdings nur Spitzfindigkeiten und der zweite Hauptsatz der Thermodynamik bestimmt das Geschehen. Er verhindert reversible Prozesse und ein *perpetuum mobile*.

Für spätere Zwecke weisen wir noch darauf hin, dass die Wahrscheinlichkeiten einzelner Zustände durch die Anwesenheit von Kräften maßgeblich verändert werden. Im kräftefreien Raum würden beispielsweise eine größere Anzahl Teilchen, die wir in einer Ecke eines Volumens loslassen, allmählich den gesamten zur Verfügung stehenden Raum ausfüllen. Der Zustand höchster Entropie wäre somit die gleichmäßige Verteilung. Könnten wir anschließend eine anziehende Kraft zwischen den Teilchen (z. B. die Gravitation) einschalten, würde das die Situation umkehren. Die Zustände stärkerer Verklumpung wären nun erzwungenermaßen wahrscheinlicher, d. h. die gleichmäßige Verteilung wäre der Zustand niedrigster Entropie und das allmähliche Verklumpen erhöhte die Entropie und gäbe damit die Richtung des Zeitpfeils vor. Mit welchem Endziel? Der Zustand höchstmöglicher Entropie unter Anwesenheit der Gravitation wäre ein schwarzes Loch. Die Entwicklungsgeschichte jedes physikalischen Prozesses wird also maßgeblich von den beteiligten Kräften beeinflusst, wobei die Marschrichtung stets lautet: Gehe den Weg ansteigender Entropie.

Zu guter Letzt benötigen wir für unsere Expedition zum Urknall noch den Begriff des Phasenübergangs. Dabei können wir endlich auf Erfahrungswerte zurückgreifen, denn der Übergang von Dampf zu Wasser und schließlich zu Eis ist uns bestens bekannt. Die Abkühlung des Dampfes verringert die Bewegungsenergie der H_2O-Moleküle immer weiter, bis es der hauchzarten Wasserstoffbrückenbindung gelingt, kleinere Verbände zu bilden.

Die Bindung zwischen den Molekülen ist elektromagnetischer Natur und entsteht, weil das Sauerstoffatom die Elektronen der beiden Wasserstoffatome zu sich heranzieht, um seine äußere Atomhülle vollständig mit Elektronen zu besetzen. Durch diese Ladungsverschiebung entstehen Wassermoleküle mit einer leicht positiv und einer leicht negativ geladenen Seite, sodass sie sich gegenseitig anziehen und Strukturen bilden können. Werden immer mehr ursprünglich freie Moleküle in diesen Strukturen gefangen, bilden sich Kondensationströpfchen und unterhalb der kritischen Temperatur von 100 °C (abhängig von den Druckverhältnissen) ist der Phasenübergang zu flüssigem Wasser vollzogen. Hieran erkennt man sehr schön, dass Phasenübergänge stets mit sogenannten Symmetriebrechungen einhergehen. Im dampfförmigen Zustand war es den Molekülen freigestellt, sich um jede beliebige Symmetrieachse zu drehen. Gefangen in einem Verbund sind die verbliebenen freien Drehachsen eingeschränkt auf die Drehungen des gesamten Verbundes. Man nennt dies einen Symmetriebruch. Beim Übergang von Wasser zu Eis gehen diese freien Drehungen der einzelnen Molekülverbände wiederum verloren in einer Gitterstruktur, es geschieht also ein weiterer Symmetriebruch. Bei jedem dieser Phasenübergänge wird Energie freigesetzt, im Falle des Wassers die Verdampfungswärme und die Kristallisationswärme. Sie entsprechen der verringerten Bewegungsenergie, die das jeweils stärker gebundene System freisetzen muss.

Symmetriebrechungen bedürfen dabei einer Art Entscheidung, welche neue Konfiguration unter einer Vielzahl von Möglichkeiten nun tatsächlich angenommen wird. Vermutlich kennen Sie die Geschichte vom faulen Esel, der sich möglichst wenig bewegen möchte und deshalb fast verhungert zwischen zwei Heuballen, die exakt im selben Abstand links und rechts von seinem Kopf liegen. Die H_2O- Moleküle stecken in einem ähnlichen Dilemma: Welchem Molekülverband sollen sie sich anschließen? Wer macht überhaupt den Anfang? Je höher die Symmetrie des Ausgangszustandes und je geringer die Veränderung der äußeren Bedingungen, umso schwieriger gestaltet sich die „Entscheidungsfindung". Dies ist tatsächlich auf makroskopischer Ebene von Relevanz: Kühlt man beispielsweise hochreines Wasser so vorsichtig und langsam wie nur möglich ab, bleibt es unterhalb des „Gefrierpunktes" flüssig. Der Rekord für dieses Kunststück liegt derzeit bei –17 °C. Zur besseren Unterscheidung spricht man von unterkühltem Wasser, weil es sich in einem falschen Zustand befindet. Erst ab einem bestimmten Leidensdruck entscheiden sich sowohl der Esel als auch die H_2O-Moleküle, die Symmetrie zu brechen. Der Esel wird satt und das Wasser gefriert schlagartig, wobei es die Kristallisationswärme mit zeitlicher Verzögerung nun doch freisetzt.

An dieser Stelle sollten wir ein geistiges Biwak aufschlagen, bevor wir zur Expedition an den Rand der Erkenntnis aufbrechen. Werfen wir nochmals einen Blick auf unser bisheriges Rüstzeug:

- Das Nichts ist eine brodelnde Spielwiese, auf der für kürzeste Zeit alles entsteht und vergeht, was sich aus Energie basteln lässt: Teilchen, Felder und Dinge, von denen wir heute noch gar nicht wissen, dass es sie gibt.
- Sollte die Energie des Nichts anstelle des Nullpunkts um einen falschen höheren Wert schwanken, so würde eine Expansion des Nichts sich immer weiter antigravitativ verstärken.

- Materie besteht überwiegend aus der Bindungsenergie seiner Bestandteile.
- Elementarteilchen sind entgegen unserer Messdaten grundsätzlich masselos. Der Eindruck einer Ruhemasse entsteht durch eine Kopplung an ein omnipräsentes Higgs-Feld.
- Die Statistik zwingt jeden Prozess in Richtung zunehmender Entropie, d. h., das Universum besitzt einen Zeitpfeil.
- Phasenübergänge können durch Symmetriebrechungen Energie freisetzen, wobei ein kurzzeitiger „falscher" Zwischenzustand auftreten kann.

Jeder physikalische Vorgang wird ohne äußeres Zutun den Zustand minimaler Energie annehmen, den sogenannten Grundzustand. Dies erweist sich als äußerst unangenehm bei unserem Bestreben, das ewig während Nichts in das Abenteuer eines Urknalls zu locken. Unsere Interpretation des Nichts als quantenmechanische Spielwiese erscheint auf den ersten Blick hilfreich, immerhin entsteht fortwährend etwas, nur was es auch sein mag, im nächsten Augenblick vergeht es wieder, ohne irgendwelche Spuren zu hinterlassen. Für einen reversiblen Prozess, der stets zum identischen Ausgangszustand zurückkehrt, bleibt die Entropie konstant, es existiert kein Zeitpfeil.

Der erste Evolutionsschritt muss neben dem Etwas, das es dann zu entwickeln gilt, auch den zugehörigen Taktgeber – die Zeit – erst mit kreieren. Das Universum befindet sich somit „vor" dem Urknall in einem Zustand, der sich zwar laufend ändert, aber doch ewig besteht. Verblüffenderweise sollten sowohl Heraklit als auch Parmenides recht behalten: Alles ist im Fluss und doch währt es ewig.

Die Gretchenfrage lautet nun: Wie kommen wir raus aus dieser Endlosschleife? Wie locken wir das Nichts aus seinen virtuellen Fantastereien hinein in die Realität, in ein Etwas für das fortan die Zeit vergeht, weil es über niedrige Entropie verfügt, die wir über Milliarden von Jahren allmählich erhöhen können?

Es bedarf einer konzertierten Aktion unseres gesamten Rüstzeugs. Wir beobachten geduldig die Quantenfluktuationen des Nichts, bis etwas entsteht, das vor seiner Vernichtung einen Phasenübergang vollzieht. Dabei wird Energie freigesetzt. Unglücklicherweise reicht diese Energie jedoch nicht aus, den Überbrückungskredit für die Materialisierung des Etwas zurückzuzahlen. Wir geraten in die Energieinsolvenz und unser Versuch vergeht wieder zu Nichts.

Immerhin, das war ein erster Vorgeschmack, wie es laufen könnte. Wir bräuchten lediglich ein Etwas, das beim Phasenübergang mehr Energie freisetzt, als zu seiner Entstehung notwendig war. Nennen wir dieses Etwas spaßeshalber ein *Inflatonfeld*. Zusätzlich müssten die Fantastereien des Nichts unsere vier wohlvertrauten Grundkräfte liefern, oder zumindest die Gravitation und eine vereinheitlichte, „gezippte" Kraft, aus der sich die elektromagnetische, die starke und schwache Kernkraft bei niedrigeren Temperaturen „entpacken" lassen. Nennen wir diese spaßeshalber die GUT-Kraft (von engl.: *Grand Unified Theorie* = große vereinheitlichte Theorie). Zugegebenermaßen ist das eine sehr exotische Quantenfluktuation, auf die wir es abgesehen haben und ent-

Abb. 4.2
CONRAD WADDINGTONS epigenetische Landschaft. Die Oberflächenstruktur des Gebirges („epigenetische Landschaft") symbolisiert alle regulatorischen Wechselwirkungen zwischen Genen und Embryonalstrukturen, die auf die Entwicklung eines Organismus Einfluss nehmen können. Die Kugel repräsentiert den Organismus und der zurück gelegte Weg der Kugel den jeweiligen Entwicklungspfad, den der Organismus in seiner Ontogenese einschlägt. Je nach Struktur der „epigenetischen Landschaft" können mitunter bereits kleine Veränderungen im System dazu führen, dass der Organismus in einen anderen Entwicklungskanal „gelenkt" wird (Phänotypen 1–3), während sich andere Veränderungen nicht oder nur geringfügig auswirken. Bild: © MATHIAS PFEIL/Fotolia.com.

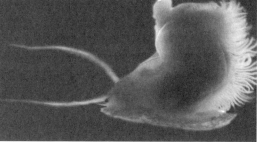

Abb. 4.3
Die Schnecke *Marisa cornuarietis*. Links: „Normale" Form mit Gehäuse. Rechts: Grundlegend umgestaltete Marisa-Schnecke. Linkes Bild: Wikipedia/gemeinfrei. Rechtes Bild: © HEINZ KÖHLER und IRENE GUST/Universität Tübingen.

davon auch die Lage anderer Organe betroffen. So liegt die Kieme nicht, wie üblich, über dem Kopf in einer Mantelhöhle, sondern erstreckt sich am Hinterende des Tieres frei ins Wasser.

Die Körpergestalt von Organismen kann sich also im Laufe der Evolution durch vergleichsweise geringfügige Modifikationen von Signalwegen sprunghaft verändern. Da auch natürlich vorkommende Nacktschnecken und Tintenfische innere Kalkschilde ausbilden, ist die modifizierte Marisa-Schnecke ein entwicklungsbiologisches Modell für die Erklärung der Evolution innerer Schalen bei Weichtieren. Inzwischen weiß man sogar, dass zwischen dem „normalen" *Marisa*-Bauplan und dem umgestalteten Bauplan ein Quasi-Kontinuum existiert, in dem an jeder Stelle ein eigener Morph entstehen kann (MARSCHNER ET AL. 2013). Offenbar sind die Signalwege so weit abwandelbar, dass ein breites Spektrum von Möglichkeiten (graduelle Variation bis hin zu Sprüngen) realisierbar ist.

4.3.2 Entwicklungsgenetischer Werkzeugkasten

Es ist wichtig zu betonen, dass durch die oben besprochenen Modifikationen von Signalwegen die Organismen nicht genetisch verändert werden, sie sind also keine „Mutanten". Doch die veränderte Regulation von Genaktivitäten, das modifizierte An- und Abschalten von Genen, ist auch für die Evolution neuer Merkmale und Baupläne bedeutsam. Es zeigt sich nämlich, dass nichterbliche, umweltinduzierte Veränderungen in der Genregulation auch durch Mutationen hervorgerufen werden können; die experimentell induzierten Veränderungen der Genregulation „kopieren" gleichsam Mutationen (Phänokopie).

Häufig dienen umweltinduzierte Modifikationen sogar als „Vorlage" für später eintretende genetische Veränderungen. Man weiß beispielsweise, dass sich durch verschiedene Umwelteinflüsse, wie etwa Temperaturstress, auf den Flügeln von Schmetterlingen Augenflecken und andere Änderungen der Muster induzieren lassen, die an dieser Stelle sonst nicht vorkommen (OTAKI 2012). Die modifizierten Flügelzeichnungen können ihren Besitzern einen *Selektionsvorteil* bescheren, indem sie Fressfeinde abschrecken, doch sie treten nur durch Temperaturstress (etwa in heißeren Klimazonen) in Erscheinung. Wird eine solche entwicklungsgenetische Modifikation aber durch eine *Mutation* „assimiliert", profitieren auch die nachfolgenden Generationen davon, denn die Flügelzeichnung wird dadurch erblich und tritt unter *allen* klimatischen Bedingungen auf (BALDWIN-Effekt).

Mutationen in der Keimbahn können auf ganz unterschiedliche Weise auf die Entwicklungssteuerung einwirken; CARROLL (2008) bezeichnet das Arsenal von Mechanismen als „entwicklungsgenetischen Werkzeugkasten" (Abb. 4.4). Sind von den Mutationen z. B. Gene betroffen, die das Ausschütten von Hormonen regulieren, werden die Zielgene räumlich und zeitlich anders aktiviert oder bestimmte Zellen funktionell

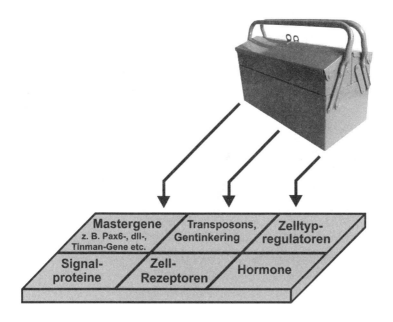

Abb. 4.4
Schema des entwicklungsgenetischen „Werkzeugkastens". Mutationen in der Keimbahn können die Genregulation in der Embryonalentwicklung beeinflussen. Sind von den Mutationen z. B. „Master-Gene" (etwa Pax-6, Tinman usw.) betroffen oder Gene, die das Ausschütten von Hormonen regulieren, werden die Zielgene räumlich und zeitlich anders aktiviert oder deaktiviert oder bestimmte Zellen funktionell verändert. Die veränderte Genexpression kann in der Embryonalentwicklung vielschichtige Veränderungen im Erscheinungsbild (Phänotyp) hervorrufen. Auf diese Weise können im Laufe der Zeit sehr komplexe Regelkaskaden bzw. Merkmalskomplexe entstehen. Nach CARROLL (2008, 77). Bild und Legende: © HEMMINGER/BEYER (2009).

verändert. So wurden im oben diskutierten Beispiel Schlammspringern höhere Dosen des Hormons Thyroxin appliziert. Der erhöhte Thyroxinspiegel kann auch durch eine Vielzahl von Mutationen hervorgerufen werden.

4.3.3 Master-Kontrollgene: Wie entstehen neue Baupläne?

Auch „Mastergene" können als Angriffspunkte von Mutationen vielgestaltliche Veränderungen hervorrufen. Ein schönes Beispiel hierfür ist die Entstehung des Bauplans der über 3000 Arten von *Buckelzikaden*, die auf eine vergleichsweise einfache Umsteuerung der Entwicklungsregulation zurückgeht.

Buckelzikaden tragen auf ihrem Rücken einen so genannten Helm, einen dorsalen (rückwärts gelegenen) Auswuchs des ersten Brustsegments (Pronotum). Dieser Helm

Abb. 4.5
Gestaltliche Vielfalt von Buckelzikaden. Bild links: © Prill Mediendesign/Fotolia.com.
Rechts: Wikipedia/gemeinfrei.

ist außerordentlich vielgestaltig und kann Dornen imitieren, Stacheln, Zweige, aggressive Ameisen und vieles andere mehr (Abb. 4.5).

Prud'homme et al. (2011) wiesen nach, dass es sich bei diesen Gebilden um echte Körperanhänge handelt, wie die Gliedmaßen und Flügel der Insekten. Der Helm wird in der frühen Entwicklung angelegt und ist mit dem ersten Brustsegment verbunden. Da bei Insekten außer Flügeln keine dorsalen Anhänge existieren, muss sich der Helm von dem ersten von drei Flügelpaaren ableiten lassen. Bei den übrigen Insekten ist das erste Flügelpaar verschwunden, dessen Ausbildung wird seit rund 250 Millionen Jahren durch Hox-Gene unterdrückt. Speziell das Gen „Sex Combs Reduced" (SCR) verhindert die Bildung und Ausgestaltung der Flügel des ersten Brustsegments. Einzig bei den Buckelzikaden wird die Blockade umgangen, „so dass eine Innovation des Bauplans auf hohem taxonomischem Niveau möglich wurde" (Hemminger 2011). Gemessen am stammesgeschichtlichen Alter der Insekten ist die Innovation vergleichsweise jung; die Ausgestaltung des Bauplans der Zikaden begann erst vor etwa 40 Millionen Jahren.

Prud'homme et al. (2011) konnten zeigen, dass das Regulatorprotein „Nubbin", welches bei den Insekten normalerweise die Flügelentwicklung steuert, bei der Entwicklung des Helms eine analoge Rolle spielt. Es liegt daher nahe, dass derselbe Entwicklungsweg sowohl für die Flügelentwicklung als auch für die Entstehung der Helme genutzt wird. Teilweise wurde auch klar, weshalb bei den Buckelzikaden SCR nicht mehr unterdrückt wird. Eine Mutation an einem Regulatorgen könnte dafür verantwortlich sein, dass das Entwicklungsprogramm, welches dem SCR nachgeordnet ist, nicht mehr funktioniert. Ein vergleichsweise einfacher Umbau der Entwicklungssteuerung ermöglichte so eine Bauplan-Innovation in der Insektenwelt, was zu einer einzigartigen Formenvielfalt führte.

Die Vielgestaltigkeit des Bauplans wiederum lässt sich durch sukzessives „Einflechten" (Interkalation) verschiedener Gene oder Regulationselemente in die betreffende Entwicklungskaskaden erklären (WILKINS 2002). Auf diese Weise entstehen Schritt für Schritt komplexe, hierarchisch organisierte Gennetzwerke, welche die strukturellen und funktionellen Beziehungen der Merkmale „abbilden". Auch komplexe Merkmalssysteme wie Linsen- und Facettenaugen könnten so entstanden sein (GEHRING 2011, 1059). Man spricht in diesem Zusammenhang oft auch von *Gen-Tinkering*, also von evolutiver „Flickschusterei" mit Genen. Es gibt viele Mechanismen, die solches bewirken, etwa „springende Gene", so genannte *Transposons*, die im Genom ihre Position verändern. Dabei nehmen sie gelegentlich andere Genabschnitte mit, die dann irgendwo im Genom eingebaut werden. So können bereits existierende oder als Duplikat vorliegende Strukturgene sukzessive unter ein Kontrollgen verschaltet werden.

Schon länger ist bekannt, dass die verschiedenen Augentypen im Tierreich unter der Kontrolle des Mastergens Pax-6 gebildet werden. Zwar sind die Linsensysteme der Wirbeltieraugen sowie der Facettenaugen von Insekten anatomisch grundverschieden,

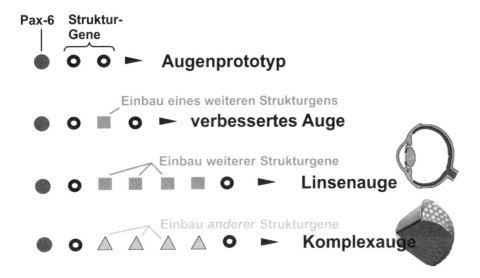

Abb. 4.6
Schematische Darstellung des „Interkalations-Modells". Beginnt die Evolution mit einem Master-Kontrollgen (z. B. Pax-6) sowie mit einigen nachgeordneten Strukturgenen, können unter laufender selektiver Kontrolle sukzessive weitere Gene unter die Kontrolle dieses Mastergens gebracht werden, wodurch die Funktion der Struktur optimiert und die Entwicklungskaskade fortlaufend komplexer wird. Auf diese Weise können z. B. aus einem lichtempfindlichen Fleck („Augenprototyp") schrittweise das Linsenauge und das Komplexauge entstanden sein. Bild: © HEMMINGER/BEYER (2009).

der Entwicklungsweg ist jedoch der gleiche. Allein die bis zu 3000 Gene, die unter der gemeinsamen Kontrolle von Pax-6 ausgeprägt werden, unterschieden sich teilweise. Die Evolution des Auges startete nun nicht mit diesem komplexen Genrepertoire, sondern mit einigen wenigen Strukturgenen, die für einen lichtempfindlichen Fleck kodieren, sowie mit dem Kontrollgen Pax-6. Nach GEHRING (2011) gerieten im Lauf der Zeit weitere Gene unter dessen Kontrolle – etwa solche, die zufällig für transparente Proteine (*Kristalline*) kodieren, aus denen sich die Augenlinse formte.

Entscheidend dabei ist: Trotz der vielfältigen morphologischen und anatomischen Neuerungen, die während der Evolution des Auges auftraten, traten *neue Gene* vergleichsweise selten auf. Der überwiegende Teil der Gene, die während der Entwicklung der Wirbeltiere (so auch bei der Entwicklung des Linsenauges) aktiv werden, ist uralt (HEMMINGER/BEYER 2009, 148–152), brauchte also in der Geschichte der Metazoen nicht grundlegend neu zu entstehen. Die meisten entstanden durch Duplikation aus entsprechenden Vorläufergenen. Es kam also lediglich darauf an, geeignete Duplikate von bereits existierenden Genen passend in die Entwicklungskaskade einzuschalten und gegebenenfalls zu optimieren.[2] So konnte die Evolution den heutigen Genkomplex mit seinen fast 3000 Genen allmählich hervorbringen und die Funktion des Merkmalskomplexes – unter laufender selektiver Kontrolle – optimieren (Abb. 4.6, „Interkalations-Modell" nach GEHRING 2011).

4.3.4 Erleichterte Variation und Modularität

Wie erörtert wird das Neuverschalten von Genen immer dann selektiv „belohnt", wenn sie eine *funktionell sinnvolle* Kopplung *von Merkmalen* zur Folge hat. Die dadurch entstehenden Merkmals*komplexe*, die funktionell integrierte Einheiten verkörpern, nennt man *Module*. Jeder Organismus besteht aus Modulen, die in der Evolution meist stark konserviert geblieben sind. Module sind außerordentlich vielschichtig; sie finden sich auf anatomisch-morphologischer wie auch auf molekularer Ebene. Typische, konservierte Module sind neben den Linsenaugen und Vierfüßer-Extremitäten beispielsweise Protein-Faltungen (so genannten *Domänen*) sowie hochoptimierte komplexe Kernprozesse, die bis heute den Stoffwechsel (etwa die Zellatmung), den Signalaustausch (z. B. hormonelle Signalübertragungswege) und Genexpression (etwa die Funktion der Hox-Gene) organisieren.

Ein gewichtiger Vorteil der modularen Bauweise von Organismen besteht darin, dass einzelne Module des Bauplans recht drastische Veränderungen erfahren können, ohne dass sich zugleich die übrigen Komponenten des Bauplans ändern müssen; Module evolvieren weitgehend *autonom* (EHRENBERG 2010). Dies führt wiederum dazu, dass Module, sind sie erst entstanden, vielseitig kombinierbar sind und leicht für andere Funktionen rekrutiert werden können. Ein Beispiel: Durch Kombination von 80 Proteindomänen schaffte es die Evolution, fast alle Funktionsstrukturen der heute katalogisierten 55 000 Proteine zu erzeugen; ganze 3 Domänen konstituieren fast ein Drittel aller verfügbaren Proteinfaltungen (KOONIN/GALPERIN 2003, Kap. 8)!

Bildlich gesprochen stand die Evolution also nie vor der Aufgabe, durch blindes Würfeln aus einem „Buchstabensalat" einen sinnvollen Roman entstehen zu lassen. Vielmehr schöpft sie aus einem Pool bereits vorhandener Wörter, Sätze und Text-Abschnitte, die nahezu beliebig oft kopiert, umstrukturiert und zu immer neuen Texten arrangiert werden können. Dieses fortwährende „Recycling" elementarer Module erleichtert die Variation ganz erheblich; wie in einem Lego-Baukasten können diese nach einfachen Prinzipien zu immer neuen Bauplänen zusammengesetzt werden. Die leichte Kombinierbarkeit konservierter Module wird dadurch sichergestellt, dass bereits einfach gebaute sowie verschiedenartige Signalmoleküle dazu geeignet sind, komplexe Enzymkaskaden zu steuern und komplexe Reaktionsketten auszulösen. Zwischen „Rezeptor" und „Effektor" (Zielstruktur) existiert keine feste Kopplung. G-Proteine beispielsweise, die häufig in zelluläre Signalverstärkerkaskaden involviert sind und als Signalüberträger Rezeptor und Effektor miteinander koppeln, können leicht so umprogrammiert werden, dass sie auf verschiedene Rezeptoren „ansprechen" und die Rezeptoren wiederum auf verschiedene Auslöser. Die entsprechenden Enzymkaskaden müssen also nicht in jedem Kontext neu erfunden werden.

Analoges gilt für Regulatorgene. Beispielsweise lösen das Regulationsgen dll (*distalless*) und das homologe Gen dlx bei den verschiedensten Tieren die Entstehung aller möglichen Körperfortsätze aus – angefangen mit den Ausstülpungen von Meereswürmern, über die Gliedmaßen der Insekten, bis hin zu den Extremitäten der Säugetiere! Auch bei der Entstehung von Flügelzeichnungen bei Schmetterlingen spielt dlx eine Rolle. Durch Veränderungen der regulativen Sequenz oder durch das Hinzufügen und spätere Modifizieren weiterer „Schalter" in der durch dlx initiierten Genkaskade kann diese in verschiedenen Geweben ganz verschiedene Funktionen übernehmen (MONTEIRO/PODLAHA 2009).

4.3.5 Exploratives Verhalten und synorganisierte Evolution

Auch Entwicklungen, die nicht in allen Details durch die Gene vorgegeben sind, erleichtern die Variation. Ein Beispiel: Jene entwicklungsgenetischen Mechanismen, die bei den Vorfahren der Fledermäuse zur Verlängerung der Fingerknochen und zur Bildung von Flughäuten führten, sind heute recht gut bekannt: Eine Erhöhung der Konzentration des BMP-Inhibitors *Gremlin* sowie des Wachstumsfaktors *Fgf8* unterdrückt den „programmierten Zelltod" des sich in der Embryonalentwicklung zwischen den Fingern ausgebildeten Hautgewebes, das als Flughaut erhalten bleibt. Eine Erhöhung des morphogenetisch wirksamen Peptids *BMP2* in den Fingerknochen wiederum führt zur Verlängerung der Finger (SEARS ET AL. 2006; SEARS 2008). Beide Veränderungen wurden durch Mutationen bewerkstelligt. Aber welche Mutationen stellten sicher, dass sich die Sehnen, Muskeln, Nerven und Blutgefäße sowie die Flughaut den verlängerten Fingern anpassen? Keine, denn für die Entwicklung all dieser Merkmale gibt es keine fixe „Blaupause" im Genom! Ihre Entstehung folgt internen Regeln der Selbstorganisation und kann somit als „explorativ" (selbst-entdeckend) bezeichnet werden. Die Nerven, Blutgefäße usw. folgen den verlängerten Knochen *automatisch*, schaffen „verzweigte Strukturen" und füllten den Geweberaum optimal aus, so dass eine *synorganisierte* Evolution ablaufen kann (KIRSCHNER/GERHART 2005).

Die von Kritikern der Evolutionstheorie häufig gestellte Frage, wie die Evolution nur all die zahlreichen Abhängigkeiten im System *gleichzeitig* berücksichtigen konnte, womit impliziert wird, dass dies durch zahlreiche zueinander passende Mutationen gleichzeitig hätte bewerkstelligt werden können (was sehr unwahrscheinlich wäre), ist daher irreführend. Vielmehr gilt das Umgekehrte: Viele Mutationen verändern, mal mehr, mal weniger, das ganze System. Nach den Regeln zellulärer Selbstorganisation entstehen explorative Strukturen, die im Verlauf der Entwicklung hochgradig anpassungsfähig sind.

Ähnlich kann man sich die Entstehung neuer Hirnareale in der menschlichen Evolution vorstellen: Im Gehirn ist der Unterschied zwischen Mensch und Schimpanse frappierend gering, was Aufbau und Aktivität der Gene betrifft (KHAITOVICH ET AL. 2005). Folglich muss der Grund für die strukturellen Unterschiede weitgehend im „selbst entdeckenden Verhalten" der Hirnentwicklung zu suchen sein: Axone und Dendriten „suchen" und „finden" sich und differenzieren sich zu verschiedenen Hirnarealen. Geringe Veränderungen in der Entwicklungsregulation, die dafür sorgen, dass die Hirn-Entwicklung beim Menschen länger anhält, könnten so die Emergenz neuer Hirnareale und mentaler Prozesse begründen.

4.3.6 Die Kehrseite der Medaille: Entwicklungszwänge, Kanalisierung, Parallelentwicklung (Konvergenz)

Die Evolution hat für die erleichterte Variation, die durch Genkopplung, Modularität und exploratives Verhalten gewährleistet wird, einen Preis zu bezahlen. Wie überall im Leben, so ist auch hier nichts umsonst. Zwar erhöht das fortwährende Recycling konservierter Kernprozesse die Anpassungschancen, schränkt aber aufgrund der funktionellen Abhängigkeiten im Modul den evolutionären Gestaltungsspielraum ein (*Entwicklungszwänge*). Die ursprünglichen Entwicklungswege (Kern-Prozesse) bleiben weitgehend erhalten, weil eine grundlegende und abrupte Änderung die Embryonalentwicklung massiv stören würde. Wie Abb. 4.2 zeigt, können aufgrund der Wechselwirkungen und Abhängigkeiten im System nur *bestimmte* Entwicklungsbahnen „befahren" werden. Dies führt streckenweise zu einer „Kanalisierung" des Evolutionsgeschehens und zu *gerichteter* Variation: Bestimmte Merkmalsausprägungen treten weitaus häufiger in Erscheinung als andere, wieder andere gar nicht. Dadurch werden *Parallelentwicklungen* wahrscheinlich, und es enthüllen sich immer wieder in rekapitulierender Weise die ursprünglichen Grundzüge der Entwicklungsprogramme (HEMMINGER/BEYER 2009, 140).

Entgegen veralteten Vorstellungen kann also während der Ontogenese meist keine *kontinuierliche* Veränderung der Gestalt über *beliebige* Zwischenstufen eintreten. Es gibt nur *diskrete* Veränderungen, kleine bis mittelgroße „Entwicklungssprünge" und keine statistische Gleichverteilung verschiedener Merkmalsausprägungen (etwa der Fingerzahl). Im Rahmen differenzierter morphogenetischer Modelle lassen sich so bestimmte Evolutionsschritte oder das Ausbleiben bestimmter Muster erklären. So führten tiefere Einblicke in das Wirken und Ausbreiten von Morphogenen zu der Vorhersage, dass die Evolution gestreifter Säugetiere mit gepunktetem Schwanz aus entwicklungsgenetischen Gründen unmöglich sein sollte (MURRAY 1981). Andere Entwicklungen, wie etwa die Entstehung beinartiger Extremitäten bei „Fleischflossern", werden sich mit fast naturgesetzlicher Notwendigkeit wiederholen, wie wir am Beispiel des Schlammspringers sahen. So gesehen ist es kein Wunder, dass sich der Landgang der Wirbeltiere mehrfach unabhängig vollzog. Das häufige Auftreten von Parallelentwicklungen wird erst durch Evo-Devo verständlich.

Den *disharmonischen* Wandel der Arten, insbesondere das „mosaikartige" Nebeneinander von hochkonservierten Merkmalen und evolutiven Neuheiten, umschreibt RIEDL (1990, 218ff) mit dem Begriff der „funktionellen Bürde", auf den er das Modell der *schrittweisen Merkmalsfixierung* gründet. Diesem Modell zufolge tragen stammesgeschichtlich junge Merkmale noch eine geringe *Bürde*, das heißt es gibt noch wenige Strukturen, die in funktioneller Hinsicht von diesen Merkmalen abhängig sind. Die aus der Merkmalsbebürdung resultierenden „Folgelasten" mutativer Änderungen sind dem entsprechend noch gering, und entsprechend hoch ist noch das Variationspotential. Die Evolution befindet sich, salopp gesprochen, noch in einem experimentierfreudigen Stadium. Dies kann eine vergleichsweise schnelle adaptive Radiation („*Formenexplosion*") zur Folge haben, wie z. B. die „Kambrische Explosion", die sich mit diesem Modell gut erklären lässt. Im Laufe der Zeit bauen immer neue Merkmale auf den älteren auf, und entsprechend steigt deren Bürde. Viele Merkmale sind heute zum Ausgangspunkt so vieler anderer, wichtiger Entwicklungsschritte geworden, dass sie (in dem betreffenden Taxon) überhaupt nicht mehr veränderbar sind.

4.4 Literatur

BAER, K. E. VON (1828): Über Entwickelungsgeschichte der Thiere. Beobachtung und Reflexion. Königsberg.

CARROLL, S. B. (2008): Evo Devo: Das neue Bild der Evolution. Berlin.

EHRENBERG, R. (2010): One small step for a snail, one giant leap for snailkind. www.sciencenews.org/article/one-small-step-snail-one-giant-leap-snailkind

GEHRING, W. J. (2011): Chance and necessity in eye evolution. Genome Biology and evolution 3, 1053–1066.

HALDER, G.; CALLAERTS, P.; GEHRING, W. J. (1995): Induction of ectopic eyes by targeted expression of the eyeless gene in *Drosophila*. Science 267, 1788–1792.

HEMMINGER, H.; BEYER, A. (2009): Evolutionäre Entwicklungsbiologie: Schlüssel zum kausalen Verständnis der Evolution. In: NEUKAMM, M. (Hrsg.) Evolution im Fadenkreuz des Kreationismus. Göttingen.

HEMMINGER, H. (2011): Evo-Devo: Bauplaninnovationen in der Insektenwelt. www.ag-evolutionsbiologie.net/html/2011/evo-devo-buckelzikade.html

KHAITOVICH, P. ET AL. (2005): Parallel patterns of evolution in the genomes and transcriptomes of humans and chimpanzees. Science 309, 1850–1854.

KIRSCHNER, M. W.; GERHART, J. C. (2005): The plausibility of life: Resolving Darwin's dilemma. New Haven, CT.

KOONIN, E. V.; GALPERIN, M. Y. (2003): Sequence – evolution – function. Computational approaches in comparative genomics. Chapter 8: Genomes and the protein universe. Boston.

LORENZEN, S. (1988): Die Bedeutung synergetischer Modelle für das Verständnis der Makroevolution. Eclogae Geoligicae Helvetiae 81, 927–933.

MAIENSCHEIN, J. (2001): Darwinismus und Entwicklung. In: HOSSFELD, U.; BRÖMER, R. (Hrsg.): Darwinismus und/als Ideologie. Verhandlungen zur Geschichte und Theorie der Biologie, Bd. 6. Berlin, 93–107.

MARSCHNER, L.; STANIEK, J.; SCHUSTER, S.; TRIEBSKORN, R.; KÖHLER, H.-R. (2013): External and internal shell formation in the ramshorn snail *Marisa cornuarietis* are extremes in a continuum of gradual variation in development. BMC Developmental Biology 2013 13, 22.

MONTEIRO, A.; PODLAHA, O. (2009): Wings, horns, and butterfly eyespots: how do complex traits evolve? PLoS Biology 7, e1000037.

MÜLLER, W.A.; HASSEL, M. (2005): Entwicklungsbiologie und Reproduktionsbiologie von Mensch und Tieren. 4. Auflage, Berlin.

MURRAY, J. D. (1981): A pre-pattern formation mechanism for animal coat markings. Journal of Theoretical Biology 88, 161–199.

NEUKAMM, M. (2010): Ernst Haeckels Gedanken zur Phylogenese und das Konzept der ontogenetischen Rekapitulation – Teil 1: Das Biogenetische Grundgesetz. Laborjournal 16, 34–39.

NEUKAMM, M. (2014): Die Evolution des Auges. www.ag-evolutionsbiologie.net/pdf/ 2014/evolution-des-auges-signaltransduktion.pdf

OSTERAUER, R.; MARSCHNER, L.; BETZ, O. ET AL. (2010): Turning snails into slugs: induced body plan changes and formation of an internal shell. Evolution & Development 12, 474–483.

OTAKI, J. M. (2012): Structural analysis of eyespots: dynamics of morphogenic signals that govern elemental positions in butterfly wings. BMC Systems Biology 6, 17.

PRUD'HOMME, B. ET AL. (2011): Body plan innovation in treehoppers through the evolution of an extra wing-like appendage. Nature 473, 83–86.

RIEDL, R. (1990): Die Ordnung des Lebendigen. München.

SEARS, K. E. ET AL. (2006): Development of bat flight: morphologic and molecular evolution of bat wing digits. PNAS 103, 6581–6586.

SEARS, K. E. (2008): Molecular determinants of bat wing development. Cells Tissues Organs 187, 6–12.

WILKINS, A. (2002): The evolution of developmental pathways. Sunderland, MA.

1 Dass Wale einst tatsächlich landlebende Säugetiere mit Beinen und Zähnen waren, lässt sich an Übergangsformen wie Basilosaurus, Ambulocetus, Rodhocetus und Dorudon belegen. Sogar bei heutigen Walen kommt es in seltenen Fällen zur Bildung von Extremitäten, die den Beinen von Landtieren ähneln (Atavismus). Teile des „genetischen Programms" zur Ausprägung von Beinen sind also noch immer im Genom der Wale vorhanden. Die allmähliche Zurückbildung der Beine war das Ergebnis einer langsamen Summation genetischer Modifikationen. Der komplette Verlust der Beine beruhte hingegen auf einer plötzliche Veränderung: Ein für die Entwicklung der Extremitäten bei Säugetieren entscheidendes Kontrollgen namens „Sonic hedgehog" wurde stillgelegt.

2 NEUKAMM (2014) präsentiert ein Modell, wonach auch die komplizierten chemischen Prozesse der Signalverarbeitung in den Sehzellen durch Rekrutierung und nachträgliche Optimierung bereits bestehender Kern-Prozesse Schritt für Schritt entstanden sein können.

Chemische Evolution und evolutionäre Bioinformatik

Voraussetzungen zum Verständnis der Struktur des Lebendigen

5

Martin Neukamm / Peter M. Kaiser

KAUM EIN THEMA BERÜHRT das Selbstverständnis des Menschen so sehr wie das der Entstehung des Lebens. Obwohl wir nicht in der Lage sind, die komplexen chemischen Prozesse, die sich in grauer Vorzeit auf der Erde abspielten, lückenlos zu rekonstruieren, lassen sich physikalisch-chemische Mechanismen, die bei der Entstehung des Lebens eine Rolle gespielt haben könnten, im Labor erforschen. Anhand der experimentellen Ergebnisse können dann Schlüsse gezogen werden, unter welchen Bedingungen Leben entstehen konnte. Zusätzliche Erkenntnisse aus angrenzenden Wissensbereichen wie etwa der Atmosphärenchemie, Kosmochemie, Meteoritenkunde, Geologie und Ozeanforschung helfen schließlich dabei, jene Bedingungen zu entschlüsseln, die auf der frühen Erde geherrscht haben. Zur Beantwortung derlei Fragestellungen dient in zunehmendem Maß auch die *evolutionäre Bioinformatik*. Diese Brückendisziplin erweist sich als sehr fruchtbar; in vielen Wissenschaftsdisziplinen hilft sie heute bei der Klärung offener Fragen und Probleme.

Auch jenseits der aktuellen Forschung erweist sich das Theoriengebäude der *chemischen Evolution* (ebenso wie das Darwin'sche) als überaus erklärungsmächtig: Zahlreiche Erscheinungen aus den unterschiedlichsten Lebensbereichen ergeben ohne die Annahme einer *chemischen* Evolution, die vor der eigentlichen Evolution der *Organismen* erfolgte, schlichtweg keinen Sinn. Wie erklärt es sich beispielsweise, dass die Aminosäuren Glycin, Alanin, Leucin und Serin am häufigsten in Proteinen vertreten sind? Weshalb enthalten auffallend viele Proteinkomplexe *Nickel-Eisen-Schwefel-Zentren*? Was verrät uns der genetische Code über seine Entstehung? Warum sind Biomoleküle *chiral*? Weshalb ist die mineralische Zusammensetzung von Blut und Meerwasser auffallend ähnlich? Diesen und weiteren Fragen geht das vorliegende Kapitel auf den Grund. Es entsteht das Bild einer spannenden und dynamischen Wissenschaft, in der täglich mit Überraschungen und spektakulären neuen Erkenntnissen zu rechnen ist.

5.1 Chemische Evolution

5.1.1 Aminosäuren: Universelle Bausteine des Lebens

Proteine (Eiweiße) sind *die* zentralen und zugleich vielfältigsten Funktionsträger des Lebens: Als *Enzyme* beschleunigen bzw. ermöglichen sie spezifisch ganz bestimmte chemische Reaktionen im Körper; als *Strukturproteine* bestimmen sie den Aufbau der Zelle, sind am Bau von Federn, Haaren, Hörnern, Klauen, Schnäbeln, Schuppen und Wolle beteiligt. In Form von *Kollagen* sind sie Bestandteile der Haut, des Bindegewebes und der Knochen; sie bilden die Seidenfäden bei Spinnen, sorgen für Muskelkontraktion und Fortbewegung, dienen als Toxine und Antikörper, steuern Signalkaskaden und können zugleich als *Reservestoffe* dienen.

Allein im menschlichen Körper wird die Anzahl unterschiedlicher Proteine auf mehr als 300 000 geschätzt, doch sie alle (auch die kompliziertesten Proteine) bestehen aus einer geringen Anzahl von *Aminosäuren*, die durch sogenannte *Peptidbindungen* zu mehr oder weniger langen Ketten miteinander verbunden sind. Je nach Zusammensetzung können diese Ketten schraubenartig verdrillte Bereiche (Helices), Faltblätter, Knäuel und Windungen bilden, die in ihrer Gesamtheit die spezifische dreidimensionale Struktur des Proteins ausmachen. In der Natur kommen im Wesentlichen 20 primär „proteinogene" Aminosäuren vor, aus deren Kombination sich die Gesamtheit der Proteine aufbaut (Abb. 5.1).

Diese „kanonischen" Aminosäuren sind in den Proteinen mit unterschiedlicher Häufigkeit repräsentiert.[1] Durchschnittlich am häufigsten sind die Aminosäuren Glycin und Alanin vertreten (jeweils ca. 8–9 %), gefolgt von Leucin (7–8 %) und Serin (7 %), Valin (7 %), Glutaminsäure (6–7 %) und Asparaginsäure (5–6 %). Die Hälfte aller Protein-Bausteine entfallen also auf diese sieben kanonischen Aminosäuren. Wo kommen diese Bausteine her, und wie erklärt es sich, dass gerade *diese* Aminosäuren im Durchschnitt am häufigsten in Proteinen vorkommen?

Präbiotische Entstehung von Aminosäuren: Theorie der „Ursuppe"

In den 1940er Jahren zog der Atmosphärenspezialist Harold C. UREY aufgrund geo- und kosmochemischer Erkenntnisse den Schluss, dass die Uratmosphäre der Erde (auch „primordiale" oder „erste Atmosphäre" genannt) hauptsächlich aus *reduzierenden* Gasen wie Methan, Ammoniak und Wasserstoff bestanden habe. „Neutrale" Gase wie Stickstoff, welches heute mit 78 % der Hauptbestandteil unserer Luft ist, oder Kohlenstoffdioxid sollten nur eine untergeordnete Rolle gespielt haben.[2] Diese Annahmen erschienen plausibel, da im Kosmos fast ausschließlich das Element Wasserstoff vorkommt, welches *reduzierend* wirkt. Seine Überlegungen fasste UREY in dem 1952 erschienenen Buch „The planets – their origin and development" zusammen.

Unter dem Einfluss elektrischer Entladungen und UV-Strahlung konnten die Atmosphärengase zu organischen Verbindungen wie Aminosäuren reagieren, die sich in den

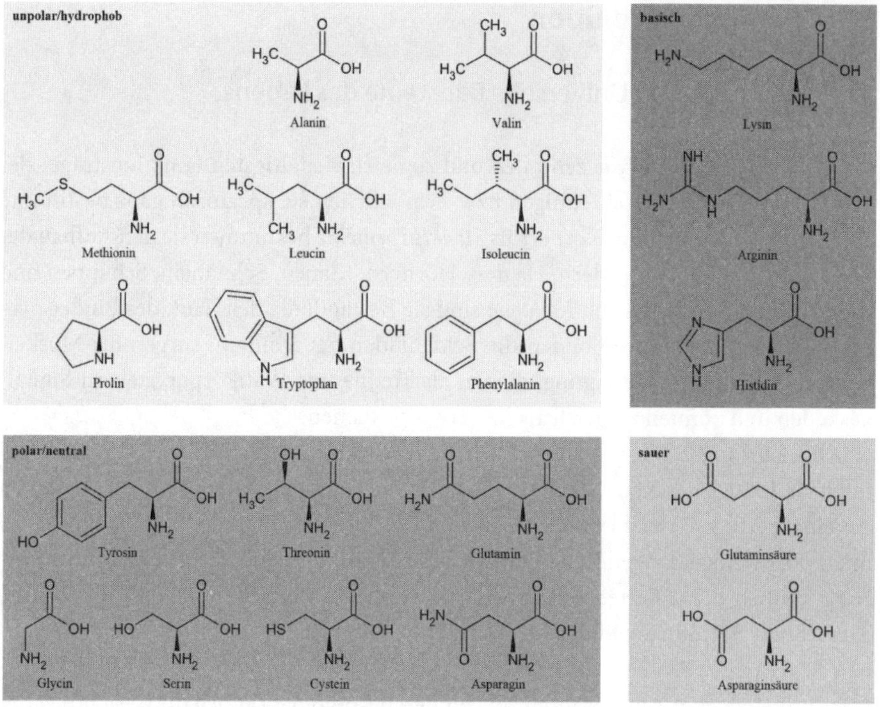

Abb. 5.1
Übersicht über die 20 proteinogenen Aminosäuren. Bild: Wikipedia.

Urozeanen allmählich anreicherten (*Theorie der Ursuppe*). Diese Vermutung wurde bereits in den 1920er Jahren von dem russischen Biochemiker ALEKSANDR I. OPARIN und dem britischen Genetiker JOHN B. S. HALDANE geäußert, doch die experimentelle Bestätigung ließ bis 1953 auf sich warten. In diesem Jahr entwarf der UREY-Schüler STANLEY L. MILLER ein Experiment, welches (basierend auf den Annahmen UREYS) die Bedingungen der frühen Erde simulieren sollte: In einem Kölbchen brachte er Wasser zum Sieden. Der Wasserdampf gelangte in einen Rundkolben seiner Apparatur, der zuvor mit einem Gemisch aus Methan, Ammoniak und Wasserstoff befüllt worden war. Über Elektroden wurde eine Funkenstrecke erzeugt, um die elektrischen Entladungen in der Atmosphäre zu simulieren, die in der Frühzeit der Erde, hervorgerufen durch vulkanische Eruptionen und starke Gewitter, unablässig auftraten (Abb. 5.2). Die Energiezufuhr hat zur Folge, dass die chemischen Bindungen der Atmosphärengase aufbrechen und sich (chemischen Gesetzen folgend) neu ordnen. Auf diese Weise entstehen neue Moleküle. So sammelten sich in MILLERS Apparatur im Laufe mehrerer Tage, nebst einem teerartigen Kondensat, bedeutsame Mengen organischer Substanzen (MILLER 1953).

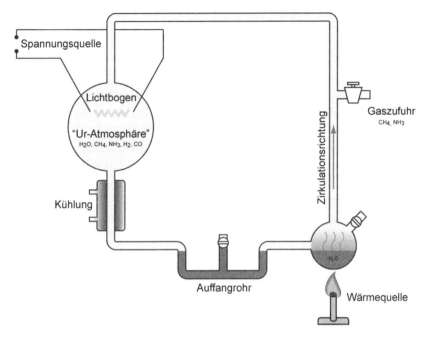

Abb. 5.2:
Mit einfachen Mitteln zeigte Stanley Miller, wie sich aus den hypothetischen Bestandteilen der ersten Atmosphäre auf der frühen Erde Aminosäuren bilden konnten. Dazu füllte er in einen gläsernen Rundkolben („Reaktionskammer") die Gase Methan, Ammoniak und Wasserstoff ein und setzte das Gasgemisch elektrischen Funkenentladungen aus. Wasserdampf gelangte über ein Rohr ebenfalls in die Apparatur. Bild: Xerxes2k / Wikipedia (http://commons.wikimedia.org/wiki/File:Miller-Urey-Experiment-2.png), Zugriff am 12.05.2014. Lizenz: CC BY-SA 3.0 (http://creativecommons.org/licenses/by-sa/3.0/deed.de).

Es wird überliefert, UREY habe zunächst angenommen, bei einem solchen Experiment würde „Beilsteins Handbuch der Organischen Chemie" (in diesem Werk werden alle bekannten chemischen Verbindungen beschrieben) herauskommen, das heißt eine Vielzahl organischer Verbindungen, die für Lebewesen überwiegend bedeutungslos oder giftig sind. Umso größer war die Überraschung, dass genau das Gegenteil der Fall war: Man fand vier der am häufigsten in Lebewesen auftretenden (proteinogenen, kanonischen) Aminosäuren, hauptsächlich Glycin und Alanin, aber auch Asparaginsäure und Glutaminsäure, daneben Carbonsäuren sowie Verbindungen mit biologisch wichtiger Funktion, wie etwa Harnstoff und Sarcosin. In den 1970er Jahren wiederholte MILLER mithilfe seiner Mitarbeiter das Experiment und konnte genauere Angaben durch bessere analytische Methoden machen. In Rückstellproben aus den MILLER-UREY-Experimenten fand man in jüngster Zeit, nach dem Tode MILLERS, drei weitere proteinogene Aminosäuren, nämlich Serin, Valin und Phenylalanin sowie wichtige Naturstoffe wie etwa Ornithin (JOHNSON ET AL. 2008).

Atmosphäre oder Tiefsee? Viele Wege führen nach Rom!

Obwohl die chemischen Befunde, die MILLERS Experimente erbrachten, in der Fachwelt nicht angezweifelt wurden, gab es divergierende Ansichten über die Relevanz von MILLERS Versuchsaufbau. Heute geht man davon aus, dass die erste Atmosphäre zu einem viel geringeren Teil aus reduzierenden Gasen bestand als MILLER annahm. Zum einen verflüchtigt sich Wasserstoff relativ schnell in den Weltraum. Andererseits werden Methan und Ammoniak teils durch Sonneneinstrahlung zersetzt, teils durch Reduktion mit Eisen- und Nickeloxiden zu den „neutralen Gasen" Kohlenstoffdioxid und Stickstoff nebst geringen Mengen von Kohlenstoffmonoxid oxidiert. Auch geologische Befunde deuten eher auf die Existenz einer neutralen bis geringfügig reduzierenden Atmosphäre hin (TRAIL et al. 2011). Heute wird meist angenommen, dass die Atmosphäre im Wesentlichen aus Stickstoff und Kohlenstoffdioxid bestand und eher geringe Mengen der von MILLER verwendeten Gase Kohlenstoffmonoxid, Methan und Ammoniak aufwies.

MILLERS Annahmen bezüglich der Zusammensetzung der Uratmosphäre erscheinen also fragwürdig. – Trotz allem ist der Ausgang seines Experiments von großem Gewicht geblieben. MILLERS Experimente wurden nämlich weltweit unter vielfach abgewandelten Bedingungen wiederholt. Dabei wurden nicht etwa nur Gase eingesetzt, mit denen MILLER experimentiert hatte. Als Ausgangsstoffe dienten in wechselnder Kombination Atmosphärengase wie Stickstoff, Kohlenstoffdioxid, Wasser und Gase, die aus Vulkanen oder hydrothermalen Schloten austreten (wie Kohlenstoffmonoxid, Ammoniak, Methan und Schwefelwasserstoff) oder einfache Produkte, die aus der Reaktion dieser Gase miteinander hervorgehen, wie Formaldehyd, Harnstoff, Blausäure, Formamid oder Cyanoacetylen. Interessanterweise meldeten fast alle Experimentatoren Erfolge, kaum einer zog eine Niete. Manche nutzten Kohlenstoffmonoxid anstelle des Methans, andere setzten Kohlenstoffdioxid und elementaren Stickstoff ein. Wieder andere ließen radioaktive Strahlung auf verdünnte Blausäurelösungen einwirken (SWEENEY ET AL. 1976).

In etlichen Fällen ließen sich Zwischenprodukte nachweisen, aus denen im Laufe mehrerer Tage in den Apparaturen Aminosäuren, kurzkettige Carbon- und Fettsäuren entstanden. Auch unter Verwendung „neutraler" Gase wie Kohlenstoffdioxid, Wasser und Stickstoff bilden sich proteinogene Aminosäuren (PLANKENSTEINER ET AL. 2004). Die Ausbeute ist zwar gering, da in den Experimenten oxidierende Komponenten wie Nitrat entstehen, aber eindeutig nachweisbar. Zudem lässt sich durch Zugabe von reduzierenden Reagenzien wie zweiwertigem Eisen (Fe^{2+}), das nach heutigem Wissen in den sauerstofffreien Ozeanen der Urerde reichlich vorhanden war, die Ausbeute um ein Viel-Hundertfaches steigern (CLEAVES ET AL. 2008). Die Annahme einer (stark) reduzierenden Erdatmosphäre ist also gar nicht nötig, um die abiotische Entstehung von Aminosäuren zu erklären.

Selbst wenn die Uratmosphäre „neutralen" Charakter gehabt haben sollte, können *lokal* präbiotische Synthesen unter reduzierenden Bedingungen effektiv abgelaufen sein

(JOHNSON ET AL. 2008). Reduzierende Gase und elektrische Entladungen treten etwa bei Vulkaneruptionen auf. Ein entsprechendes Szenario bietet die „Eisen-Schwefel-Welt" in der Tiefsee. Jene Gase, die den hydrothermalen Quellen, den bis heute existierenden sogenannten *Schwarzen Rauchern,* der Tiefsee entsteigen, sind stark reduzierend und enthalten neben Kohlenstoffdioxid und Stickstoff in wechselnden Gewichtsanteilen Gase wie Ammoniak, Methan, Methylmercaptan und Schwefelwasserstoff. Insbesondere können durch Reaktion von Stickstoff und Schwefelwasserstoff in einer Suspension von Eisensulfid Wasserstoff und Ammoniak entstehen, die zu den in MILLERs Synthesen nachgewiesenen Produkten reagieren können (WEIGAND ET AL. 2003).

Hydrothermale Schlote stoßen nicht nur reduzierende Gase, sondern auch große Mengen von Pyrit und Nickelsulfid aus – Mineralien, die nachgewiesenermaßen die Entstehung von Biomolekülen begünstigen (*katalysieren*). Basierend auf dieser Erkenntnis stellte der Chemiker G. WÄCHTERSHÄUSER in seiner „Theorie des Oberflächenmetabolismus" detailliert dar, wie sich auf der Oberfläche von Pyrit- und Nickelsulfid-Kristallen organische Moleküle sowie erste Metaboliten, bis hin zu autokatalytisch ablaufenden Reproduktionszyklen (die „Urform" des Lebens) entwickelt haben könnten (WÄCHTERSHÄUSER 1988; 1990).

Überhaupt bieten vulkanisch-hydrothermale Strömungskanäle eine chemisch einzigartige Umgebung. HUBER ET AL. (2012) konnten nachweisen, dass sich unter hydrothermalen Bedingungen an entsprechenden Eisen- und Nickel-Katalysatoren zunächst einfache organische Verbindungen wie die Aminosäuren Alanin, Glycin und Serin bilden, die, und das ist das Interessante, eine Lawine von Folgereaktionen auslösen können. Wie in einem Strömungsreaktor regen die ersten Biomoleküle ihre eigene Vervielfältigung sowie eine Kaskade weiterer Molekül-Kopplungen an, die lawinenartig zur Bildung neuer Verbindungen einschließlich komplizierter Biomoleküle und metabolischer Stoffwechselprozesse geführt haben könnten. In den vulkanischen Schloten ändern sich Temperatur, Druck und pH-Wert entlang des Strömungswegs und bieten so ein graduelles Spektrum von Bedingungen, das allen Stadien der frühen Evolution zuträglich zu sein scheint, bis hin zur Entstehung der ersten Erbsubstanz (RNA/DNA).

Nichts ergibt einen Sinn außer im Lichte der Evolution!

Versuchen wir, die oben diskutierten Befunde zu ordnen und einer Erklärung zuzuführen, und es ergibt sich ein bestechend klares Bild: Wir hatten zunächst die Frage gestellt, wie zu erklären ist, dass vor allem Glycin, Alanin, Serin und einige weitere Aminosäuren am häufigsten in durchschnittlichen Proteinen vertreten sind. Die Frage beantwortet sich von selbst, wenn wir uns ansehen, welche Aminosäuren in abiotischen Experimenten und in steriler Vulkanlava am häufigsten entstehen – es sind genau diese (Tab. 1). Aus evolutionärer Sicht ergibt dieser Befund absolut Sinn; es leuchtet unmittelbar ein, dass diejenigen Biomoleküle, die sich aufgrund physikalisch-chemischer Gesetzmäßigkeiten am häufigsten auf der Erde gebildet haben, auch am ehesten als Bausteine von Lebewesen infrage kommen. Aus Sicht eines wie auch immer gearteten „intelligenten Designs" würde diese Koinzidenz dagegen keinen Sinn ergeben, denn es wäre nicht zu erklären, weshalb ein intelligenter „Schöpfer" in seinem Labor überwiegend *abiotisch* entstandene Materialien verwenden sollte, wo er doch auf Millionen ähnliche Verbindungen aus „Beilsteins Handbuch der Organischen Chemie" zurückgreifen könnte!

Die Zusammensetzung von Biokatalysatoren fördert ebenfalls Erstaunliches zutage: *Eisen-Schwefel-Zentren* zählen zu der verbreitetsten und mannigfaltigsten Klasse von Co-Faktoren („prosthetischen Gruppen") in Enzymen. Sie stellen die ältesten und somit ersten Co-Faktoren in der Enzymkatalyse überhaupt dar. Beispielsweise enthält das Enzym *Nitrogenase* als Co-Faktoren einen Eisen-Molybdän-Schwefel-Cluster, und Archaebakterien enthalten teilweise sauerstoffempfindliche Enzyme mit einem nickel-, eisen- und schwefelhaltigen Zentrum. Bis heute sind mehrere Hundert Eisen-Schwefel- und Eisen-Nickel-Proteine bekannt. Eisen-Schwefel-Cluster kommen in Mitochondrien, Mitosomen und Hydrogenosomen vor. So sind etwa zur Bildung von aktivierter Essigsäure (Acetyl-CoA) mithilfe des Enzyms *CO-Dehydrogenase/Acetyl-CoA-Synthase* (CODH/ACS) bestimmte Nickel-Eisen-Schwefel-Cluster notwendig.

Wo haben diese Eisen-Schwefel-Cluster ihren Ursprung, und wie lässt sich deren weite Verbreitung und Dominanz in sehr ursprünglichen Enzymkatalysen erklären? Nach der Vorstellung von G. WÄCHTERSHÄUSER waren eisen- und schwefelhaltige Mineralien für die ersten Reaktionen verantwortlich. So erinnert die oben beschriebene Erzeugung von Acetyl-CoA mithilfe eines Nickel-Eisen-Schwefel-Clusters in lebenden Zellen frappierend an die *abiotische* Bildung von Essigsäure mithilfe von Eisen- und Nickelsulfid. Des Weiteren finden sich die [NiFe]-Hydrogenasen in sehr alten Stoffwechselprozessen von Achaeen und Bakterien, etwa um Stickstoff zu Ammoniak und Wasserstoff umzusetzen oder aus Wasserstoff Energie zu gewinnen. Auch diese Prozesse erinnern stark an die in der „Eisen-Schwefel-Welt" der Tiefsee auftretenden Stoffumwandlungen, beispielsweise an die von WEIGAND ET AL. (2003) beschriebene Erzeugung von Wasserstoff und Ammoniak in einer Suspension von Eisensulfid. Weiterhin ist das in vielen Organismen vorkommende Enzym Urease nickelhaltig. Versuche von HUBER ET AL. (2003) demonstrieren, dass Harnstoffverbindungen auch mithilfe von Eisen- und Nickelsulfiden gespalten (hydrolysiert) werden – möglichen Vorläufern des Ni-enthaltenden Enzyms Urease. Und schließlich gibt es heute noch Mikroorganismen, die Methylmercaptan verstoffwechseln können, welches aus den „Schwarzen Rauchern" austritt. Hierzu zählen einige methanogene Archaeen sowie thermophile Sulfatreduzierer.

Sind dies alles nur merkwürdige Koinzidenzen, reine Zufälle? Aus Sicht der Theorie des Oberflächenmetabolismus lassen sich all diese Befunde zwanglos erklären. Leugnet man dagegen den Zusammenhang zwischen dem Chemismus der Tiefsee und der Entstehung des Lebens, bleiben die Befunde, insbesondere der Ursprung der Eisen-Schwefel-Cluster, mysteriös und unerklärlich.

5.1.2 Der „genetische Code" im Wandel

Die evolutionäre Argumentation gewinnt noch an Überzeugungskraft, wenn wir uns die Beschaffenheit des genetischen Codes ansehen.

Bevor die Argumentation vertieft wird, muss zunächst erläutert werden, was es mit dem genetischen Code auf sich hat: Diejenigen Biomoleküle, die stark vereinfacht gesprochen die „Bauanleitung" der Organismen kodieren, sind in allen Lebewesen gleich. Die sogenannte „genetische Information" wird durch die Abfolge von Nukleotiden in den Nukleinsäuren (RNA/DNA) bestimmt. So setzt sich die gesamte „Information" auf der RNA aus der Abfolge der vier „Buchstaben" (Nukleotidbasen) A (Adenin), C (Cytosin), G (Guanin) und U (Uracil) zusammen. Bei der DNA ist die Nukleotidbase U (Uracil) durch die Nukleotidbase T (Thymin) ersetzt. Jeweils 3 Nukleotidbasen („Buchstaben") stehen, um im Bild zu bleiben, für ein „Wort" (Basentriplett bzw. Codon), welches für eine der 20 Aminosäuren kodiert. Die insgesamt $4^3 = 64$ möglichen Tripletts (*Codons*) reichen aus, um alle 20 Aminosäuren zu kodieren. Demnach entfallen auf jede Aminosäure im Durchschnitt drei verschiedene Codons.

Ein (Struktur-)*Gen* besteht meist aus vielen Hunderten bis Tausenden von Basentripletts, die in ihrer Gesamtheit für eine Aminosäure*kette* (= Protein) kodieren. Die RNA/DNA wiederum enthält je nach Organisationshöhe des Organismus etwa zwischen hundert und mehreren zehntausend Genen. Beide Nukleinsäuren sind in Form einer Helix schraubenartig verdrillt. Bei der DNA liegt (im Gegensatz zur RNA) gar eine sogenannte *Doppelhelix* vor, eine *zweigängige Schraube*, die aus zwei umeinander laufenden, *komplementären* Nukleinsäuresträngen besteht. *Komplementär* bedeutet in diesem Zusammenhang, dass beide Stränge dieselbe genetische „Information" enthalten, was sich wiederum aus der paarweisen Komplementarität der Basen C-G beziehungsweise A-T(U) ergibt.

Wie werden nun die Gene in der Zelle abgelesen und in Proteine übersetzt? Dies erfolgt in einem zweistufigen Prozess, wobei zunächst der betreffende Abschnitt in einen sogenannten *Messenger (mRNA oder Boten-RNA)* umgeschrieben (transkribiert) wird. Diesen Vorgang bezeichnet man als *Transkription* (Abb. 5.3). Auch hier spielt die Basenkomplementarität eine wichtige Rolle, weil die Basen A, C, G und T der DNA komplementär als U, G, C und A auf die mRNA übertragen werden (Transkription). Jetzt werden noch die nicht-codierenden Introns der mRNA herausgeschnitten („Splicing"). Im zweiten Schritt bringen die mRNAs schließlich die genetische „Information" von der DNA zum Ribosom, einer komplexen Struktur aus RNAs und Proteinen. Dort wird die Abfolge der Nukleotide der mRNA Triplett für Triplett abgelesen und in eine Abfolge von Aminosäuren „übersetzt" (translatiert).

Interessanterweise erfolgt die Zuordnung der 61 Basentripletts[3] (Codons) im genetischen Code zu den Aminosäuren nicht zufällig, sondern so, dass *mehr als die Hälfte* aller Codons für die sieben häufigsten in Simulationsexperimenten gewonnenen Aminosäuren kodieren. Beispielsweise kodieren gleich sechs Basentripletts (UCC, UCU,

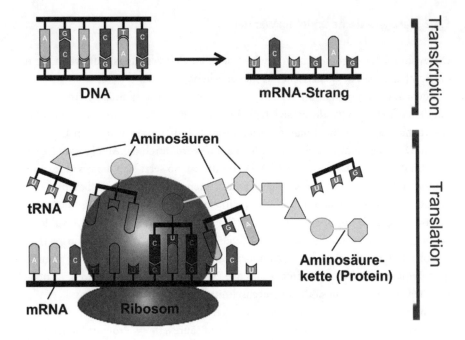

Abb. 5.3
Schema der Herstellung eines Proteins in der lebenden Zelle. Zunächst wird von einem Abschnitt auf der DNA eine Kopie in Form eines mRNA-Strangs angelegt (Transkription). Es werden die nicht-codierten Abschnitte der mRNA herausgeschnitten und diese Information wird dann im Verlauf der Translation genutzt, um das Protein herzustellen. Dabei kodieren jeweils drei benachbarte Nukleinbasen auf der mRNA (die sogenannten Codons oder Basentripletts) eine bestimmte Aminosäure, aus denen das Protein schrittweise aufgebaut wird. Als „Transporter" für die Aminosäuren fungiert die sogenannte tRNA (Transfer-RNA). Diese ist mit einer Aminosäure beladen und kann mit einem Ende (dem sogenannten Anticodon) an je genau einem der Basentripletts auf der mRNA andocken. Das Ribosom bringt die mRNA und eine beladene tRNA so zusammen, dass sich das Basentriplett auf der mRNA und das dazu passende (komplementäre) Anticodon der tRNA aneinander lagern. Die Aminosäuren zweier benachbarter tRNAs werden dann miteinander verknüpft, und die tRNA verlässt ohne Aminosäure das Ribosom. Dann lagert sich das nächste passende tRNA-Molekül an die mRNA an, wobei die entsprechende Aminosäure an die bereits bestehende Aminosäurekette geknüpft wird. Dieser Prozess setzt sich so lange fort, bis ein Stopp-Codon den Prozess unterbricht und signalisiert, dass die Aminosäurekette vollständig ist. Bild: © MARTIN NEUKAMM.

UCA und UCG sowie AGC und AGU) für die wichtige Aminosäure Serin. Der evolutionäre Zusammenhang zwischen der abiotischen Entstehung von Aminosäuren und der Bildung des genetischen Codes ist offensichtlich (Tab. 5.1).

Noch ein weiterer Befund spricht für eine evolutionäre Entwicklung des genetischen Codes: Der chemische Charakter einer Aminosäure wird hauptsächlich durch die *zweite* Triplettposition (die „mittlere Base" des Codons) bestimmt. So kodieren die mittleren Basen G und A blockweise für polare und amidische Aminosäuren, die mittlere

Häufigste AS im Experiment	Häufigste AS in steriler Vulkanlava	Häufigste AS in durchschnittlichen Proteinen	AS mit den meisten Codons in der hypothetischen Urform des genet. Codes
Glycin	Glycin	Glycin	Serin
Alanin	Alanin	Alanin	Leucin
Serin	Glutaminsäure	Leucin	Asparagin(säure)
Valin	Asparaginsäure	Serin	Glycin
Glutaminsäure	Serin	Valin	Alanin
Asparaginsäure	Leucin	Glutamin(säure)	Valin
	Valin	Asparagin(säure)	Glutamin(säure)

Tab. 5.1:
Aminosäuren (AS), die sich unter abiotischen Bedingungen im Labor bzw. bei Vulkanausbrüchen in größter Menge bilden, in durchschnittlichem Protein am häufigsten sind, und in einer Urform des genetischen Codes die meisten Codons innehatten. Der Begriff „Glutamin(säure)" bezeichnet Glutaminsäure und deren Amid namens Glutamin. Analog dazu bedeutet „Asparagin(säure)" Asparaginsäure plus deren Amid Asparagin.

Base T bzw. U ausschließlich für hydrophobe (wasserabweisende) Aminosäuren usw. Die dritte Base kann dagegen stark variieren, ohne dass das Codon seine Bedeutung verliert. „Informationsrelevant" sind also vorwiegend die ersten beiden Basen. Diese Art der Block-Zuordnung sowie die Variabilität der dritten Base (*wobble base*) legt nahe, dass dem heutigen Triplettcode ein *Dublettcode voranging*, der für $4^2 = 16$ Aminosäuren kodieren konnte und somit für die 13 in Simulationsexperimenten in bedeutenden Mengen gewonnenen Aminosäuren ausreichend war, wobei zu erwarten wäre, dass bei 64 verschiedenen Tripletts jeder Aminosäure vier Codons zugeordnet waren. Interessanterweise besitzen noch heute drei der in Simulationsversuchen am häufigsten erhaltenen Aminosäuren (Glycin, Alanin und Valin) 4 Codons. Es spricht zudem einiges dafür, dass ursprünglich auch Glutamin und Asparagin 4 Codons innehatten, dass also Glutamin(säure) und Asparagin(säure) später aufgespalten wurden.

In einem noch früheren Stadium könnte lediglich die *mittlere* Codonbase über die zugehörige Aminosäure entschieden haben, die Aminosäuren also gruppenweise *einer einzigen Base* zugeordnet gewesen sein. Dieser primitive Zustand war mehrdeutig, jedes Triplett codierte also für mehrere Aminosäuren gleichzeitig.

FOLLMANN (1999, 51) bemerkt hierzu:

> „J. T. WONG (1975) hat das komplexe Muster und die biosynthetischen ‚Familien' der 20 Aminosäuren scharfsinnig analysiert und erkannt, dass sich ein genetischer Apparat zuerst nur mit wenigen (6–8) Aminosäuren zum Aufbau primitiver Proteine etabliert hat, so dass sich Replikationsfehler in DNA bzw. RNA – die zu Anfang sicher sehr häufig waren – in dem weitgehend degenerierten Ur-Code wenig auswirkten. Später gingen einige Codons der Ur-Aminosäuren auf neue, von ihnen biosynthetisch abgeleitete über, wie z. B. im Fall von Glutaminsäure zu Glutamin, Prolin und anderen. Ein Vergleich der so identifizierten primären mit den abiotisch am meisten gefundenen und den häufigsten in durchschnittlichem Protein ist verblüffend."

Offensichtlich wurden zu Anfang nicht alle Aminosäuren, sondern zunächst nur einige wenige und dann Schritt für Schritt mehr Aminosäuren von den Organismen genutzt und kodiert. Wie können sich solche Codes sukzessive verändern und immer mehr verschiedene Aminosäuren aufnehmen, ohne dass die Information der bereits kodierten Proteine zerstört wird? Wie dies funktioniert, können Computersimulationen plausibel machen (WEBERNDORFER ET AL. 2003). Zu Beginn einer Simulation sind lediglich zwei tRNAs definiert, die eine hydrophile und eine hydrophobe Aminosäure tragen. In der simulierten Evolution erweitert sich das Repertoire dann auf bis zu sieben Aminosäuren, für die (z. B. durch Duplikation und Mutation) jeweils eigene tRNAs entstanden sind.

Dass es eine Evolution des genetischen Codes gab, belegen auch die wenigen Abweichungen vom kanonischen Code, die man heute kennt (die sogenannte *Nichtuniversalität* des genetischen Codes). Schon seit 1979 weiß man, dass die Abweichungen vom Standardcode vor allem die Mitochondrien der Säugetiere betreffen. So kodiert in den Mitochondrien das Basentriplett UGA für die Aminosäure Tryptophan, während es im Standardcode die Aufgabe des Stopp-Codons übernimmt. Andererseits sind die Tripletts AGA und AGG in den Mitochondrien Stopp-Signale, während sie im universellen Code für die Aminosäure Arginin stehen. Auch die *Ciliaten* zeigen Abweichungen vom Standardcode: UAG, und häufig auch UAA, kodieren für Glutamin; diese Abweichung findet sich auch in einigen Grünalgen. All diese Varianten belegen nicht nur, dass der Code wandelbar ist, sondern geben gleichzeitig Aufschluss darüber, durch welche *Mechanismen* sich der Code gewandelt haben könnte (SANTOS ET AL. 2004). Ausgangspunkt der Abweichungen im Code sind die tRNA-Moleküle. Eine Mutation in einer tRNA könnte die Beladung der tRNA mit einer bestimmten Aminosäure verändern und damit zu einer (vorübergehend) mehrdeutigen Dekodierung führen. Die mutierte tRNA dekodiert dadurch ein eigentlich „fremdes" Codon und konkurriert mit der ursprünglichen tRNA. Auf diese Weise könnte auch ein ursprüngliches Stopp-Codon zu einer tRNA beziehungsweise einer zugeordneten Aminosäure kommen.

Man könnte meinen, dass solche mehrdeutigen Dekodierungen sehr nachteilig für die Organismen seien, weil der Aufbau der Proteine dann nicht mehr zuverlässig geschieht. Doch in *Candida zeylanoides* beobachtet man den Fall, dass das normalerweise für Leucin kodierende Triplett CUG von einer mutierten Serin-tRNA erkannt wird (WEITZE 2006). Diese trägt in rund 95 % der Fälle Serin, ansonsten Leucin. Für den Organismus bringt diese Zweideutigkeit anscheinend keinen Nachteil. Ein Grund dafür ist, dass die Codons von den meisten Lebewesen nicht gleichmäßig genutzt werden. So schwankt die „Nutzungsfrequenz" der sechs Codons für Leucin zwischen 1 % und annähernd 50 %. Wenn die tRNA für ein selten genutztes Codon mutiert, kann dies für einzelne Proteine einen Vorteil bringen, während es für die übrigen folgenlos bleibt.

Der Standardcode scheint also das Ergebnis einer partiellen Optimierung eines Zufallscodes („frozen accident") zu sein. Einige Autoren möchten den „frozen accident" allerdings lieber als „aufgetaut" ansehen (SÖLL/RAJBANDARY 2006).

5.1.3 Zwischenbilanz

Allgemein lässt sich festhalten, dass ein weiter Bereich von Randbedingungen nach den Gesetzen der Physik und Chemie zur Entstehung der Grundbausteine des Lebens führt. Auffallend ist, dass in präbiotischen Experimenten keineswegs *beliebige* Moleküle nachgewiesen werden. Vielmehr entstehen vorrangig jene Aminosäuren, die in Proteinen heutiger Lebewesen am häufigsten vorkommen und die im genetischen Code am meisten Codons innehaben. Mehr noch: Fast alle biologisch wichtigen Aminosäuren, Lipide, Nukleinbasen und Zucker konnten inzwischen in präbiotischen Syntheseexperimenten nachgewiesen werden, ja selbst die Entstehung hoch komplexer, biologisch bedeutsamer Verbindungen wie Porphyrine wurde vermeldet (HODGSON/PONNAMPE-RUMA 1968). Es ist anscheinend vollkommen gleich, auf welche Ausgangsstoffe man zurückgreift. – Hauptsache ist, dass das Gemisch Kohlenstoff, Wasserstoff und Stickstoff enthält und eine Energiequelle vorhanden ist, die die chemischen Bindungen neu „ordnet". Auch in *Meteoriten* (kohligen Chondriten) fand man wichtige Bausteine des Lebens wie diverse Zucker, proteinogene Aminosäuren, Nukleinbasen wie Guanin und Adenin sowie sämtliche Metaboliten des komplexen *Citronensäurezyklus* (CALLAHAN ET AL. 2011; COOPER ET AL. 2011), der in fast allen Lebewesen eine wichtige Drehscheibe bei der Verstoffwechselung verschiedenster Klassen von Biomolekülen ist.

Derartige Koinzidenzen lassen sich kaum anders erklären als durch eine chemische Evolution, denn eine solche, bis ins Detail gehende Entsprechung wäre unter der Prämisse, dass die Entstehung des Lebens *nicht* durch Evolution zustande gekommen sei, nicht nur merkwürdig, sondern auch sehr unwahrscheinlich.

Ungeachtet dessen gibt es, wie in allen Naturwissenschaften, noch viele Detailprobleme, die nicht ohne weiteres zu klären sind. Eines davon ist das Problem der Chiralität, auf das wir nun zu sprechen kommen wollen.

5.1.4 Chiralität: Ergebnis eines Auslesemechanismus

Der Begriff *Chiralität* („Händigkeit") bezieht sich auf die Struktur zweier Moleküle, die wie Bild und Spiegelbild gebaut sind und somit nicht durch Drehung zur Deckung gebracht werden können (Abb. 5.4). Dies kann durch die atomare Anordnung im Molekül oder durch die dreidimensionale Gestalt der Moleküle bedingt sein. So werden chirale Zentren im Molekül von Kohlenstoffatomen gebildet, die vier verschiedene Atomgruppen tragen. Derart *asymmetrisch* gebaute Moleküle drehen die Ebene von polarisiertem Licht, das durch eine Lösung oder einen Kristall asymmetrischer Moleküle geschickt wird, nach rechts oder nach links. Man sagt auch, dass solche Substanzen „optisch aktiv" sind.

Moleküle, die sich wie Bild und Spiegelbild verhalten, werden als *Enantiomere* bezeichnet. Ihr chemisches und physikalisches Verhalten ist gegenüber nicht-chiralen Einflüssen, wie z. B. unpolarisiertem Licht oder Reaktionen mit nicht-chiralen Molekülen, tatsächlich gleich. In chiraler Umgebung hingegen, d. h. in polarisiertem Licht, bei Wechselwirkung mit Oberflächen chiraler Struktur oder in der Reaktion mit anderen chiralen Molekülen, sind Enantiomere physikalisch und chemisch deutlich voneinander unterscheidbar. Wichtig ist der Begriff der *Chiralität* vor allem in der Biochemie, denn die belebte Natur zeichnet sich vorwiegend durch aus Kohlenstoffeinheiten aufgebauten Strukturen aus. Bis auf wenige Ausnahmen sind diese Einheiten chiral, da *mindestens ein* Kohlenstoffatom des Moleküls mit vier unterschiedlichen Atomgruppen verbunden ist.

Der Naturwissenschaftler wird hier mit einem Erklärungsproblem konfrontiert, da im Rahmen *klassischer* Synthesen stets Gemische unterschiedlicher Enantiomeren auftreten – sogenannte *razemische* Gemische oder *Razemate*. Bemerkenswerterweise ist dies in der Natur nicht der Fall: Belebte Materie unseres Lebensraumes tritt in absoluter Enantiomeren-Reinheit des jeweils verwendeten Bausteines auf (*Homochiralität*). Beispielsweise kommen in der Natur ausschließlich L-Aminosäuren und D-Zucker vor. Irgendwann also musste die Entscheidung zugunsten einer Sorte von Enantiomeren gefallen sein. Doch wie kam es im Lauf der Evolution zur Aussonderung (Diskriminierung) eines Enantiomers?

Die Idee, dass durch Zufall ein bestimmtes Enantiomer (z. B. eine L-Aminosäure) in den ersten präbiotischen Synthesen lokal überwog und anschließend in einer Kettenreaktion andere Moleküle gleicher Chiralität (z. B. zu einem Protein) koppelte, entspricht dem Prinzip eines sich selbst aufschaukelnden Automatismus: Der kleine Vorsprung des „Überlebenden" würde sich zu Ungunsten des „erfolglosen" Enantiomers stets vergrößern. Nur erweisen sich in allen Syntheseversuchen biotischer Moleküle „falsche" Enantiomere als ebenso reaktionsfreudig und werden ungeachtet ihrer Chiralität in gleichem Maße in das Kettenmolekül eingebaut (BAILEY 2000; BONNER/DEAN 2000). Dies gilt jedoch nicht notwendigerweise für katalytisch gesteuerte Reaktionen, die in den sehr heterogenen Nischen der Ozeane ablaufen konnten. Bei-

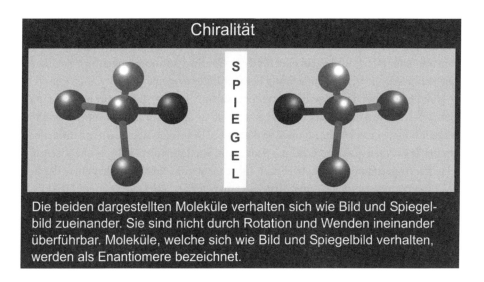

Chiralität

Die beiden dargestellten Moleküle verhalten sich wie Bild und Spiegel-bild zueinander. Sie sind nicht durch Rotation und Wenden ineinander überführbar. Moleküle, welche sich wie Bild und Spiegelbild verhalten, werden als Enantiomere bezeichnet.

Abb. 5.4:
Asymmetrie bzw. Chiralität aufgrund vierer verschiedener Atomgruppen an einem Kohlenstoffatom. Solche Konstellationen können in größeren Molekülen mehrfach vorkommen. Grafik nach M.R.A. MÜLLER (www.chempage.de/lexi/chiral.htm).

spielsweise gibt es empirische Hinweise, die dafür sprechen, dass durch Komplexierung (etwa durch Cu^{2+}-Ionen) aus razemischen Aminosäure-Gemischen bevorzugt homo-chirale Proteine kondensieren (PLANKENSTEINER ET AL. 2004). Wie wir wissen, kön-nen auch an reinen Calcit-Kristallen Enantiomeren-Spezies angereichert und damit Razemate mit hoher Selektivität aufgetrennt werden. Dabei kristallisiert bevorzugt nur ein bestimmtes optisches Isomer aus.

Da es in der *unbelebten* Welt anorganische, chirale Stoffe gibt, liegt es nahe, den mög-lichen Impuls für eine Veränderung des Enantiomeren-Verhältnisses in der Auswirkung chiraler, mineralischer Oberflächen auf die Kristallisation zu suchen. Bekannt dafür sind Quarz, Tonmineralien oder Feldspat (HAZEN 2001), aber es gibt auch Kristalle, die erst durch Gitterfehler chiral werden (zum Beispiel Eisensulfid, FeS). Auch Meereis hat offenbar chirale Einflüsse. So stellt die Bildung von Kristallstrukturen in asymmetri-scher, wendelförmiger Anordnung ein bei der Entstehung von Kristallen häufig anzu-treffendes Phänomen dar, so auch im Eis. Deshalb scheint es plausibel, dass fädige Kris-tallisate, die sich entlang von Kaviolen im Eis gebildet haben, eine Helixstruktur anneh-men (TRINKS 2001).

Neuere Veröffentlichungen weisen auf Szenarien hin, in denen Aminosäuren-Ge-mische dazu gezwungen werden können, chiral auszukristallisieren. Die Konglomerat-Bildung wird durch Zusätze in der Lösung, wie z. B. Glycin, verhindert (WEISBUCH ET AL. 2002). Allein schon die Gegenwart von Sediment-Oberflächen kann die Entstehung von razemischen Konglomeraten verhindern, wobei ein möglicher Syntheseort der

Strand der Urmeere war (VIEDMA 2001). REINER ET AL. (2006) konnten sogar nachweisen, dass die Aminosäure L-Histidin die Bildung homochiraler Oligopeptide begünstigt (katalysiert) und dabei eine Präferenz für die L-Aminosäuren zeigt, so dass sie eine Schlüsselrolle bei der Entstehung homochiraler Proteine gespielt haben könnte.

Nun liefern aber derartige Effekte einer lokalen Anreicherung bestimmter Enantiomere noch keine Antwort auf die Frage, weshalb in der Natur *ausschließlich* bestimmte Enantiomere in absoluter Reinheit vorkommen. Denn *global* gesehen sind immer beide chirale Formen gleichberechtigt. – Das heißt, ein durch physikalisch-chemische Effekte hervorgerufener Symmetriebruch führt nicht zum Verschwinden einer der beiden Enantiomere aus der Lösung. So gelangt man integral über alle existierenden Oberflächeneinflüsse immer wieder zu dem Enantiomeren-Verhältnis 50:50, also zum unbeeinflussten Razemat (EVGENII/WOLFRAM 2000), obwohl lokal eine Asymmetrie nachgewiesen werden kann, wenn D- bzw. L-Formen getrennt von den unterschiedlich ausgerichteten Kristallflächen abgesammelt werden (HAZEN 2001).

Die Antwort auf das Problem besteht darin, die Anreicherung eines Enantiomers nur als ersten (notwendigen) Schritt zu sehen. So muss zur Erzeugung eines homochiralen Kettenmoleküls (z. B. Proteins) das andere Enantiomer (z. B. die nicht natürlich vorkommenden D-Aminosäuren) zunächst nicht vollständig „verschwinden". – Es genügt, wenn sich durch eine mehr oder weniger stark ausgeprägte Asymmetrie die Wahrscheinlichkeit der Synthese homochiraler Moleküle *lokal erhöht*. Findet sich in einem Molekül-Ensemble *ein* homochirales Molekül mit einer charakteristischen Funktion (z. B. als Katalysator oder Matrize für die Synthese weiterer homochiraler Spezies), ist das Ergebnis ein Vorgang, der in eine *Selektion* hineintreibt. Dabei ist es unerheblich, dass dieselbe Argumentation auch für das *andere* Enantiomer erfolgen kann. Denn von dem Zeitpunkt an, an dem *ein* homochirales Molekül (wo und aufgrund welcher Eigenschaften auch immer) „das Rennen machte", waren die Würfel für eine andauernde Diskriminierung des anderen Enantiomers gefallen.

Die eigentliche Sensationsmeldung kam aus dem Labor von REZA GHADIRI vom SCRIPPS RESEARCH INSTITUTE in La Jolla (Kalifornien), in dem ein selbstreplizierendes Kettenmolekül entdeckt wurde (LEE ET AL. 1996). Das aus 32 Aminosäuren kondensierte Molekül (Polypeptid) dient als Matrize und unterstützt autokatalytisch seine eigene Erzeugung! Der zweite Bericht aus La Jolla brachte schließlich Licht ins Dunkel der Entstehung homochiraler Biomoleküle (SAGHATELIAN ET AL. 2001). Danach besitzt das Polypeptid die erstaunliche Eigenschaft, bei seiner Replikation in einem Ausleseprozess bevorzugt homochirale Produkte zu bilden. Die Produkte dienen wieder als Matrizen, die wiederum Produkte in noch höherer Enantiomeren-Reinheit hervorbringen usw. Dabei nimmt die Katalyseaktivität ab, wenn auch nur ein Baustein eine den übrigen Aminosäuren entgegengesetzte Händigkeit aufweist.

Somit lässt sich festhalten, dass die Anreicherung und Verknüpfung von Aminosäuren an vielen Kristalloberflächen *selektiv* erfolgt, wodurch das Wachstum von Sequenzen definierter Händigkeit plausibel wird. Vor allem erzeugen Peptide oder Proteine, die ihre eigene Replikation katalysieren, bereits nach wenigen Vermehrungszyklen fast ausschließlich homochirale Sequenzen. Es liegt auf der Hand, dass ein solcher Mechanismus die Entstehung der Homochiralität auf der Erde beeinflusst haben könnte (Saghatelian et al. 2001). Ohne Selektion und die oben angesprochenen physikalisch-chemischen Mechanismen der Enantiomerenanreicherung ist die Entstehung von Chiralität nicht zu erklären – zumindest nicht, ohne auf ominöse, vitalistische oder teleologische Einflüsse zu verweisen, die gänzlich unbekannt und unspezifisch sind und somit freilich nichts erklären.

5.1.5 Unser Blut – und was es mit dem Meerwasser verbindet

Blut, allgemeiner gesagt: *extrazelluläre* Gewebsflüssigkeit, ist eine Körperflüssigkeit, die nur vielzellige Tiere (Metazoen) besitzen. Einzeller und Wenigzeller haben kein Blut. Sie können sowohl Nährstoffe direkt dem sie umgebenden (Meer-)Wasser entnehmen als auch Abfallstoffe in dieses ausscheiden, ohne dass sich dadurch die Zusammensetzung ihrer Umgebung nennenswert ändern würde. Der Ozean ist die extrazelluläre Flüssigkeit, in der sie schwimmen, und aufgrund des verschwindend geringen Volumens des Zellinhalts im Verhältnis zum Volumen des Ozeans braucht sich ein Einzeller um die durch ihn verursachte Verunreinigung seines Milieus nicht zu kümmern.

Im Zuge der Evolution der *Vielzelligkeit* jedoch wurde den im Körperinneren liegenden Zellen des neuen Organismentyps mehr und mehr die Lebensgrundlage entzogen. Diese hatten plötzlich nicht mehr das praktisch unbegrenzte Volumen eines Ozeans zur Verfügung, um ihre Abfälle los zu werden und um sich mit Nahrung und Ionen zu versorgen, sondern nur noch den kleinen Flüssigkeitsspalt, der sie von den Nachbarzellen trennte. Die dadurch entstehenden Probleme waren gewaltig. Es stehen z. B. einem erwachsenen Menschen nur noch rund 10 Liter extrazelluläre Gewebsflüssigkeit (interstitielle Flüssigkeit, Blut und Lymphe) zur Verfügung, die ihn mit Nährstoffen versorgt und Abfallstoffe abtransportiert, wogegen das Flüssigkeitsvolumen in seinen Körperzellen etwa 30 Liter beträgt. Die Umgebung der im Körperinneren gelegenen Zellen wäre somit eine lebensfeindlichen Kloake, wenn es im Laufe der Evolution nicht gelungen wäre, die über Jahrmilliarden annähernd gleichbleibenden Bedingungen des äußeren Milieus auch dann noch aufrecht zu erhalten, als das Volumen der extrazellulären Flüssigkeit von den Dimensionen eines Weltmeeres auf weniger als die Hälfte des Zellinhalts schrumpfte.

Die Natur löste die Aufgabe im Laufe von wenigen hundert Millionen Jahren. Die besondere Zusammensetzung unseres Bluts sowie ein effizientes System spezialisierter Organe, wie etwa die Blutfilter und Konzentrierungsleistung unserer Nieren, sind Antworten auf die Probleme, die sich mit der Mehrzelligkeit ergaben. Doch die Natur kann in jedem Augenblick nur mit den Elementen operieren, die bereits vorher zur Verfügung standen. Keine einzige der Zellen, aus denen im Lauf der Evolution mehrzellige

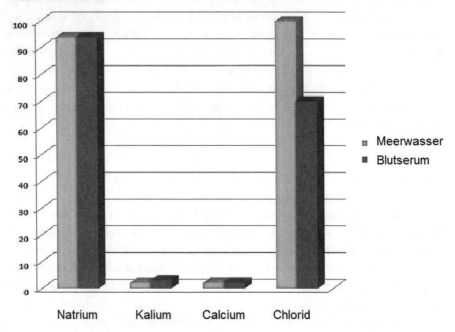

Anzahl der Teilchen

Legend: Meerwasser, Blutserum

X-axis: Natrium, Kalium, Calcium, Chlorid

Abb. 5.5:
Stoffmengenverhältnisse der wichtigsten Ionen in Meerwasser und Blutserum.

Organismen entstanden, war fähig, die Anforderungen einer weitgehend gleichbleibenden, ozeanischen Umgebung abzumildern, an die sich die Individuen seit dem Beginn des Lebens angepasst hatten. Metaphorisch ausgedrückt musste es die Evolution schaffen, das Meerwasser, in dem sich die letzten gemeinsamen, wenigzelligen Vorfahren der heutigen Vielzeller tummelten, gleichsam ins Körperinnere mitzunehmen.

Einige Daten über die Zusammensetzung unseres Blutes belegen, mit welcher schier unglaublichen Präzision dies gelang. Im Fokus unserer Betrachtung liegt das Stoffmengenverhältnis zwischen den biologisch wichtigen Ionen Natrium (Na^+), Kalium (K^+), Calcium (Ca^{2+}) und Chlorid (Cl^-). Ein mehr oder weniger genau ausbalanciertes Verhältnis dieser vier Ionen ist für die Zellen wichtig, weil die Konzentration dieser Ionen die elektrischen Eigenschafen der Zellmembranen und damit deren Filterqualität maßgeblich beeinflussen. Im Meerwasser beträgt das Stoffmengenverhältnis zwischen diesen vier Ionen fast genau $94:2:2:100$.[4] Das bedeutet, auf 94 Natrium-Ionen kommen jeweils 2 Kalium-Ionen, 2 Calcium-Ionen sowie 100 Chlorid-Ionen. Der „Überschuss" an Natrium und Chlorid lässt sich chemisch dadurch erklären, dass Kalium und Calcium viel stärker im Gestein gebunden sind als Natrium und Chlor, daher wird anteilig mehr Natriumchlorid ausgewaschen und über die Flüsse in die Weltmeere transportiert.

Wie verhalten sich nun die Stoffmengen-Konzentrationen dieser vier Stoffe im Blutplasma (bzw. in unserer extrazellulären Körperflüssigkeit) zueinander? Dort lautet die Relation etwa 94:3:2:70, sie ist also fast identisch (Abb. 5.5)[5]. Auch die *absoluten* Ionen-Konzentrationen sind vergleichbar; die absoluten Werte liegen beim Meerwasser um den Faktor drei über der Ionenkonzentration im Blutserum. Anders gesagt: *Bis in Details hinein entspricht die Zusammensetzung der extrazellulären Flüssigkeit unseres Körpers immer noch der Zusammensetzung des Meerwassers!*[6]

Auf den ersten Blick ist diese Tatsache überraschend, denn die spezifische Verfügbarkeit von Natrium, Kalium, Calcium und Chlor in den Weltmeeren hat doch nichts mit den biologischen Erfordernissen einer Zelle zu tun. Die Verhältnisse im Ozeanwasser sind lediglich den Bindungsverhältnissen in Silikat-Gesteinen sowie dem pH-Wert des Meerwassers geschuldet. Die Zusammensetzung des Bluts lässt sich auch nicht durch die Beschaffenheit unserer Trinkwässer erklären, denn beide sind vollkommen anders zusammengesetzt: Im Trinkwasser dominiert Calcium gegenüber Natrium und Hydrogencarbonat gegenüber Chlorid.

Da die fast identischen Stoffmengen-Relationen in Blut und Meerwasser nicht auf Zufall beruhen können, lässt sich die Übereinstimmung nur damit erklären, dass die vielzelligen Lebewesen dem Meer im Kambrium (ca. vor 700 Millionen Jahren) entsprangen. Sie ist der schlagende Beleg dafür, dass wir das Meerwasser unser kambrischen Vorfahren[7] sprichwörtlich mit ins Zellinnere genommen haben, weil es anders nicht funktioniert hätte.

Einzeller und primitive Mehrzeller können sich zwar grundsätzlich an unterschiedliche Salzgehalte anpassen. – Beispielsweise sind Cyanobakterien in alkalischen Salzseen weit verbreitet. Waren aber die Eigenschaften der Zellmembranen (Permeabilitäten, elektrisches Membranpotenzial etc.) *vielzelliger* Lebewesen erst einmal an die Salzverhältnisse im Meerwasser des Kambriums angepasst, war eine nachträgliche „Umjustierung" der Normwerte nicht mehr ohne weiteres möglich. Zu kompliziert wurde das Netz vielfältiger, sich untereinander durch Rückkoppelung beeinflussender Regelmechanismen, die beispielsweise eine Zurückhaltung von Natriumionen und gleichzeitig eine leichtere Ausscheidung von Kaliumionen ermöglichen, daneben die Konzentrationsleistung unserer Nieren beeinflussen, auf die Funktion der Nervenzellen Einfluss nehmen usw. Kein Wunder also, dass wir bereits geringe Abweichungen in der Konzentration und im Stoffmengenverhältnis der Ionen als erhebliche Beeinträchtigung unseres Wohlbefindens registrieren. Beispielsweise gefährden größere Abweichungen des Kaliumspiegels vom Normwert die Herzfunktion und können zum Herzstillstand führen. Eine erhöhte Natriumkonzentration im Blutserum („Hypernatriämie") führt zu neuronaler Übererregung, Kopfschmerz, Übelkeit, Zittern und epileptischen Anfällen bis hin zur Bewusstlosigkeit. Zu niedrige Konzentrationen von Natrium im Blutserum („Hyponatriämie") bedingen Müdigkeit und Desorientierung, vermindern die Wasserausscheidung und führen bei rascher Entwicklung (etwa durch erhöhte Wasseraufnahme, *Hyperhydration*) zu Wasseransammlungen im Gewebe bis hin zu Lungen- und Hirnödemen. Diese sind tödlich, falls nicht rasch durch Gabe von Kochsalz Abhilfe geschaffen wird. Insbesondere bei Leistungssportlern kann es so zu lebensbedrohlichen Zuständen kommen, wenn diese den Flüssigkeitsverlust beim Schwitzen innerhalb kurzer Zeit durch Zufuhr großer Mengen Mineralwasser auszugleichen versuchen, anstatt nur mäßig zu trinken oder auf isotonische Getränke zurück zu greifen.

Wieder ist nur eine Evolution die einzige vernünftige Erklärung für ein zunächst mysteriös erscheinendes Naturphänomen, in diesem Fall die einzig denkbare Brücke zwischen Geologie (Stoffmengenverhältnis der Elektrolyte im Meerwasser) und Biologie (Stoffmengenverhältnis der Elektrolyte im Blut). Eine andere auch nur halbwegs plausible Erklärung ist nicht in Sicht.

5.2 Evolutionäre Bioinformatik

Die *Bioinformatik* ist eine interdisziplinäre Wissenschaft, die Fragestellungen der Biowissenschaften sowie angrenzender Wissenschaftsdisziplinen wie etwa der (Paläo-) Ökologie, Geologie usw. mithilfe computergestützter Modelle zu beantworten versucht. Werden evolutionsbiologische Fragestellungen bearbeitet oder fließen evolutionäre Zusatzannahmen, die zwischen der Struktur biologischer Merkmale verschiedener Arten einen stammesgeschichtlichen Zusammenhang herstellen, in die Computermodelle mit ein, spricht man von *evolutionärer Bioinformatik*. Im Folgenden wird anhand einiger Beispiele die Bedeutung dieses evolutionären Ansatzes diskutiert und erörtert, wie evolutionär-bioinformatische Rekonstruktionen dabei helfen, naturwissenschaftliche Probleme zu lösen.

5.2.1 Die Rekonstruktion ursprünglicher Proteine

Ein sehr aktives Forschungsgebiet ist die Entwicklung von Methoden zur Rekonstruktion stammesgeschichtlich alter (ursprünglicher) DNA- und Protein-Sequenzen (vgl. KLÖS 2012). Zu diesem Zweck werden die entsprechenden Sequenzen bei verschiedenen, *heute* lebenden Arten ausgewählt und in einem sogenannten *Alignment* angeordnet. Unter Berücksichtigung der Sequenzen entsprechender „Außengruppen" wird dann ein Stammbaum rekonstruiert. Mithilfe dieser Daten können die *ursprünglichen* Sequenzen heute ausgestorbener Arten in jenen Verzweigungspunkten des Stammbaums, die interessieren, ermittelt werden.

Ursprünglich erfolgte die Rekonstruktion nach dem *Prinzip der maximalen Sparsamkeit* (PARSIMONY-Prinzip), während gegen Ende des 20. Jahrhunderts mehr und mehr auf Computersoftware zurück gegriffen wurde, die sich der sogenannten MAXIMUM-LIKELIHOOD-Methode bedient (KOSHI/GOLDSTEIN 1996; THORNTON 2004; YANG ET AL. 2007). Diese Methode gestattet es, relevante Zusatzinformationen über den molekularen Evolutionsprozess in die Rekonstruktion zu implementieren. Unter Einbeziehung eines geeigneten Evolutionsmodells (bei dessen Ermittlung können bestimmte Informationskriterien und statistische Tests helfen) lassen sich die plausibelsten, ursprünglichen Sequenzen rekonstruieren.

Falsche Annahmen, etwa hinsichtlich des Alignments oder der Wahl der Modellparameter, beeinträchtigen freilich die Qualität der Rekonstruktion, weswegen die Forscher alle Unsicherheiten abschätzen und bewerten müssen. Ein probates Verfahren, Fehler zu minimieren oder auszuschließen, besteht darin, nicht nur *eine* Vorfahrensequenz herzustellen und zu testen, sondern gleich *mehrere* plausible Sequenzen, die sich an bestimmten Stellen unterscheiden (Jermann et al. 1995; Thornton 2004). Im Allgemeinen funktionieren die Methoden zur Rekonstruktion der ursprünglichen Sequenzen gut, fehlerhafte Schlussfolgerungen lassen sich allerdings nur durch einen sorgfältigen Evaluierungsprozess der Methoden und Ergebnisse vermeiden (Williams et al. 2006; Hanson-Smith et al. 2010).

5.2.2 Wiedererweckte Proteine werfen Licht auf längst vergangene Lebenswelten

Inzwischen wurden zahlreiche Rekonstruktionen ursprünglicher Proteine vorgenommen, um evolutionsbiologische und ökologische Hypothesen zu testen (Dean/ Thornton 2007; Klös 2012). Eine wichtige, bisher nicht eindeutig geklärte Frage lautet beispielsweise, welche Bedingungen in den frühen Ozeanen, während der ersten Jahrmilliarde nach Entstehung der Erde, herrschten. Leider ergaben Gesteinsanalysen bislang kein einheitliches Bild. Doch mithilfe der Rekonstruktion eines Proteins namens EF-TU, das vor rund 3,5 Milliarden Jahren im letzten gemeinsamen Vorfahren der Bakterien aktiv gewesen sein dürfte, gelang es einem amerikanisch-spanischen Forscherteam, konkretere Einblicke in die Umwelt der frühesten Organismen zu gewinnen (Gaucher et al. 2003).

EF-TU übernimmt bei der Herstellung von Proteinen in der lebenden Zelle eine wichtige Rolle. Seine Aufgabe besteht unter anderem darin zu gewährleisten, dass die Verknüpfung von Aminosäuren, dem genetischen Code entsprechend, korrekt geschieht. Dabei ist es erforderlich, dass die Energieträger GTP/GDP an das Molekül binden. Die Wissenschaftler rekonstruierten nun das ursprüngliche EF-TU-Protein und ermittelten dessen Bindungsaktivität für GDP-Moleküle in Abhängigkeit von der Temperatur. Dabei zeigte sich, dass das ursprüngliche Protein erst bei einer Temperatur von 65 °C das Molekül GDP optimal bindet, während bei *heutigen* EF-TU-Proteinen die Bindungsstabilität zumeist schon ab etwa 40 °C stark abnimmt. Dieses Ergebnis bekräftigt die Hypothese, dass der letzte gemeinsame Vorfahre der Bakterien in einer heißen Umgebung lebte, also den wärmeliebenden (thermophilen) Organismen zuzurechnen ist.

Dieses Resultat passt recht gut zu geologischen Befunden. So ergab die Untersuchung von 3,2–3,5 Milliarden Jahre altem Hornstein aus dem BARBERTON-GRÜNSTEIN-Gürtel Südafrikas einen ungewöhnlich hohen Anteil des Sauerstoff-Isotops ^{18}O (des sogenannten „schweren Sauerstoffs"). Je wärmer das Meerwasser ist, desto mehr reichert sich schwerer Sauerstoff im Ozeanwasser an. Folglich lässt sich aus dem Verhältnis zwischen „schwerem" und „leichtem" Sauerstoff ($^{18}O/^{16}O = \delta^{18}O$) in Sedimentgesteinen die Temperatur des Meerwassers bestimmen, bei der sich das Gestein bildete. Die Untersuchungsergebnisse sprechen dafür, dass die Temperatur des Urozeans vor 3,5 Milliarden Jahren zwischen 55 und 85 °C betrug (KNAUTH 2005). Neuere Auswertungen der Befunde deuten auf etwas mildere Temperaturen um 45 °C hin (MARIN-CARBONNE ET AL. 2012). Durch die Rekonstruktion des ursprünglichen EF-TU-Proteins konnte dieses Ergebnis zumindest für die Umgebung, in der sich die ersten Organismen aufhielten, präzisiert werden: Die Temperatur des Ozeanwassers im mittleren Archaikum betrug erstaunliche 65 °C!

GAUCHER und Kollegen weiteten ihre Untersuchungen aus, indem sie für ihre Studien noch ursprünglichere Enzyme auswählten, die in fast allen Lebewesen vorkommen (PEREZ-JIMENEZ ET AL. 2011). Ihr Ursprung reicht fast 4 Milliarden Jahre, bis an den Anfang des Lebens selbst, zurück. Dabei handelt es sich um die sogenannten *Thioredoxin-Enzyme*, die antioxidative Eigenschaften besitzen und als Regulatoren bei bestimmten Prozessen der Signalverarbeitung eine Rolle spielen. Die Forscher verglichen die kodierenden Gensequenzen von Archaeen, Bakterien und mehrzelligen Lebewesen miteinander und erstellten mithilfe dieser Daten einen Stammbaum. Unter Anwendung spezieller Computerverfahren konnten daraus die „gemeinsamen Vorfahren" ermittelt werden– also jene Gensequenzen, die höchstwahrscheinlich vor mehreren Milliarden Jahren existierten. Diese Sequenzen wurden im Labor hergestellt und in *Escherichia-coli*-Bakterien eingebaut. Die Bakterien erzeugten daraufhin die ursprünglichen Enzymvarianten, so dass es gelang, die chemischen Eigenschaften dieser Enzyme, etwa Temperatur- und pH-Toleranz, zu untersuchen.

Die Untersuchungsergebnisse passen in das oben skizzierte Bild: Es zeigt sich, dass die ursprünglichen Formen noch problemlos bei Temperaturen funktionieren, die um 32 °C über jener Temperatur liegen, bei denen die Enzyme heutiger Nachfahren ihre Funktion verlieren. Ein analoges Resultat erbrachten die pH-Tests: Im Gegensatz zu den heutigen Thioredoxinen funktionierten die ursprünglichen Enzym-Varianten auch in saurer Umgebung noch effektiv. Je älter die rekonstruierten Enzymvarianten waren, desto stabiler gegen Hitze und Säure waren sie. Diese Ergebnisse legen nahe, dass sich die Lebenswelt der Bakterien erst allmählich abkühlte und zwischen 3,5 und 0,5 Milliarden Jahren vor unserer Zeit alkalischer wurde.

In den vergangen Jahren wurden zahlreiche weitere Rekonstruktionen vorgenommen. Zum Beispiel wurden ursprüngliche Steroid-Hormonrezeptoren (THORNTON ET AL. 2003; BRIDGHAM ET AL. 2009), GFP-ähnliche Proteine (FIELD/MATZ 2010) und eine ursprüngliche Alkoholdehydrogenase (THOMSON ET AL. 2005) näher untersucht.

Die Methoden zur Rekonstruktion und Analyse von ursprünglichen Proteinen sind mittlerweile etabliert und stimulieren die moderne Evolutionsbiologie und Ökologie.

5.2.3 Zusammenfassung

Es mutet an wie „Jurassic Park", was mithilfe evolutionär-bioinformatischer Methoden in Aussicht steht und bereits heute in vielen Bereichen möglich geworden ist: Ursprüngliche Proteine und molekulare „Maschinen", die in heute ausgestorbenen Organismen vor Millionen Jahren aktiv waren, können prinzipiell rekonstruiert und „zum Leben erweckt" werden. Daraus lässt sich wiederum ableiten, wie ursprüngliche, längst ausgestorbene Organismen ausgesehen haben könnten, in welchen Schritten sich komplizierte Merkmale der Lebewesen entwickelten und welche Umweltbedingungen einst auf der Erde herrschten.

Evolutionäre, phylogenetische Algorithmen werden somit erfolgreich als Instrument zur Klärung geologischer, paläontologischer, phylogenetischer und nicht zuletzt ökologischer Fragestellungen eingesetzt. Ermöglicht wird dies durch die Entwicklung von Methoden zur Rekonstruktion stammesgeschichtlich alter (ancestraler) DNA-Sequenzen sowie durch die Fortschritte chemischer und molekularbiologischer Techniken. Heute können automatisiert Oligonukleotide synthetisiert und zu einem Gen zusammengesetzt werden. Anschließend kann man das Gen exprimieren und die Funktion des ursprünglichen Proteins charakterisieren. Auf diese Weise lässt sich rekonstruieren, in welchen evolutionären Schritten biologische Merkmale zu ihrer heutigen Komplexität gelangten.

Die evolutionäre Bioinformatik erweist sich somit als fruchtbare Brückendisziplin und stärkt insbesondere die Verbindung zwischen Evolutionsbiologie, Geologie, Ökologie, Biochemie und Biomedizin.

5.3 Literatur

Bailey, J. (2000): Chirality and the origin of life. Acta Astronautica 46, 627–631.

Bonner, W. A.; Dean, B. D. (2000): Asymmetric photolysis with elliptically polarized light. Origins of Life and Evolution of the Biosphere 30, 513–517.

Bridgham, J. T. et al. (2009): An epistatic ratchet constrains the direction of glucocorticoid receptor evolution. Nature 461, 515–519.

Callahan, M. P.; Smith, K. E.; Cleaves et al. (2011): Carbonaceous meteorites contain a wide range of extraterrestrial nucleobases. PNAS 108, 13995–13998.

Cleaves, H. J.; Chalmers, J. H.; Lazcano, A.; Miller, S. L.; Bada, J. L. (2008): A reassessment of prebiotic organic synthesis in neutral planetary atmospheres. Origins of Life and Evolution of the Biosphere 38, 105–115.

COOPER, G.; REED, C.; NGUYEN, D. ET AL. (2011): Detection and formation scenario of citric acid, pyruvic acid, and other possible metabolism precursors in carbonaceous meteorites. PNAS 108, 14015–14020.

DEAN, A. M.; THORNTON, J. W. (2007): Mechanistic approaches to the study of evolution: the functional synthesis. Nature Reviews Genetics 8, 675–688.

DÖRNER, K. (2009): Klinische Chemie und Hämatologie. 7. Auflage, Stuttgart.

EVGENII, K.; WOLFRAM, T. (2000): The role of quartz in the origin of optical activity on earth. Origins of Life and Evolution of the Biosphere 30, 431–434.

FIELD, S. F.; MATZ, M. V. (2010): Retracing evolution of red fluorescence in GFP-like proteins from *Faviina corals*. Molecular Biology and Evolution 27, 225–233.

FOLLMANN, H. (1999): Chemische Evolution – Bildung und Selbstorganisation „lebensfähiger" Moleküle. In: FASTERDING, M. (Hrsg.) Auf den Spuren der Evolution. Gelsenkirchen, 41–54.

GAUCHER, E. A. ET AL. (2003): Inferring the palaeoenvironment of ancient bacteria on the basis of resurrected proteins. Nature 425, 285–288.

HANSON-SMITH, V. ET AL. (2010): Robustness of ancestral sequence reconstruction to phylogenetic uncertainty. Molecular Biology and Evolution 27, 1988–1999.

HAZEN, R. M. (2001): Life's rocky start. Scientific American 284, 63–71.

HODGSON, G. W.; PONNAMPERUMA, C. (1968): Prebiotic porphyrin genesis: porphyrins from electric discharge in methane, ammonia and water vapor. PNAS 59, 22–28.

HUBER, C.; EISENREICH, W.; HECHT, S.; WÄCHTERSHÄUSER, G. (2003): A possible primordial peptide cycle. Science 301, 938–940.

HUBER, C.; KRAUS, F.; HANZLIK, M.; EISENREICH, W.; WÄCHTERSHÄUSER, G. (2012): Elements of metabolic evolution. Chemistry 18, 2063–2080.

JERMANN, T. M. ET AL. (1995): Reconstructing the evolutionary history of the artiodactyl ribonuclease superfamily. Nature 374, 57–59.

JOHNSON, A. P.; CLEAVES, H. J.; DWORKIN, J. P. ET AL. (2008): The MILLER volcanic spark discharge experiment. Science 322, 404.

KEMPE, S.; KAZMIERCZAK, J. (2011): Soda ocean hypothesis. In: REITNER, J.; THIEL, V. (Hrsg.) Encyclopedia of Geobiology. Springer, 829–833.

KLÖS, T. (2012): Komplexitätszunahme in einer molekularen Maschine: Wiedererweckte Proteine werfen Licht auf die Evolution. www.ag-evolutionsbiologie.net/pdf/2012/komplexitaet-molekulare-maschine.pdf.

KNAUTH, L. P. (2005): Temperature and salinity history of the Precambrian ocean: implications for the course of microbial evolution. Palaeogeography, Palaeoclimatology, Palaeoecology 219, 53–69.

KOSHI, J. M.; GOLDSTEIN, R. A. (1996): Probabilistic reconstruction of ancestral protein sequences. Journal of Molecular Evolution 42, 313–320.

LEE, D. H.; GRANJA, J. R.; MARTINEZ, J. A.; SEVERIN, K.; GHADIRI, M. R. (1996): A self-replicating peptide. Nature 382, 525–528.

Marin-Carbonne, J.; Chaussidon, M.; Robert, F. (2012): Micrometer-scale chemical and isotopic criteria (O and Si) on the origin and history of Precambrian cherts: Implications for paleo-temperature reconstructions. Geochimica et Cosmochimica Acta 92, 129–147.

Miller, S. L. (1953): Production of amino acids under possible primitive earth conditions. Science 117, 528–529.

Perez-Jimenez et al. (2011): Single-molecule paleoenzymology probes the chemistry of resurrected enzymes. Natural Structural & Molecular Biology 18, 592–596.

Pinnecker, E. V. (2010): General Hydrogeology. Cambridge.

Plankensteiner, K.; Reiner, H.; Rode, B.M. (2004): From earth's primitive atmosphere to chiral peptides – the origin of precursors for life. Chemistry and Biodiversity 1, 1308–1315.

Reiner, H.; Plankensteiner, K.; Fitz, D.; Rode, B. M. (2006): The possible influence of L-histidine on the origin of the first peptides on the primordial earth. Chemistry and Biodiversity 3, 611–621.

Saghatelian, A.; Yokobayashi, Y.; Soltani, K.; Ghadiri, M. R. (2001): A chiroselective peptide replicator. Nature 409, 797–801.

Santos, M. A. S.; Moura, G.; Massey, S. E.; Tuite, M. F. (2004): Driving change: the evolution of alternative genetic codes. Trends in Genetics 20, 95–102.

Söll, D.; RajBandary, U. L. R. (2006): The genetic code – thawing the „frozen accident". Journal of Biosciences 31, 459–463.

Sweeney, M. A.; Toste, A. P.; Ponnamperuma, C. (1976): Formation of amino acids by cobalt-60 irradiation of hydrogen cyanide solutions. Origins of Life 7, 187–189.

Thomson, J. M. et al. (2005): Resurrecting ancestral alcohol dehydrogenases from yeast. Nature Genetics 37, 630–635.

Thornton, J. W. et al. (2003): Resurrecting the ancestral steroid receptor: ancient origin of estrogen signaling. Science 301, 1714–1717.

Thornton, J. W. (2004): Resurrecting ancient genes: Experimental analysis of extinct molecules. Nature Reviews Genetics 5, 366–375.

Trail, D.; Watson, E. B.; Tailby, N. D. (2011): The oxidation state of Hadean magmas and implications for early earth's atmosphere. Nature 480, 79–82.

Trinks, H. (2001): Auf den Spuren des Lebens. Bericht zur Expedition in das Eis von Spitzbergen vom 17. Mai 1999 bis 14. September 2000. Aachen.

Viedma, C. (2001): Enantiomeric crystallization from DL-aspartic and DLglutamic acids: implications for biomolecular chirality in the origin of life. Origins of Life and Evolution of the Biosphere 31, 501–509.

Wächtershäuser, G. (1988): Before enzymes and templates: theory of surface metabolism. Microbiological Reviews 52, 452–484.

Wächtershäuser, G. (1990): Evolution of the first metabolic cycles. PNAS 87, 200–204.

WEBERNDORFER, G.; HOFACKER, I. L.; STADLER, P. F. (2003): On the evolution of primitive genetic codes. Origins of Life and Evolution of the Biosphere 33, 491–514.

WEIGAND, W. ET AL. (2003): Possible prebiotic formation of ammonia from dinitrogen on iron sulfide surface. Angewandte Chemie 115, 1579.

WEISBUCH, I.; LEISEROWITZ, L.; LAHAV, M. (2002): Spontaneous generation of chirality via chemistry in two dimensions. In: Hicks, J.M. (Hrsg.): Chirality: Physical chemistry. Proceedings of the Symposium on the Physical Chemistry of Chirality 1 (San Francisco, CA 2000) ACS Symposium Series 810, 242–252.

WEITZE, M.-D. (2006): Zwischen Evolution und Engineering – Der genetische Code im Wandel. Biologie in unserer Zeit 1, 18–24.

WILLIAMS, P. D. ET AL. (2006): Assessing the accuracy of ancestral protein reconstruction methods. PLoS Computational Biology 2, 69.

YANG, Z. ET AL. (2007): PAML 4: phylogenetic analysis by maximum likelihood. Molecular Biology and Evolution 24, 1586–1591.

1 Zwar kommen noch etliche weitere Aminosäuren wie z. B. Selenocystein, Pyrrolysin u. a. in Proteinen vor. Diese aber entstehen erst nach der durch DNA kodierten Proteinsynthese aus den kanonischen Aminosäuren oder ganz unabhängig davon durch enzymatische Reaktionen in der Aminosäurekette, so dass sie hier unberücksichtigt bleiben können.

2 *Oxidierende* Gase wie Sauerstoff, der am zweithäufigsten in der heutigen Atmosphäre vertreten ist, fehlten auf der Urerde praktisch vollständig, da dieser von Pflanzen beständig neu gebildet werden muss. Sauerstoff in der Uratmosphäre hätte aufgrund der Bildung freier Radikale die Entstehung des Lebens behindert, wenn nicht gar unterbunden.

3 Wie oben erwähnt, gibt es im genetischen Code 64 Basentripletts, aber nur 61 davon kodieren für Aminosäuren. Die übrigen drei Tripletts führen zum Translations-Stopp, beenden also Proteinsynthese (Stoppcodons). Sie markieren demnach das Ende eines Gens.

4 Zusammensetzung des Meerwassers nach Pinnecker (2010, 35).

5 Klinische Referenzwerte für Erwachsene, berechnet nach DÖRNER (2009).

6 Beim Chlorid ist die Abweichung etwas größer als bei den übrigen Ionen, weil die meisten Lebewesen einen pH-Puffer besitzen, der die Säurekonzentration im Blut reguliert. Das Puffersystem besteht aus dem im Blut gelösten Kohlenstoffdioxid sowie aus Hydrogencarbonat (HCO_3^-), welches einen Teil des Chlorids (Cl^-) ersetzt.

7 Nach heutiger Erkenntnis änderte sich die Zusammensetzung der Weltmeere in den letzten 700 Millionen Jahren nicht mehr wesentlich, nachdem sich der Übergang vom Soda-Ozean zum Natrium-Chlorid-Ozean (vgl. KEMPE/KAZMIERCZAK 2011) vollzogen hatte. Wahrscheinlich sind unter anderem auch der gesunkene pH-Wert und die geringere Salinität der Weltmeere Gründe für das Einsetzen der „kambrischen Explosion", denn gleichzeitig stieg die Konzentration von Calcium im Meerwasser deutlich an. Dies erleichterte die Entstehung der Mehrzelligkeit und ermöglichte den im Wasser lebenden Organismen die Bildung von Schalen und Skeletten.

Evolution der Moleküle

6

Von der Evolution im Reagenzglas
zur Erzeugung maßgeschneiderter Moleküle

Peter Schuster

EVOLUTION WIRD ALS ZENTRALES Fachgebiet der Biologie verstanden, doch gehen viele entscheidende Impulse zu einem tieferen Verstehen evolutionärer Prozesse von der Physik und Chemie aus. Insbesondere seit der Mitte des 20. Jahrhunderts gab es auf drei Gebieten spektakuläre Fortschritte: (I) bei der Erforschung der Chemie der Lebensprozesse durch die Molekularbiologie, (II) bei der Physik der Beobachtung und ihrer analytischen Aufbereitung durch Spektroskopie und verfeinerte Trennmethoden und (III) bei der Datenerhebung, Datenauswertung und Theorienbildung durch den Einsatz elektronischer Rechner. Die gegenwärtige Biologie befindet sich in einem gewaltigen Umstrukturierungsprozess: Molekularbiologisches Wissen über die Natur der belebten Welt wird in einem bisher nie dagewesenem Umfang erarbeitet, gespeichert und zur Lösung mannigfaltiger Probleme genutzt. Diese Entwicklung hat auch vor der Evolutionsbiologie nicht halt gemacht. Molekularbiologische Erkenntnisse stellen unser Wissen über die Vererbung auf eine völlig neue Basis. Eine Fülle von epigenetischen Phänomenen findet eine einfache Erklärung auf molekularer Grundlage. Die Regulation der Genaktivitäten verläuft bei höheren Organismen auf Wegen, die vor zwanzig Jahren noch unbekannt waren. Aufgrund der Einsicht in biochemische und molekulargenetische Prozesse können wir heute erahnen, was das Leben vor der anorganischen Natur auszeichnet.

Umgekehrt liefern evolutionäre Strategien entscheidende Impulse bei der Problemlösung in angrenzenden Wissenschaftsgebieten, beispielsweise in der Biotechnologie. Evolution im DARWIN'schen Sinn kann dort außerhalb von Zellen studiert, analysiert und zum Zweck der „Züchtung" maßgeschneiderter, grundlegend neuer Moleküle, Biokatalysatoren und Therapeutika nutzbar gemacht werden. – Dies ist das Aufgabengebiet der *Evolutionären Biotechnologie*. Beim gegenwärtigen Stand der Wissenschaft ergänzen evolutionäres und rationales Design einander in idealer Weise, da unser heutiges Wissen um Strukturen und Funktionen von Biomolekülen noch in vielen Bereichen lückenhaft ist.

6.1 Prolog

Evolution ist heute in der Gesellschaft zum Schlagwort geworden. Das Paradigma von der steten Veränderung hat die frühneuzeitliche Vorstellung von einer harmonischen und sich im Gleichgewicht befindenden Welt abgelöst. Der Wechsel von einem statischen zu einem dynamischen Weltbild begann in spektakulärer Form zunächst in der Geologie, dann in der Biologie: Die bisher als konstant angesehenen, durch einen Schöpfungsakt entstandenen Arten wurden als das Resultat einer Momentaufnahme eines dauerndem Wandel unterworfenen Prozesses erkannt (DARWIN 1859). Die biologische Evolution ist aber keineswegs bloße Dynamik, vielmehr bedeutet *Evolution* in erster Linie *Emergenz neuer Eigenschaften*: Im Lauf der Zeit erscheinen immer neue und komplexere Formen auf der Bühne des Lebens.

Das Verständnis für dynamische Entwicklungen wuchs in der Wissenschaft nur allmählich: ALFRED WEGENERS frühe Arbeit über die Veränderung der Erdkruste (WEGENER 1912) wurde von seinen Zeitgenossen aus der Geologie abgelehnt, die Bestätigung für die Richtigkeit seiner Vermutungen erfolgte erst mehr als ein halbes Jahrhundert später. In der durch Vereinigung der irdischen Mechanik und Himmelsmechanik entstandenen *klassischen Physik* NEWTONS steht mit der Kinematik zwar auch das Denken in zeitlichen Abläufen im Zentrum, aber hier handelt es sich meist um Formen *ewiger* Bewegungen: Klassische Oszillationen oder Planetenbahnen sind periodisch und ebenso wie elastische Stöße umkehrbar bzw. reversibel.[1] Die systematische Untersuchung *irreversibler* Prozesse und Nichtgleichgewichtsstrukturen begann erst mit der Entwicklung der Thermodynamik in der zweiten Hälfte des 19. Jahrhunderts.

Alle natürlichen Vorgänge sind irreversibel und können nicht umgekehrt werden, ohne andere Veränderungen in der Welt zu hinterlassen. Diese fundamentale Einsicht verdanken wir unter anderem drei Physikern: dem Deutschen RUDOLF CLAUSIUS, dem Schotten JAMES CLERK MAXWELL und dem Österreicher LUDWIG BOLTZMANN. Zu Anfang schien die Thermodynamik in Form ihres zweiten Hauptsatzes einer Vorstellung der biologischen Evolution zu widersprechen. Die beiden Hauptsätze wurden von CLAUSIUS wie folgt beschrieben: I. Die Energie der Welt ist konstant. II. Die Entropie der Welt strebt einem Maximum zu. Entropie ist, grob gesagt, ein Maß für Unordnung, und die Bedingung der steten Zunahme der Entropie ist ein Ausdruck für die *Irreversibilität* aller natürlichen Vorgänge. Wie sollten da Ordnung und Struktur, überhaupt qualitativ neue Systemeigenschaften, entstehen können, wenn die Zunahme der *Unordnung* ein Naturgesetz ist?

Schon für Boltzmann, einem glühenden Verehrer Darwins, waren der zweite Hauptsatz und die biologische Evolution miteinander vereinbar, aber systematische Untersuchungen zur Ordnungsentstehung blieben der zweiten Hälfte des 20. Jahrhunderts vorbehalten. Aus einzelnen Studien über spontane Musterbildung entstand eine physikalische Theorie der Selbstorganisation. Die Antwort auf die oben aufgeworfene Frage entpuppte sich als nahezu trivial: Ordnung kann nur *in einem Teil der Welt* (bzw. des Kosmos) entstehen, denn die Zunahme an Unordnung im Rest der Welt muss die Ordnungszunahme in diesem Teil überkompensieren. Nichtgleichgewichtsstrukturen oder dissipative Strukturen können nur in Systemen mit Energie- und/oder Materialfluss existieren. Ein solcher ist auf der Erde immer gegeben, da die Sonnenstrahlung mit einer Temperatur von 5800 K „höherwertige" Energie besitzt als die von der Erde abgegebene Strahlung mit einer Temperatur von 255 K.[2] Zwei Konsequenzen des eben geschilderten, aus den Gesetzen der Thermodynamik abgeleiteten Sachverhalts sind dessen ungeachtet von weltbildhafter Dimension: Zum einen kann die biologische Evolution nicht bis in alle Ewigkeit weitergehen, zum anderen ist die biologische Evolution ein lokales Phänomen und daher auf einen Teil der Welt bzw. des Kosmos beschränkt.

Die ebenfalls in der zweiten Hälfte des 20. Jahrhunderts stattfindende, spektakuläre Entwicklung der Molekularbiologie spannt eine solide Brücke zwischen Chemie und Biologie. Evolutionsvorgänge (einschließlich des Darwin'schen Selektionsprinzips, der Vererbung, Variation usw.) können nunmehr mit den rigorosen Methoden von Mathematik, Physik und Chemie in molekularer Auflösung studiert und analysiert werden. Technische Fortschritte gestatten es, die ursprünglich im Sinne einer Komplexitätsreduktion an einzelnen oder einigen wenigen Biomolekülen durchgeführten Untersuchungen in der *Systembiologie* auf eine molekulare Beschreibung ganzer Zellen oder gar ganzer Organismen auszudehnen.

Von der Evolution der Moleküle soll in diesem Kapitel die Rede sein. Wir werden einfache molekulare Systeme kennenlernen, die ungeachtet ihrer Einfachheit zur Evolution durch Variation und Selektion in Darwin'schem Sinne befähigt sind. Molekulare Modellsysteme können experimentell realisiert und theoretisch analysiert werden. Evolution im Reagenzglas wird zur Lösung von schwierigen Aufgaben in der *Biotechnologie* herangezogen, und einige auf Evolutionsprinzipien aufbauende technische Verfahren sind aus dem Laboralltag nicht mehr wegzudenken. Beim heutigen Stand des Wissens lässt sich die molekulare Theorie auf einfache biologische Entitäten wie Viren, aber auch auf Bakterien übertragen. Es werden neue Einblicke in die Grundlagen der biologischen Evolution gewonnen und neue Pharmaka auf der Basis des erweiterten Wissens entwickelt. Kurzum: Evolution ist nicht nur in der Biologie, sondern auch in technologischen Disziplinen wie der *Biotechnologie* nicht mehr wegzudenken.

6.2 DARWINS Selektionsprinzip 1859 und heute

In der gesellschaftlichen Diskussion wird häufig CHARLES DARWIN mit dem Evolutionsgedanken in einem Zug genannt. In der Tat war es das Verdienst des Genies DARWIN, aus einer Fülle von Beobachtungen die basalen Mechanismen evolutionärer Veränderungen herausgefunden zu haben: *Variabilität* und natürliche *Selektion* von Individuen bei gleichzeitiger *Vererbung* eines Teils der individuellen Merkmale. Ausder Tatsache, dass die Ressourcen begrenzt sind und somit nur einen kleinen Teil der Nachkommen am Leben erhalten können, folgt, dass die meisten Individuen vor Eintritt der sexuellen Reife sterben. Statistisch betrachtet haben also Individuen mit *bestimmten*, für das Überleben vorteilhaften Merkmalen eine höhere Chance, sich fortzupflanzen als andere, denen diese Merkmale fehlen (Prinzip der *differenziellen Tauglichkeit*). Solche erfolgreicheren Varianten hinterlassen demnach eine größere Zahl von Nachkommen als die weniger erfolgreichen. Folglich sind auch ihre Erbanlagen, denen sie ihren Erfolg verdanken, in den kommenden Generationen häufiger vertreten. Auf diese Weise verändern sich die Populationen einer Art allmählich. – Das Ergebnis ist Evolution.

Das DARWIN'sche Prinzip in heutiger Formulierung baut auf drei Voraussetzungen auf: (I) *Vermehrung mit Vererbung* – Die Nachkommen gleichen ihren Vorfahren in vielen Merkmalen. (II) *Variation* – Der Vermehrungsprozess ist als „Kopiervorgang" nicht vollkommen, daher unterscheiden sich die Nachkommen („Kopien") mitunter von den Ahnen („Kopiervorlagen"), auch in Bezug auf ihre Tauglichkeit. (III) *Selektion* – Die Ressourcen sind begrenzt, so dass Populationen, trotz Überproduktion von Nachkommen, nicht beliebig wachsen. Dies bedeutet zwangsläufig, dass weniger taugliche Varianten mit der Zeit aussterben.

Das Erfolgsrezept der DARWIN'schen Theorie besteht in seiner Einfachheit und in seinem hohen Allgemeinheitsgrad: Für das Eintreten der natürlichen Auslese ist es unwesentlich, nach welchen Mechanismen vererbt wird und wie die Varianten entstehen. Worauf es einzig ankommt ist, dass Vererbung (bzw. *Autoreplikation*) stattfindet und dass dabei unterschiedliche Varianten gebildet werden. In der Tat waren DARWINS Gedanken zur Vererbung falsch, und von der Natur der Mutationen gab es bis zur Mitte des vorigen Jahrhunderts keine brauchbaren Vorstellungen. Ein weiterer wichtiger Gesichtspunkt für die vielfältige Anwendbarkeit des DARWIN'schen Prinzips besteht darin, dass auch die Natur der sich vermehrenden Einheiten keine Rolle spielt. Es ist unerheblich, ob wir eine Population von Molekülen, Zellen, Organismen oder anderen Einheiten betrachten: Wenn die genannten Voraussetzungen erfüllt sind, wird eine Evolution stattfinden. Andererseits ist die Evolution „blind" für die Zukunft, und dementsprechend macht die DARWIN'sche Theorie auch keine Vorhersagen über das Aussehen kommender Varianten. Die einzige, aber wichtige Ausnahme von dieser „Zukunftsblindheit" bilden Funktionen der Organismen, auf die selektiert werden kann. Genau das macht sich die Tier- und Pflanzenzüchtung zu nutze: Träger erwünschter Eigenschaften werden bevorzugt, solche mit unerwünschten Eigenschaften eliminiert. Dadurch werden die positiv bewerteten Eigenschaften in den künftigen Generationen häufiger, die negativen weniger häufig auftreten und schließlich verschwinden.

Was hat sich an den Evolutionsvorstellungen seit den mehr als 150 Jahren nach dem Erscheinen von Darwins *Origin of Species* geändert? Schon zu Lebzeiten Darwins machte der Augustinermönch Gregor Mendel die bahnbrechende Entdeckung von Regeln der Vererbung bei höheren Organismen (Mendel 1866): Die genetische Information der beiden Elternteile wird in kleine „Pakete" – heute nennen wir sie *Gene* – zerlegt und in den Nachkommen neu kombiniert, wobei die Auswahl der Genvarianten – väterlich oder mütterlich – zufällig ist. Die *Rekombination* der elter lichen Gene – Allele genannt – ergibt das Genom des männlichen oder weiblichen Nachkommen. Nach den Mendel'schen Vorstellungen ist nur die Kombination der beiden Allele für die ererbten Eigenschaften maßgeblich, und abgesehen vom geschlechtsspezifischen Erbmaterial spielt es keine Rolle, welches der beiden Allele vom Vater und welches von der Mutter kommt. Die Bedeutung der Mendel'schen Erkenntnisse war den Evolutionsbiologen zunächst nicht bewusst. Erst bei der sogenannten „Wiederentdeckung" der Arbeiten Mendels um 1900 wurde der Begriff des Gens eingeführt. Es gelang dem Mathematiker Ronald Fisher zusammen mit seinen Kollegen J. B. S. Haldane und Sewall Wright, die Darwin'sche Evolutionstheorie und die Mendel'sche Vererbungslehre im theoretischen Gebäude der Populationsgenetik zu vereinigen.

Der zentrale Begriff des Gens war ursprünglich nur eine *theoretische Erfindung* – ein abstrakter Term im Theoriengebäude, den man eben brauchte, um damit bestimmte empirische Resultate zu erklären. Er fand fürs Erste in der *Molekularbiologie* eine zufriedenstellende Interpretation, die auch in der Lage war, die meisten Abweichungen von den Mendel'schen Regeln zu erklären. Als Geburtsstunde der Molekularbiologie wird vielfach der korrekte Vorschlag der Doppelhelix-Struktur der *Desoxyribonukleinsäure* (DNA) durch James Watson und Francis Crick im Jahre 1952 angesetzt (Watson/Crick 1953). Die vorgeschlagene Struktur war in doppelter Hinsicht bahnbrechend: Sie gab den entscheidenden Hinweis auf die molekularen Prinzipien der biologischen Vermehrung (Abb.6.1) und enthüllte zugleich den Trick der Natur, zwischenmolekulare Kräfte für die digitale Codierung der genetischen Information zu nutzen. Die zwei in der DNA-Doppelhelix kombinierten DNA-Moleküle werden als *Stränge* bezeichnet. In das durch die Molekülgeometrie der Doppelhelix festgelegte Gerüst der beiden Stränge passen nur die *komplementären* Nukleotidbuchstabenpaare, A $\leftrightarrow$ T(U) und G $\leftrightarrow$ C. Dies hat zur Konsequenz, dass bei Kenntnis einer der beiden Doppelhelices der DNA die zweite, komplementäre Helix eindeutig ergänzt werden kann (Abb. 6.1, S. 145). Im Allgemeinen ist nur einer der beiden Stränge Träger der genetischen Information, wobei die Rolle – Informationsträger oder komplementär ergänzendes Molekül – längs des Genoms wechselt. Die andere Paarungen ausschließende Komplementarität ist eine Form der „Digitalisierung" der chemischen Wechselwirkungen; sie bildet letztlich die Grundlage für die digitale Codierung von Information über Strukturen und Funktionen und für die Weitergabe dieser digital codierten Information von

Generation zu Generation. Vermehrung, Vererbung und Variation finden ihre heutige Erklärung in den molekularen Strukturen der Nukleinsäuren. Wenige Jahre nach der Publikation der Struktur der Doppelhelix goss CRICK das Wissen der frühen Molekularbiologie in das sogenannte *„zentrale Dogma der Molekularbiologie"* (CRICK 1958; CRICK 1960; THIEFFRY 1998)[3]: Die genetische Information, die in den Sequenzen der Biopolymere gespeichert ist, fließt zwischen den Nukleinsäuren und von der Ribonukleinsäure zum Protein, niemals vom Protein zur Nukleinsäure (Abb. 6.2, S. 146).

Das Dogma ist die Konsequenz einer biochemischen Tatsache: Weder Kopieren (DNA → DNA bzw. RNA → RNA) und Umschreiben von Nukleinsäuren (DNA → RNA bzw. RNA → DNA), noch das Übersetzen von RNA in Proteine ist ohne *Katalyse* (Beschleu-nigung bzw. Ermöglichung des biochemischen Vorgangs durch spezielle Substanzen = *Katalysatoren*) möglich. Während der Lebensentstehung auf der Erde wurden molekulare Maschinen entwickelt, die Nukleinsäuren kopieren und Nuklein-säuresequenzen, unter Berücksichtigung des (fast) universellen genetischen Codes, in Proteine übersetzen. Der genetische Code ordnet drei Nukleotidbuchstaben jeweils eine Aminosäure zu (Abb. 6.2, S. 146). Die molekularen Maschinen sind evolutionshis-torisch gewachsen und können wegen ihrer enormen molekularen Komplexität nicht oder nur mehr unwesentlich verändert werden.[5] Dessen ungeachtet ist der genetische Code nicht *völlig eingefroren*, sondern unterliegt selbst einer marginalen Evolution. Es gibt bei Organellen wie Mitochondrien und einigen primitiven Organismen geringe, idiosynkratische Abweichungen von der Universalität (OSAWA ET AL. 1992). In der Natur kommen auch Erweiterungen des genetischen Codes von 20 auf 22 Aminosäu-ren vor (AMBROGELLY ET AL. 2007). Eine überaus interessante Entwicklung auf dem Gebiet der synthetischen Biologie befasst sich mit der Umprogrammierung der ribo-somalen Proteinsynthese: Durch die Verwendung von synthetischen Komponenten ist es gelungen, durch Abwandlung des genetischen Codes unnatürliche Aminosäuren am Ribosom in Proteine einzuschleusen (WANG ET AL. 2009). Dies eröffnet der Bio-technologie völlig neue Wege der Proteinsynthese.

Etwa gleichzeitig mit dem Wissen um die Prozessierung der genetischen Informa-tion in der Zelle entstanden auch die Vorstellungen über die Arbeitsteilung zwischen den Biomolekülen: *Nukleinsäuren* sind die Informationsträger – im Jargon der Infor-matik ist die RNA die ‚Working-Copy' eines Gens und die DNA die ‚Backup-Copy' des Genoms. Die *Proteine* wiederum übernehmen alle anderen Funktionen von hoch-spezifischen Katalysatoren metabolischer Reaktionen bis zu Gerüstsubstanzen mit be-sonderen Eigenschaften. Die einzigen bekannten Ausnahmen waren die in die Protein-synthese involvierten RNA-Moleküle: die transfer-RNA-Moleküle und die ribosoma-len RNA Moleküle. Eine Entdeckung um das Jahr 1980 herum warf diese Vorstellung über den Haufen: RNA-Moleküle können bestimmte Reaktionen genau so spezifisch katalysieren wie Proteine (siehe den Abschnitt *Von der Theorie zur Anwendung*) (CECH 1987; CECH 1990). Später wurde gezeigt, dass auch DNA-Moleküle als Katalysatoren wirken können (BREAKER 1997).

Die einzelnen Zellen eines Organismus *exprimieren*[6] nur einen Bruchteil aller Gene, und Grundfragen der Molekulargenetik waren und sind, auf welche Weise geregelt wird, welche Gene exprimiert und welche Gene stillgelegt werden. François Jacob und Jacques Monod fanden schon im Jahre 1960 an Hand eines metabolischen Gens des Bakteriums *Escherichia coli*, dass ein Protein das Gen aus- und einschalten kann (Jacob/Monod 1961). Die für dieses Protein – den sogenannten *lac-Repressor* – codierende DNA befindet sich an einer anderen Stelle des Genoms, und vor den betreffenden Genen – in diesem Fall vor dem *lac-Operon* – liegt ein Sequenzabschnitt auf der DNA, den der Repressor höchst spezifisch erkennt: Ist der Repressor an die DNA gebunden, wird kein Protein synthetisiert. Durch die Entdeckung von Jacob und Monod wurde erstmals die Vorstellung eines logisch konsistenten Synthese- und Regulationssystems der Zelle möglich, und die Molekularbiologie konnte eine erste Vorstellung von der Chemie des Lebens (genauer: von den Mechanismen der Genregulation) bieten. Bis ins kleinste Detail gehende Untersuchungen, vornehmlich an Bakterien und Viren, enthüllten eine Fülle weiterer Einzelheiten. Unter anderem wurde gezeigt, dass die Expression eines Gens nicht nur von einem einzigen Proteinmolekül, sondern im Allgemeinen von mehreren Molekülen gesteuert wird. Nichtsdestoweniger kristallisierte sich die Vorstellung heraus, dass das Gen ein Stück DNA darstellt, welches für ein Protein codiert und von Sequenzen begleitet wird, die für die Genregulation unentbehrlich sind. Durch die „*ein Gen Þ ein Protein*-Hypothese" wurde der abstrakte Genbegriff der Genetik fassbar (Davis 2007).

Der enorme technische Fortschritt bei der Sequenzierung von Nukleinsäuren, initiiert in den 1970er Jahren durch die bahnbrechenden Arbeiten von Frederick Sanger (Sanger 2001) und Walter Gilbert (Maxam/Gilbert 1977) und weitergehend bis heute (Hayden 2009), hat eine wahre Revolution in der molekularen Genetik eingeleitet. Waren die Untersuchungen in Biochemie und Molekularbiologie auf ein einziges oder einige wenige Moleküle in Form hochgereinigter Substanzen beschränkt, so konnte man nunmehr daran denken, Zellen als Gesamtheit molekular zu erfassen. Es begann mit der Sequenzierung ganzer Genome von Viren mit einigen tausend Nukleotidbuchstaben über Bakterien mit einigen Millionen bis zu den höheren Organismen mit einigen Milliarden Buchstaben. Das menschliche Genom ist beispielsweise 3×10^9 Nukleotide lang und auf 23 Chromosomenpaaren gespeichert. Die an Bakterien erhobenen Befunde entsprachen den Vorstellungen: Die Regelung der Genexpression erwies sich zwar komplexer als erwartet, folgt aber den bekannten Prinzipien. Ein typisches Bakterium wie *Escherichia coli* – Stamm K-12 – enthält in seinem Genom, welches auf einer zirkulären DNA mit $4,6 \times 10^6$ Nukleotidpaaren gespeichert ist, 4288 proteincodierende Gene, die in 2584 Operons organisiert sind, 7 Operons für ribosomale RNA-Moleküle und 86 Gene für transfer-RNAs. Dementsprechend codiert der ganz überwiegende Teil des Genoms von *E. coli* für Proteine, die restlichen Gene für RNA-Moleküle, die in der zellulären Proteinsynthese benötigt werden.

Bis in die 1980er Jahre wurde stillschweigend angenommen, dass das an Bakterien erforschte genetische Regulationssystem auch bei höheren Organismen anzutreffen sei. Die erste Überraschung war die Tatsache, dass nur ein Bruchteil der DNA höherer Organismen für Proteine codiert. Im Fall des Menschen codieren nur etwa 1,5 % der DNA für rund 20 000 Proteingene, sodass zunächst angenommen wurde, dass der Rest völlig funktionslose *Junk-DNA* darstellt (OHNO 1972). In der Folge änderten zwei Entdeckungen die vorherrschende Meinung über die Regulation der Genexpression bei höheren Organismen: (I) Ein DNA-Abschnitt kann in den verschiedenen Geweben in verschiedene Proteine übersetzt werden[7] und (II) nicht codierende DNA wird zum größeren Teil in RNA transkribiert (umgeschrieben). Etliche der auf diese Weise gebildeten RNA-Moleküle haben entscheidende Funktionen in der zellulären Regulation (MATTICK 2003). Alternatives „Splicing" erhöht die Zahl der funktionellen Proteine bei gleichbleibender Zahl der Gene.

Die Regulation der Genexpression bei höheren Organismen erwies sich als überaus komplex: In den letzten 15 Jahren wurde eine wahre Fülle von Einzelheiten über die Rolle der RNA in diesem Zusammenhang bekannt, und die Reihe der Entdeckungen geht ungebremst weiter. Viele an Bakterien gewonnene Erkenntnisse lassen sich nicht auf höhere Organismen übertragen. – Dies gilt insbesondere für Genregulationsnetzwerke. Man mag sich fragen, warum „erfindet" die Natur bei den höheren Organismen eine neue Art der Genregulation? Eine gängige Vermutung geht davon aus, dass ausschließlich auf Operons aufbauende genetische Netzwerke für eine wesentlich größere Zahl von Genen als jene, die bei Bakterien realisiert ist, einen für die Zellen nicht leistbaren *Regulations-Overhead* erfordern würden (MATTICK 2004), so dass ein weiteres Regulationsprinzip notwendig wurde. Andere Hypothesen bringen die RNA-Regulation mit Zelldifferenzierung, Entwicklung und anderen komplexen biologischen Phänomenen in Zusammenhang (MATTICK 2010). Der Genbegriff im Sinne von *„ein Gen → ein Protein"* ist obsolet geworden. Heute wird das Gen am besten als ein Abschnitt auf der DNA definiert, der für die Bildung eines bestimmten funktionellen Produktes (Protein oder RNA) verantwortlich ist und dessen Sequenzinformation in codierter Form enthält.

Genetik ist nur eine von mehreren Formen der Vererbung, und unter dem Begriff *Epigenetik* wird eine ganze Reihe von Mechanismen des Transfers codierter Information aus früheren Generationen und Umweltfaktoren auf einen Organismus verstanden. Es drängt sich die Frage auf: Haben Molekularbiologie und Molekulargenetik dann überhaupt zu einem Verstehen der Evolution beigetragen können oder haben sie nur Verwirrung gestiftet? Es fällt nicht schwer, eine klare Antwort zu geben, denn erst durch die Einsichten und Erkenntnisse auf molekularer Ebene wurden nicht wenige Phänomene entmystifiziert, und aus narrativen wurden quantifizierbare Begriffe. War Epigentik die längste Zeit im 20. Jahrhundert der „Mistkübel" für unverstandene Beobachtungen bei der Vererbung, so kommt jetzt dadurch Licht ins Dunkel, und die molekularen Mechanismen werden erkennbar.

Es soll nur ein Beispiel angeführt werden, welches als *genomische Prägung* („genomic imprinting") charakterisiert wird (KILLIAN 2005): Seit langem war bekannt, dass genetische Erkrankungen unterschiedliche Auswirkungen zeigen können, je nachdem, ob das defekte Gen vom Vater oder von der Mutter vererbt wurde. Die MENDEL'sche Genetik sieht einen solchen Unterschied nicht vor, wenn das Gen auf einem *Autosom* liegt. Die Erklärung dieses epigenetischen Phänomens besteht darin, dass in solch einem Fall an einem Genort entweder das väterliche oder das mütterliche Allel (aber nur eines von beiden) durch chemische Modifikation der DNA stillgelegt ist (JÄNISCH 1997). Neben der elternabhängigen Vererbung ist für die genomische Prägung die Reversibilität der Stilllegung charakteristisch. Im Unterschied dazu kann ein Gen, das durch eine Defektmutation inaktiviert wurde, in künftigen Generationen nicht mehr wieder aktiviert werden. Eine wichtige Konsequenz der genomischen Prägung führt dazu, dass es bei Säugetieren keine Parthenogenese (Jungfernzeugung) gibt, denn an bestimmten Genorten ist das mütterliche Allel stillgelegt. Das Fehlen des väterlichen Gens ist deshalb letal.

Nahezu das gesamte Wissen über Vererbung und Variation, das zu DARWINS Zeiten verfügbar war, ist heute obsolet. Wir stehen vor einer immer noch wachsenden Menge an äußerst komplexen Einzelheiten. Sie in ein umfassendes Gebäude einzuordnen, muss die vordringliche Aufgabe einer neuen theoretischen Biologie sein (BRENNER 1999).

6.3 Theoretische Grundlagen zur DARWIN'schen Selektion von RNA-Molekülen

Natürliche Evolution betrifft üblicherweise komplexe Systeme – Zellen und Organismen. Um die drei Voraussetzungen für das Eintreten DARWIN'scher Evolution (Vermehrung mit Vererbung, Variation und Selektion) zu erfüllen, brauchen die Objekte, auf welche die Selektion wirken soll, aber nicht derart komplex zu sein. Die Frage nach einem minimalen molekularen und evolutionsfähigen System wurde schon in den 1960er Jahren beantwortet (SPIEGELMAN 1971; EIGEN 1971). Ein solches Minimalsystem verwendet dieselben Träger genetischer Information – DNA oder RNA – wie die Natur, daher sind auch die für die Codierung verwendeten Buchstaben – A, T (U), G und C – identisch. Das Prinzip der Vermehrung ist in Abb.6.1 skizziert. Der Replikationsmechanismus bietet eine Erklärung für das Auftreten von Mutanten als Basis der Variationen: Mutationen sind Kopierfehler.[8] Selektion tritt dann, wie schon betont wurde, von selbst ein, da sie eine unvermeidbare Konsequenz von Ressourcenknappheit bei theoretisch exponentiellem Anstieg der Zahl der Nachkommen darstellt. Zur erfolgreichen Implementierung eines Replikationsassays wird noch einiges andere benötigt, aber das sind weder intakte Zellen noch Organismen, denn die drei Voraussetzungen können auch von Molekülen erfüllt werden.

Vermehrung durch eindeutige Ergänzung eines Einzelstranges zum Doppelstrang (Abb. 6.1) ist ein einfaches Prinzip, und dennoch stößt seine Umsetzung auf eine fundamentale Schwierigkeit: Die Ausbildung von Nukleobasenpaaren und ihre Einpassung in die Doppelhelix der Nukleinsäure ist ein von der Thermodynamik favorisierter Prozess. Das Aufschmelzen einer Doppelhelix und die Trennung in zwei Einzelmoleküle kostet daher Energie, und zwar umso mehr Energie, je länger die Doppelhelix ist. Die nächstliegende Kopiermethode, bestehend aus dem Ergänzen komplementärer Stränge (X_+ und X_-) und dem Aufschmelzen von Doppelsträngen, kann nicht effizient implementiert werden.[9] Der Trick der Natur, der von RNA-Viren verwendet wird, besteht darin, die Separation der Doppelhelix schon während der Synthese durch den Katalysator zu bewerkstelligen (WEISSMANN 1974). Ihn hat sich auch SOL SPIEGELMAN[20] bei seinen Experimenten zur *in vitro*-Evolution von RNA-Bakteriophagen durch das Zugeben eines RNA polymerisierenden Enzyms (einer Replikase) zunutze gemacht.

$$M + X_+ \rightarrow X_-X_+ \leftrightarrow X_- + X_+, \qquad (1a)$$
$$M + X_- \rightarrow X_+X_- \leftrightarrow X_+ + X_-, \qquad (1b)$$

Eine einfache Rechnung zeigt, dass die in der obigen Gleichung (1a,b) dargestellte „Plus-Minus"-Replikation in zwei Phasen erfolgt: (I) Eine rasche Phase, in welcher sich Plus- und Minus-Strang in eine Art Gleichgewicht setzen, und (II) eine Wachstumsphase, in welcher das Plus-Minus-Ensemble gemeinsam wächst. In der molekularbiologischen Labortechnik wird routinemäßig zur Vervielfältigung von DNA eine Reaktion verwendet, die dem komplementären Plus-Minus-Mechanismus entspricht. Man bedient sich dabei eines speziellen, einsträngige DNA zur Doppelhelix vervollständigenden Enzyms (die sog. DNA-abhängige DNA-Polymerase) des Bakteriums *Thermus aquaticus* (Taq-Polymerase) und nimmt den Schritt des Aufschmelzens der Doppelhelix durch Erwärmen der Probe vor.[10] Diese Methode, *Polymerase Chain Reaction* (PCR) genannt, stellt die wichtigste Technik zum Nachweis einiger weniger DNA-Moleküle durch Vervielfältigung dar und wird in vielen Bereichen, unter anderem auch in der Forensik zur Identifizierung eindeutiger menschlicher Spuren, angewandt.

Bei der zellulären DNA-Replikation nutzt die Natur eine alternative Vorgehensweise: Die Doppelhelix wird mit Hilfe einer komplexen Maschinerie, die mehr als 20 Proteine verwendet, direkt kopiert, wobei jeder der beiden Stränge separat zu einer Doppelhelix vervollständigt wird:

$$M + X \rightarrow 2\,X. \qquad (2)$$

Die beiden DNA-Moleküle der nächsten Generation enthalten dementsprechend einen neu synthetisierten sowie einen parentalen Strang. Aus diesem Grund wird diese Form der DNA-Replikation als *semikonservativ* charakterisiert. Die Bruttoreaktionsgleichung (2), $M + X \rightarrow 2\,X$, symbolisiert einen Vermehrungsvorgang oder eine *autokatalytische*

Reaktion in der Sprache des Chemikers. Falls die Menge an verfügbarem Material M praktisch unbegrenzt ist, wächst die Konzentration von X exponentiell mit der Zeit: $x(t) = x(0)\, e^{kt}$, wobei die Konstante k als Malthus-Parameter bezeichnet wird und $x(0)$ die zum Zeitpunkt $t = 0$ vorhandene Menge an X darstellt. In der Wachstumsphase verhält sich ein nach dem Mechanismus (1a,b) replizierendes Plus-Minus-Ensemble wie ein einziger Autokatalysator, der sich gemäß (2) vermehrt.

Nach SPIEGELMANS Experimenten (JOYCE 2007) wird die RNA des Bakteriophagen Qβ in ein Reaktionsmedium, bestehend aus den für die RNA-Synthese notwendigen Bausteinen A, T, G und U sowie einem phagenspezifischen Replikationsenzym (Qβ-Replikase), in ein für die Reaktion geeignetes Milieu eingebracht, woraufhin spontan die RNA-Synthese einsetzt. Die Geschwindigkeit oder *Rate* der Synthese wird durch radioaktive Markierung gemessen. SPIEGELMAN schuf geeignete Bedingungen für eine Evolution der Moleküle im Reagenzglas dadurch, dass er regelmäßig nach einer bestimmten Zeitspanne Dt eine kleine Probe aus der jeweils letzten Reaktionsmischung in neues – unverbrauchtes – Reaktionsmedium überimpfte und auf diese Weise den durch die Synthese eingetreten Verbrauch kompensierte. Diese Methode wird auch in der Mikrobiologie verwendet und allgemein als *serial transfer* charakterisiert.

SPIEGELMAN beobachtete nach 70 und mehr Überimpfungen, dass die RNA-Syntheserate mit der Zeit zunahm, und dass diese Zunahme nicht graduell, sondern abrupt und stufenweise erfolgte. Er deutete den Verlauf des Experiments wie folgt: Durch fehlerhaftes Kopieren entstehen neue RNA-Moleküle, und jene, die sich rascher replizieren, werden in den künftigen Generationen angereichert, das heißt vermehrt auftreten. Schlussendlich werden nur jene Varianten in der Reaktionslösung verbleiben, welche sich unter den gegebenen Bedingungen am raschesten vermehren. SPIEGELMAN testete in seinen Überimpfserien auch, ob die virale RNA Bakterien infizieren kann und fand heraus, dass die sich rascher replizierenden Varianten ihre Infektiosität verloren hatten. Die RNA hatte sich an die neue Umgebung des Reaktionsmilieus angepasst und wichtige Information verloren, welche für die Infektion der Bakterien und während des Phagen-Lebenszyklus in den Zellen notwendig war.

Obwohl die chemische Kinetik der Replikation von Ribonukleinsäure-Molekülen mit Hilfe des Enzyms *Qβ-Replikase* einen komplexen Vielstufenprozess darstellt (BIEBRICHER 1983; BIEBRICHER ET AL. 1983), kann die RNA-Synthese durch drei Phasen charakterisiert werden: (I) Die Konzentration der RNA-Moleküle ist sehr viel geringer als jene der Replikase. Wir beobachten exponentielles Wachstum der RNA in der Reaktionsmischung, $x(t) = x(0)\, e^{kt}$. (II) Die RNA-Moleküle liegen gegenüber den Enzymmolekülen im Überschuss vor. Alle Proteinmoleküle sind in die RNA-Produktion involviert, es gibt fast keine freien Enzymmoleküle in der Lösung. Die RNA-Syntheserate ist daher konstant und die RNA-Konzentration wächst linear mit der Zeit: $x(t) = x(0)\, k't$. (III) Der RNA-Überschuss ist so groß, dass die gebildete RNA am Enzym gebunden bleibt und keine weitere RNA an diesem Proteinmolekül synthetisiert werden kann. Dies hat zur Folge, dass die RNA-Synthese durch Produkthemmung zum Stillstand kommt. Für die RNA-Evolution ist in erster Linie die exponentielle Wachstumsphase mit einem Überschuss an Enzymmolekülen bedeutsam. Dementsprechend sind die Bedingungen der seriellen Überimpfexperimente so zu wählen, dass die Konzentration der RNA-Moleküle klein ist im Vergleich zur Konzentration der Replikase. Ein Vergleich mit der Vermehrung von Zellen oder Organismen ist illustrativ: Die Komplexität *zellulärer* Einheiten macht es sehr schwer, ihre Fitness aus deren Eigenschaften abzuleiten. Es ist im Allgemeinen nur möglich, Fitness *a posteriori* – nach Bekanntwerden des Selektionsergebnisses – zu interpretieren. Bei den evolvierenden *Molekülen* wird hingegen Fitness als Funktion von Reaktions- und Gleichgewichtsparametern darstellbar und kann daher auch unabhängig vom Evolutionsexperiment bestimmt werden. Bei Zellen und Organismen ist der Vermehrungsvorgang, $M + X \rightarrow 2X$, einfach durch Teilung oder Fertilisation und Entwicklung vorgegeben, wogegen die Vermehrung der RNA-Moleküle in dem genannten Replikationsassay einem komplexen Mehrstufenmechanismus folgt, der nur unter geeigneten Bedingungen einer einfachen Autokatalyse folgt.

Einfachheit und Universalität des Selektionsprinzips lässt sich am besten mit ein wenig Mathematik illustrieren. Wir brauchen dazu nur den Mechanismus der einfachen Vermehrung (2) auf mehrere Varianten auszudehnen und die verschiedenen Varianten durch Indices zu beschreiben: $X_1, X_2, \ldots, X_n$. Für das Eintreten von Selektion ist es noch notwendig, dass die Varianten um eine gemeinsame Ressource – hier ist es das Synthesematerial M – konkurrieren. Die chemischen Reaktionsgleichungen lauten dementsprechend:

$$M + X_i \rightarrow 2X_i; \quad i = 1,2,\ldots,n, \tag{3}$$

Die einzelnen Varianten unterscheiden sich durch die Zahl ihrer Nachkommen, gemessen als Fitnesswerte $f_1, f_2, \ldots, f_n$. In diesen Fitnesswerten ist bereits die Abhängigkeit der Zahl der Nachkommen von den vorhandenen Ressourcen M enthalten, die der Einfachheit halber als konstant angesehen werden: $f_j = k_j [M]$, wobei k_j den tatsächlichen Reaktionsparameter des Vermehrungsprozesses und $[M]$ die Konzentration der vorhandenen Ressourcen darstellt. Die Evolution einer solchen Population lässt sich durch gewöhnliche Differentialgleichungen beschreiben, welche mittels einfacher Regeln aus den kinetischen Reaktionsgleichungen gebildet werden:

$$\frac{dx_i}{dt} = f_i x_i - x_i \sum_{k=1}^{n} f_k x_k; \quad i = 1,2,\ldots,n; \quad \sum_{k=1}^{n} x_k = 1 \tag{4}$$

Die Interpretation von Gleichung (4) ist einfach und reflektiert klar den gegebenen Sachverhalt: Der sogenannte Differentialquotient auf der linken Seite der Gleichung, dx_i/dt, bringt zum Ausdruck, wie sich die Konzentration bzw. die relative Häufigkeit von Molekülen der Spezies X_i im (unendlich klein gedachten) Zeitintervall dt ver-

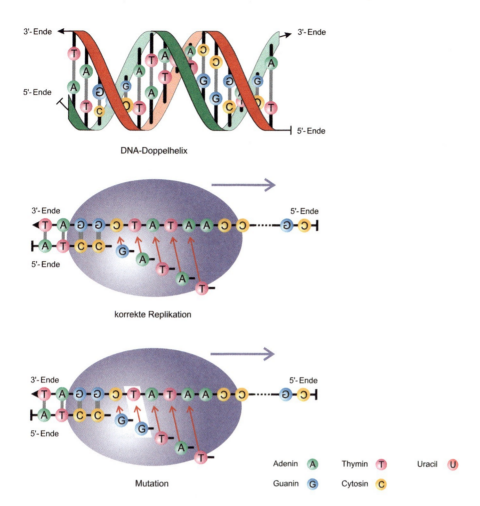

Abb. 6.1:
Genetik und die Struktur der Nukleinsäuren. Die Struktur der b-DNA als eine von zwei Einzelsträngen gebildete Doppelhelix wurde von WATSON/CRICK im Jahre 1952 korrekt vorhergesagt.[4] Der DNA-Einzelstrang hat zwei verschiedene Enden, das 5′-Ende und das 3′-Ende. Das obere Bild zeigt die außen liegenden Rückgrate der beiden Stränge, welche in entgegengesetzte Richtungen laufen. Die konventionelle Schreibweise der Sequenzen geht vom 5′-Ende (links) zum 3′-Ende (rechts). Zur besseren Kennzeichnung sind die Nukleobasen Adenin (A), Thymin (T) (ersetzt durch Uracil (U) in RNA), Guanin (G) und Cytosin (C), im gegenläufigen Strang (3′ ← 5′) spiegelsymmetrisch geschrieben. Ist ein Strang vorgegeben, kann der zweite eindeutig ergänzt werden. Das mittlere Bild skizziert die Ergänzung des zweiten Strangs während der DNA-Synthese durch ein Enzym, welches Einzelstränge zur DNA-Doppelhelix komplementiert. Eine solche DNA-Polymerase, beispielsweise die Taq-Polymerase, liest – wie alle natürlichen Polymerasen – die Vorlage vom 3′ zum 5′-Ende ab und baut daher den neuen Strang beginnend am 5′-Ende Buchstabe für Buchstabe auf. Im unteren Bild wird das Entstehen einer Punktmutation durch fehlerhaften Einbau (weiß unterlegt) skizziert. Die hier gezeigte DNA-Synthese wird im Laborexperiment (PCR) zur Vervielfältigung von genetischer Information eingesetzt. Die natürliche Vermehrung der genomischen DNA folgt zwar dem gleichen Komplementaritätsprinzip, ist aber um vieles komplexer und benötigt etwa 20 Enzyme. Bild: © PETER SCHUSTER.

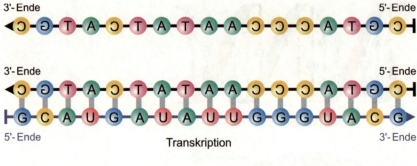

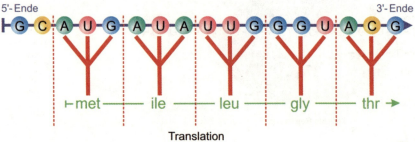

Transkription

Translation

DNA

RNA

Protein

Abb. 6.2:
Der Transfer von Information und das „zentrale Dogma" in der Molekularbiologie.
Das zentrale Dogma (linkes Schema) betrifft den Transfer von Sequenzinformation,
welche während der Synthese Baustein für Baustein von einem Biopolymermolekül –
der Vorlage – auf ein anderes Molekül – das Syntheseprodukt – übertragen wird.
Die genetische Information ist in der Sequenz der Bausteine von DNA- und RNA-Molekülen gespeichert. Durch die biochemische Maschinerie der Zelle (schwarze Pfeile)
wird ein Stück DNA entweder repliziert (DNA $\rightarrow$ DNA) oder in RNA umgeschrieben
(DNA $\rightarrow$ RNA) – transkribiert. Nachfolgend kann die RNA in ein Protein übersetzt werden (RNA $\rightarrow$ Protein). In der Natur kommen auch andere Informationstransfers vor
(rote Pfeile): RNA-Replikation (RNA $\rightarrow$ RNA) und reverse Transkription (RNA $\rightarrow$ DNA).
Die rechte Seite der Abbildung zeigt die Logik von Transkription und Translation. Bei
der Transkription (Bild Mitte) wird ein DNA-Strang (Bild oben; schwarzes Rückgrat) auf
RNA (violettes Rückgrat) umgeschrieben. Wie bei der Replikation werden die einzelnen
Nukleobasen vom 3′-Ende der DNA-Vorlage her Buchstabe für Buchstabe zu Nukleobasenpaaren ergänzt, wobei T in der DNA dem U in der RNA entspricht. Bei der Translation wird ein Stück RNA Basentriplett für Basentriplett in der Richtung vom 5′-Ende
zum 3′-Ende der RNA-Vorlage abgelesen, durch eine transfer-RNA (rot) als Amino-
säurerest interpretiert und in die wachsende Polypeptidkette (grün) eingebaut. (Die
Abkürzungen bedeuten einzelne Aminosäurereste: met = Methionin, ile = Isoleuzin,
leu = Leuzin, gly = Glyzin, thr = Threonin, etc.). Beginn und Ende der zu übersetzenden
Buchstabensequenz sind durch ein Startcodon (AUG, seltener GUG oder UUG) und ein
Stopcodon (UAA, UAG oder UGA; nicht im Bild) gekennzeichnet. Man beachte, dass
Replikation, Transkription und reverse Transkription einerseits, und Translation ande-
rerseits in verschiedene Richtungen auf den Sequenzen der Nukleinsäuren laufen.
Bild: © Peter Schuster.

ändert: Ist der Quotient negativ, $dx_i/dt < 0$, dann wird $x_i(t)$ kleiner, das heißt, die Konzentration bzw. relative Häufigkeit der Molekül-Spezies X_i in der Gesamtpopulation nimmt ab. Ist er positiv, $dx_i/dt > 0$, dann nimmt die Konzentration von X_i im Laufe der Zeit zu. Auf der rechten Seite der Gleichung stehen zwei Terme, der erste bringt das Wachstum von $x_i(t)$ durch Vermehrung zum Ausdruck: Die Zunahme der relativen Häufigkeit von X_i ist umso größer, je mehr Individuen der chemischen Spezies X_i bereits vorhanden sind. Sie ist proportional zur Fitness f_i, welche angibt, wie viele Nachkommen – im Mittel – von einem Individuum X_i zu erwarten sind. Der negative Term auf der rechten Seite kompensiert eine etwaige Zunahme der Gesamtpopulation durch die Vermehrung. Dies ist erforderlich, da alle realistischen Ressourcen endlich sind und die Population ohne Beschränkung ins Unendliche anwachsen würde. Mit dem genannten Term bleibt die Größe der Population konstant und wir können ohne Einschränkung annehmen, dass sie den Wert $\sum_k x_k = 1$ annimmt. – Wir haben es also mit *relativen* Konzentrationen zu tun und $x_i \times 100$ ist der prozentuelle Anteil der Spezies X_i an der Population. Die Differentialgleichung für die Evolution der Population kann ohne großen Aufwand gelöst werden und man erhält:

$$x_i(t) = \frac{x_i(0)e^{f_i t}}{\sum_{k=1}^{n} x_k(0)e^{f_k t}} \; ; \quad i = 1,2,\ldots,n, \qquad (5)$$

wobei $x_i(0)$ und $x_k(0)$ die Mengen an X_i oder X_k zum Zeitpunkt $t = 0$ bedeuten. Um das Ergebnis zu interpretieren, betrachten wir die Langzeitlösung (für Mathematiker: $\lim t \to \infty$): Der Nenner in Gleichung (5) besteht aus einer Summe von exponentiell wachsenden Termen. Wenn man lange genug wartet, wird der Summand mit dem größten Exponenten $f_m - f_m = \max\{f_k; k = 1,2,\ldots,n\}$ – unbeschadet der Anfangswerte $x_i(0)$ alle anderen Terme übertreffen. Lassen wir die kleineren Summanden weg, was im Grenzwert $\lim t \to \infty$ gerechtfertigt ist, so werden Zähler und Nenner gleich und wir erhalten $\lim_{t \to \infty} x_m(t) = 1$. Mit anderen Worten, die Spezies mit der höchsten Fitness, X_m, wird selektiert. Zwei weitere Resultate, die leicht überprüft werden können, illustrieren die Natur des Selektionsprozesses: Erstens, die differentielle Fitness, ausgedrückt durch die Gleichung (6),

$$\frac{1}{x_i(t)} \frac{dx_i}{dt} = f_i - \sum_{k=1}^{n} f_k x_k(t) = f_i - \bar{f}(t) \qquad (6)$$

legt fest, welche Spezies X_i im nächsten Zeitabschnitt einen Konzentrationszuwachs zu verzeichnen haben werden. – Es sind jene, deren Fitness über dem Populationsmittel liegt, – und welche an Menge abnehmen werden – dies sind jene, die erfüllen. Das zweite Resultat betrifft die zeitliche Abhängigkeit der mittleren Fitness

$$\frac{d\bar{f}}{dt} = \sum_{k=1}^{n} f_k^2 - \left(\sum_{k=1}^{n} f_k\right)^2 = \text{var}(f_k) \geq 0. \qquad (7)$$

Dieser Ausdruck ist den Statistikern gut bekannt; er wird als *Varianz* der Fitnesswerte bezeichnet und ist *per definitionem* eine nicht-negative Größe. Die mittlere Fitness der Population kann daher nur wachsen oder konstant bleiben. Eine verschwindende Variation, $\text{var}(f_k) = 0$, bedeutet, dass die Population einheitlich ist, das heißt, dass sie nur ein einzige chemische Spezies enthält. Im vorliegenden Fall ist diese Spezies die Variante mit der höchsten Fitness, X_m, und wenn die Population nur mehr diese Spezies enthält, ist Selektion eingetreten. Ein Illustrationsbeispiel für Selektion ist in Abb. 6.3 gezeigt: Je nach Fitnesswert kann die Konzentration einer Spezies monoton zunehmen, abnehmen oder ein Maximum erreichen.

Zur Illustration der Arbeitsweise des Selektionsprinzips kann man sich einen Wettbewerb im Hochspringen vorstellen. Zu Beginn wird die Latte niedrig gelegt und fast alle Athleten können sie überspringen, dann wird das für den Verbleib im Wettbewerb zu überspringende Niveau Schritt für Schritt erhöht und alle Bewerber scheiden aus, bis schließlich nur mehr der beste Springer überbleibt. Die natürliche Selektion legt die Latte automatisch auf den Mittelwert der Sprunghöhen.

6.4 Replikation und Mutation: die Evolution von Quasispezies

Variation kommt durch Mutation oder Rekombination zustande. In abstrakter Form war der Mechanismus der Rekombination durch die MENDEL'schen Vererbungsregeln bekannt, aber hinsichtlich der Mutation tappte man bis zu den Anfängen der Molekularbiologie völlig im Dunkeln. – Man behandelte sie daher wie einen *Deus ex machina* (Abb. 6.3). Als der Vorschlag für die Struktur der DNA von WATSON und CRICK auf dem Tisch lag, war sogleich nicht nur eine Möglichkeit für die biologische DNA-Synthese ersichtlich, sondern auch ein Mechanismus für das Auftreten von Mutanten (Abb. 6.1): Mutationen werden als Kopierfehler interpretiert.

Dabei kann der Fehler unmittelbar während des Kopiervorgangs auftreten wie in der Abbildung angedeutet, aber es kann auch ein Schaden an der DNA *unabhängig* vom Kopiervorgang eintreten. Dieser hat zur Konsequenz, dass beim Kopieren eine falsche Nukleobase eingesetzt wird, falls das zelluläre Reparatursystem den Fehler noch nicht ausgebessert hat. Andere, relativ häufig vorkommende Fehler sind Auslassungen (*Deletionen*) und Verdopplungen von Sequenzteilen (*Duplikationen*). War man bis zu den Anfängen der Molekularbiologie auf relativ unspezifische Techniken wie radioaktive Strahlung oder Modifikation mit mutagenen Chemikalien angewiesen, so kann man heute präzise, positionsspezifische Änderungen an den DNA-Sequenzen anbringen, welche ortsspezifische Mutagenese (*site-directed* mutagenesis) genannt werden. Erzeugung und

Analyse von gezielten Mutanten ist heute eine Standardmethode und wird zum Beispiel bei systematischen Strukturuntersuchungen an Biomolekülen eingesetzt.

Die Experimentalarbeiten zur zellfreien Evolution von Spiegelman wurden komplementiert durch die etwa gleichzeitige Entwicklung einer kinetischen Theorie der Evolution von Molekülen durch Manfred Eigen und Mitarbeiter (Eigen/Schuster 1978; Eigen et al. 1989). Replikation und Mutation werden als parallele chemische Reaktionen modelliert:

$$M + X_j \rightarrow X_i + X_j\,;\ i,j = 1,2,\ldots,n. \tag{8}$$

Die korrekte Replikation entspricht dem bereits diskutierten Spezialfall mit i = j. Die der kinetischen Gleichung (4) entsprechende Differentialgleichung kann gelöst werden, wenn die Lösung auch nicht so einfach ist wie im mutationsfreien Fall. Hier gehen wir nur auf die Ergebnisse im Vergleich zur reinen Selektion ein. Im Replikations-Mutations-System tritt ebenfalls Selektion ein, nur das selektierte Objekt ist keine einzelne Spezies, sondern eine – oder mehrere – Spezies mit ihren Mutanten. Am besten stellt man sich einen *Clan* in der ursprünglichen Bedeutung als eine schottische Familie vor, bestehend aus dem Familienoberhaupt und allen Familienmitgliedern. Um zum Ausdruck zu bringen, dass eine solche Verteilung von Mutanten das genetische Reservoir einer sich asexuell vermehrenden Art darstellt, wurde der Ausdruck *Quasispezies* gewählt (Eigen/Schuster 1977). Eine Quasispezies ist die stationäre Lösung oder Langzeitlösung der kinetischen Gleichung für Replikation und Mutation. Im allgemeinen Fall[12] ist eine Quasispezies um eine Sequenz höchster Fitness – um die sog. *Mastersequenz* – herum gruppiert. Sie entspricht, wie angedeutet, einem Cluster, bestehend aus einer fittesten Sequenz, umgeben von einer *Mutantenwolke* im Raum der Sequenzen oder Genotypen. Einige Eigenschaften von Quasispezies können direkt durch Kombination der mathematischen Analyse mit empirischen Befunden hergeleitet werden. Zur Illustration geben wir ein einfaches Beispiel: Wir nehmen an, dass alle Mutationspfade, die aus einer Sequenz von Einzel- oder Punktmutationen bestehen, möglich seien, und daher kann bei konstanter Sequenz- oder Kettenlänge l jede Sequenz von jeder Sequenz durch eine endliche Zahl von Punktmutationen erreicht werden. Dann ergibt die mathematische Analyse, dass alle Sequenzen in der Quasispezies vorkommen und dass ihre stationäre Konzentration durch den Hamming-Abstand $d_H(X_i,X_m)$ von und der Fitnessdifferenz zur Mastersequenz, $f_m - f_i$, bestimmt werden. Häufige Mutanten sind daher jene, die nur wenige Mutationsschritte von der Mastersequenz entfernt sind und eine gering Fitnessdifferenz zur Mastersequenz aufweisen.[13]

Eine wichtige Größe für die Analyse von Populationen aus sich replizierenden und mutierenden Individuen ist die mittlere Mutationsrate, p. Sie gibt an, wie groß die Wahrscheinlichkeit ist, dass während des Kopiervorganges ein Fehler beim Einbau eines Nukleotidbausteins auftritt. Für eine Kettenlänge l gelten daher folgende Wahrscheinlichkeiten:

Abb.6.3:

Populationsdynamik bei Evolution durch Replikation und Mutation. Die obere Abbildung zeigt die Zeitabhängigkeit der relativen Konzentrationen $x_i(t)$ einzelner Spezies X_i in einer durch Replikation evolvierenden Population. (Zur Erläuterung: Eine relative Konzentration von 0,9 bedeutet, dass die betreffende Spezies 90 % der Molekül-Population ausmacht; 0,8, dass sie 80 % aller Moleküle ausmacht usw.) Zu Beginn sind drei Varianten X_1, X_2 und X_3 mit den Fitnesswerten $f_1 = 1$, $f_2 = 2$, $f_3 = 3$ vorhanden. Die Anfangswerte sind so gewählt, dass die zu Beginn fitteste Spezies den geringsten Anteil an der Anfangspopulation hat: $x_1(0) = 0,9$, $x_2(0) = 0,08$ und $x_3(0) = 0,02$. Der Anteil an Spezies X_1 (gelb) in der Population nimmt stetig ab, bis sie schließlich ausstirbt. Der Fitnesswert der Spezies X_2 (rot) liegt zu Anfang über der mittleren Fitness der Population, sodass die relative Konzentration $x_2(t)$ zunächst ansteigt. Mit steigender relativer Konzentration der Spezies X_3 (schwarz), die einen noch höheren Fitnesswert aufweist, nimmt die Konzentration von X_2, nachdem sie ein Maximum erreicht, wieder ab. Im Zeitraum $0 \leq t < 6$ nimmt die Konzentration der fittesten Spezies X_3 stetig zu. Zwischen $t = 4$ und $t = 6$ kommen aufgrund der positiven Selektion von X_3 fast nur noch X_3-Moleküle in der Population vor. Zum Zeitpunkt $t = 6$ wird nun aber eine winzig kleine Menge einer noch fitteren Spezies X_4 (blau, $f_4 = 7$) in die Population eingebracht. (Mathematisch betrachtet gilt: $x_4 = 0$ für $0 \leq t < 6$ und $x_4(6) = 0,0001$.) Entsprechend dem Darwin'schen Prinzip nimmt die Konzentration von X_4 rasch zu, sodass auch Spezies X_3 allmählich verdrängt wird, bis sie schließlich ausstirbt. Das Auftreten der Mutation ist nicht Bestandteil des mathematischen Selektionsmodells, die Mutante wird gleich einem ,Deus ex machina' in die Population eingebracht. Das untere Bild zeigt die Abhängigkeit einer Quasispezies, einer stationären Mutantenverteilung von der mittleren Mutationsrate p.[11] Im Grenzwert lim p $\rightarrow$ 0 verschwinden alle Mutanten aus der Quasispezies, und beim Übergang zur fehlerfreien Replikation bleibt im stationären Zustand ausschließlich die fitteste Variante, die Mastersequenz X_0, erhalten. Mit zunehmender Mutationsrate wird der Anteil der Mastersequenz an der Population immer geringer, bis letztendlich beim Erreichen der Fehlerschranke bei $p = p_{cr} = 0,04501$ die stationäre Verteilung instabil wird. Gezeigt sind hier die Konzentrationen der einzelnen Fehlerklassen: $X_0 = Y_0$ ist die Mastersequenz (schwarz), Y_1 ist die Summe aller 50 Einfehlermutanten (rot), Y_2 ist die Summe aller 1.225 Zweifehlermutanten (gelb), Y_3 ist die Summe aller 19600 Dreifehlermutanten (grün), usw. Für die Berechnungen wurde eine Sequenzlänge von $l = 50$ angenommen, die Fitnesswerte waren: $f_m = f_0 = 10$ für die Mastersequenz und $f_i = 1$ für alle anderen Spezies. Bild: © Peter Schuster.

$(1-p)^l$ für die vollkommen korrekte Replikation
$$X_m \rightarrow 2X_m \text{ oder } X_i \rightarrow 2X_i, \tag{9a}$$

und

$$(1-p)^{l-d_H(X_i,X_m)}p^{d_H(X_i,X_m)}$$
für die Mutation $X_m \rightarrow X_i$. \hfill (9b)

Mit dieser Definition einer Fehlerrate kann man unschwer die Quasispezies als Funktion der Mutationswahrscheinlichkeit untersuchen (Abb.6.3). Beim Übergang zur fehlerfreien Replikation, lim p $\rightarrow$ 0, verschwindet die Mutantenwolke, und nur die Mastersequenz bleibt als Sequenz maximaler Fitness über. Mit steigenden Fehlerraten wird der Anteil der Mastersequenz an der Population erwartungsgemäß immer kleiner. Gleichzeitig nehmen die Fehlerklassen gemäß ihrem Hamming-Abstand an Bedeutung

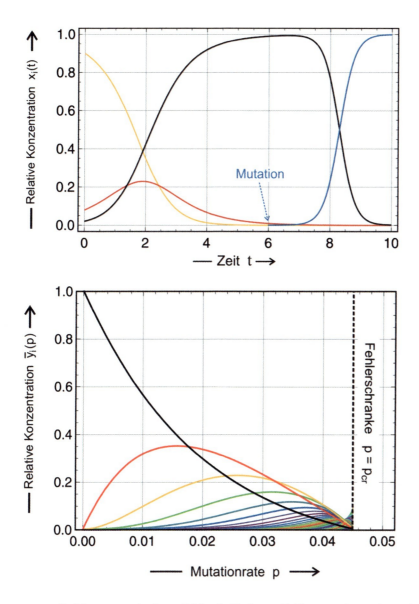

zu: zuerst die Mutanten mit *einem* Fehler, bei höheren Fehlerraten jene mit zwei, dann jene mit drei Fehlern, usw. Interessanterweise gibt es eine kritische Fehlerrate, p_{cr}, bei welcher sich die Natur der Langzeitmutantenverteilung spontan ändert. Aus der stationären Verteilung, der Quasispezies, werden Cluster von Sequenzen, welche sozusagen zufällig durch den Sequenzraum driften. Dabei werden die individuellen Molekülspezies andauernd durch andere abgelöst. Mit anderen Worten, es existiert gar keine stationäre Verteilung, Vererbung im herkömmlichen Sinn ist nicht möglich. Die Grenze zwischen Stationarität und Zufallsdrift wird als *Fehlerschranke* bezeichnet. Sie kann näherungsweise wie folgt berechnet werden:

$$p_{cr} \cong \frac{\ln \sigma_m}{l} \quad \text{oder} \quad l_{max} \cong \frac{\ln \sigma_m}{p} \quad \text{mit} \quad \sigma_m = \frac{f_m}{\bar{f}_{-m}} \qquad (10)$$

Die *Superiorität* der Mastersequenz σ_m ist gegeben durch den Quotienten zwischen der Fitness der Mastersequenz und der mittleren Fitness der restlichen Population. Die erste Gleichung bringt zum Ausdruck, dass die maximale tolerierbare Fehlerrate bei konstanter Sequenzlänge l mit der Sequenzlänge abnimmt. Mit anderen Worten, für jede vorgegebene Länge gibt es eine maximale Fehlerrate, die nicht überschritten werden kann. Andererseits definiert die Fehlerschranke eine maximale Kettenlänge der Nukleinsäure für eine vorgegebene Replikationsgenauigkeit. Sollen längeren Moleküle repliziert werden, so benötigt man eine genauer arbeitende Replikationsmaschinerie.

Das hier besprochene Replikations-Mutations-System kann in gleicher Weise als ein denkbar einfaches, evolutionsbefähigtes biologisches Modell oder als ein Netzwerk chemischer Reaktionen verstanden werden, welches ungeachtet seiner relativen Komplexität sowohl einer experimentellen Implementierung als auch der mathematischen Analyse zugänglich ist. Es ist daher naheliegend, an genau diesem System herauszuarbeiten, was die biologische Sichtweise im Vergleich zu Physik und Chemie auszeichnet. Wir fokussieren hier auf den Informationsbegriff, wie er üblicherweise in der Biologie verwendet wird und wie er auch der Informatik zugrunde liegt: Information ist *genetische* Information oder in menschlichen Gesellschaften: genetische Information, vermehrt durch kulturelle Information. Sie ist in digitaler Form codierbar, das heißt sie kann in digitaler verschlüsselter Form weitergereicht und anschließend decodiert werden. Digitalisierung bedeutet hier nicht nur das Verwandeln in Symbole oder *Buchstaben*, sondern auch problemlos nutzbare Digitalisierung, welche beim Lesen auch so etwas wie näherungsweise Gleichwertigkeit der Buchstaben erfordert.[14]

Die chemisch-zwischenmolekulare Wechselwirkung zwischen G und C ist etwa zehnmal stärker als jene zwischen A und T – oder U. Dessen ungeachtet sind GC und AT in der Geometrie der Doppelhelix und in ihrer biochemischen Funktion gleichberechtigt und kommen in der DNA etwa gleich häufig vor, und dies obwohl die Nukleobasenpaare unterschiedlich stark wechselwirken. Die Replikation muss zügig erfolgen können und darf nicht etwa bei den stärkeren Paaren oder bei Clustern stärkerer Paare stoppen. Wäre eine solche näherungsweise Gleichwertigkeit nicht gegeben, würde die Evolution unweigerlich zu einer andauernden Verschiebung des AT/GC Verhältnisses in eine Richtung führen. Ähnliches gilt für die Translation, bei der die einzelnen Tripletts oder *Codons* trotz unterschiedlicher Wechselwirkungsstärke mit vergleichbarer Geschwindigkeit verarbeitet werden müssen. Der für die biologische Information notwendige Übergang von den durch Gleichgewichtskonstanten oder anderen thermodynamisch-kinetischen Parametern abgestuften und nach Stärken geordneten Wechselwirkungen zu einem näherungsweise gleichwertigen digitalen System entspricht einem Übergang von der Chemie zur molekularen Genetik.[15]

Ein genetisches System kann Information digital speichern, aber wie kommt es zu Beginn zur Informationserzeugung? Um diesen nicht trivial erscheinenden Vorgang zu beleuchten, betrachten wir eine Quasispezies, die sich in einer Art Gleichgewicht mit ihrer Umgebung befindet. Nehmen wir an, es kommt zu einer Änderung der Umgebung, welche ihrerseits zu einer Änderung der Fitnesswerte Anlass gibt. Das System kommt wieder ins Gleichgewicht und eine neue Quasispezies wird gebildet, welche sich von ihrem Vorgänger unterscheidet. Die Veränderungen in der Mutantenverteilung bilden letztlich die Veränderungen in der Umwelt ab. In diesem Sinne kann man sagen, dass im Raum der Konzentrationen und Sequenzen Information über die Änderung der Umgebung entstanden ist. Für die Einzelsequenz bedeutet eine Verbesserung der Information über Umgebung eine Erhöhung der Fitness.

Zusammenfassend können wir das Replikations-Mutations-System dadurch charakterisieren, dass die einzelnen Spezies des reinen Selektionssystems durch Cluster von Genotypen ersetzt werden. Diese Cluster sind umso breiter, je höher die Mutationsrate ist. Ähnlich dem *Stille-Post*-Spiel von Kindern gibt es eine höchste Fehlerrate, oberhalb derer keine Nachricht weitergegeben werden kann. Ein weiterer Unterschied zwischen den beiden Evolutionssystemen besteht darin, dass bei von null verschiedenen Mutationsraten die durch Gleichung (7) ausgedrückte evolutionäre Optimierung ihre Allgemeingültigkeit verliert. Es gibt Anfangsbedingungen, von denen aus die mittlere Fitness nicht zunimmt. Dieser Sachverhalt ist ganz einfach vorstellbar: Wählen wir zu Anfang eine einheitliche Population, die nur aus Mastersequenzen besteht, so kann die mittlere Fitness durch die Erzeugung von Mutanten nur abnehmen. Aus dem mathematisch rigorosen Optimierungstheorem, ausgedrückt durch (7), wird eine zweifellos sehr nützliche Optimierungsheuristik, die in sehr vielen, aber eben nicht in allen Fällen gültig ist.

6.5 Von der Theorie zur Anwendung: Grundlagen und Erfolge der Evolutionären Biotechnologie

Darwin widmete sich in seiner *Origin of Species* sehr ausführlich den Ergebnissen der Tier- und Pflanzenzüchtung, da sie die Formenvielfalt demonstrieren, welche sich durch Evolution mit *künstlicher* Selektion erzeugen lässt. Die bislang beschriebene Vorgangsweise bei der Evolution *in vitro* entspricht der *natürlichen* Auslese, da es während des gesamten Experiments keine direkte Intervention des Experimentators im Evolutionsverlauf gab. Es liegt nahe zu fragen, ob man nicht auch entsprechend einer *künstlichen* Auslese *Molekülzüchtung* betreiben könnte. Mit anderen Worten, es soll versucht werden, die Evolution im Reagenzglas für technische Zwecke auszunutzen, um maßgeschneiderte Moleküle für vorgegebene Aufgaben zu erzeugen. Die Schwierigkeit, welcher man dabei begegnet, besteht im Unterschied zwischen Pflanzensamen und Jungtieren einerseits und Molekülen andererseits: Samen und Tiere kann man von Hand verlesen, für Moleküle wird jedoch eine trickreiche physikalische oder chemische Selektionsmethode benötigt, um Moleküle mit erwünschten Eigenschaften von jenen zu trennen, welche diese nicht oder in nicht ausreichendem Maße aufweisen.

Die *Evolutionäre Biotechnologie* baut auf denselben drei Voraussetzungen auf wie DARWINS Theorie: Vermehrung mit Vererbung, Variation und Selektion. Vermehrung und Variation – zumeist als Amplifikation und Diversifikation bezeichnet – sind mit dem Repertoire der heute in jedem molekularbiologischen Labor zur Verfügung stehenden Methoden leicht zu realisieren: Als allgemeine Amplifikationsmethoden steht die PCR auf DNA-Ebene zur Verfügung, oder man verwendet spezielle Reaktionen zur direkten Vervielfältigung von RNA. Einen hinreichend diversen genetischen Pool an Sequenzen kann man entweder durch Replikation mit kontrollierter Mutationsrate oder durch *Zufallssynthese* erzeugen. Die Selektionskriterien werden vom Experimentator bestimmt und erfordern, wie gesagt, Intuition, Erfindungsgeist und experimentelles Geschick.

Zufallssynthese kann man in den meisten Syntheseautomaten bewerkstelligen, indem man keine Vorlagen (Template) hinzu gibt. Es werden dann die Bausteine in beliebiger Reihenfolge an die wachsende Polynukleotidkette angehängt. Bei hinreichend langen Molekülen sind alle erhaltenen Einzelsequenzen verschieden. Um bei einer Kettenlänge $n \approx 25$ von jeder Sequenz statistisch ein Molekül in der Probe vorliegen zu haben, muss die Probe aus 10^{15} Molekülen bestehen. Das entspricht einem Probengewicht von weniger als 0,1 Milligramm. Anders sieht die Situation bei wesentlich längeren Molekülen aus. Sofern alle theoretisch möglichen Molekül-Varianten des Sequenzraums mindestens einmal in der Probe vorkommen sollen, ist die Grenze der Anwendbarkeit derzeit bei einer Kettenlänge $n \approx 40$ erreicht. Die Probe wöge in diesem Fall bereits über 100 Kilogramm. Entsprechend ist eine statistische Deckung bei einer Kettenlänge $n > 40$ nicht mehr möglich. Doch in der Regel ist es gar nicht erforderlich, derart lange Sequenzen herzustellen, um alle relevanten Funktionsmoleküle mindestens einmal in der Probe vorliegen zu haben. Sowohl theoretische als auch praktische Beispiele zeigen, dass bereits winzige Ausschnitte des Sequenzraums alle möglichen Funktionsstrukturen abbilden. Dabei spielt es keine Rolle, welchen Bereich des Sequenzraums man untersucht. Die Cluster mit den jeweils „gewünschten" Funktionsstrukturen liegen relativ eng beieinander, so dass die verbreitetsten Funktionsstrukturen durch relativ wenige „Punktmutationen" erreichbar sind: Die Evolution „zähmt" die kombinatorische Vielfalt, sodass auch die Gewinnung kompliziert gebauter Funktionsmoleküle wahrscheinlich ist, sofern nur geeignete Selektionstechniken zur Amplifikation zur Verfügung stehen.

Der Ablauf der Erzeugung von maßgeschneiderten Molekülen durch evolutionäre Strategien ist in Abb. 6.4 skizziert. Am Beginn steht die Erzeugung einer ausreichenden genetischen Vielfalt durch Replikation mit erhöhter Mutationsrate oder Zufallssynthese. Der zweite Schritt besteht in der Anwendung einer Selektionstechnik, welche die für den vorgegebenen Zweck am besten geeigneten Moleküle auswählt. Anschließend ent-

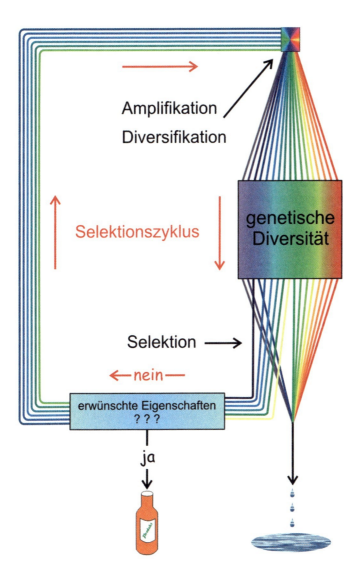

Abb. 6.4:
Selektionszyklen in der Evolutionären Biotechnologie. Die Evolution von Molekülen folgt dem allgemeinen, in der Abbildung gezeigten Protokoll und erfüllt die gleichen Vorbedingungen wie die Darwin'sche Bioevolution: Vermehrung mit Vererbung, Variation und Selektion. Vermehrung und Variation sind synonym mit Amplifikation, beispielweise durch PCR, und Diversifikation durch Replikation mit erhöhter Mutationsrate oder Zufallssynthese. Sie stellen Standardtechniken der modernen Molekularbiologie dar. Die Selektion von geeigneten Molekülen ist eine Herausforderung an das Geschick des Experimentators (bezüglich eines prominenten Beispiels, SELEX, siehe Abb.6.6). Die selektierten Moleküle werden einem Test unterworfen, und wenn das gewünschte Resultat vorliegt, ist das Evolutionsexperiment beendet. Sind die erwarteten Eigenschaften noch nicht evolviert, wird ein weiterer Zyklus, bestehend aus Amplifikation, Diversifikation und Selektion, angeschlossen. Die Zyklen werden solange fortgesetzt, bis entweder das Ziel erreicht wird oder keine Verbesserung mehr erzielt werden kann.

scheidet ein Test, ob das gewünschte Ergebnis erzielt wurde. Falls dies nicht der Fall ist, werden die ausgewählten Moleküle einem weiteren Zyklus bestehend aus Amplifikation, Diversifikation und Selektion unterworfen, um eine weitere Optimierung zu erreichen. Die Selektionszyklen werden so lange fortgesetzt, bis entweder das gewünschte Ergebnis erhalten wird oder keine weiteren Verbesserungen mehr auftreten. Im Allgemeinen bewegt sich die Zahl der notwendigen Selektionszyklen – Spezialfälle ausgenommen – in der Größenordnung von 30 bis 40.

Eine bahnbrechende Entdeckung wurde in 1980iger Jahren durch Thomas Cech (Cech et al. 1981; Kruger et al. 1982) und Sidney Altman (Gurrier-Takada et al. 1983) an natürlichen RNA-Molekülen gemacht: RNA kann ebenso wie Proteine Reaktionen mit höchster Spezifität katalysieren. In der Natur handelt es sich dabei meist um Reaktionen, bei denen andere RNA-Moleküle prozessiert werden. Ein Ribozym, das wegen seiner typischen Struktur als *Hammerhead-Ribozym* (Abb.6.5) bezeichnet wird, wurde in kleinen Pflanzenpathogenen – sogenannten *Viroiden* – entdeckt und erwies sich letztendlich als ein universelles Element in vielen Genomen (Hamman et al. 2012). Das Hammerhead-Ribozym spaltet ein anderes RNA-Molekül höchst spezifisch an einer bestimmten Stelle. Die Wirkung des RNA-Katalysators besteht darin, dass das Substrat durch die Bindung an den Katalysator in eine Geometrie gebracht wird, in welcher die Spaltung der Bindung an der betreffenden Stelle spontan als energetisch bevorzugter Prozess erfolgt.

Die natürliche Funktion von Hammerhead-Ribozymen ist das Prozessieren von replizierten oder transkribierten RNA-Molekülen (Doudna/Cech 2002). Besondere Aufmerksamkeit erregten Ribozyme, als sich herausstellte, dass die Proteinsynthesefabriken der Zelle – die Ribosomen – auch durch ihre RNA-Moleküle katalytisch wirken. Dies wird durch den Satz „The ribosome is a ribozyme!" (Cech 2000; Steitz/Moore 2003) perfekt ausgedrückt. Ein typisches Merkmal der Katalyse durch Ribozyme ist ihre hohe Spezifität, aber im Vergleich zu Proteinen geringere Beschleunigung der Reaktion.

Die Entdeckung einer weiteren wichtigen Funktion von RNA-Molekülen folgte um die Jahrhundertwende: RNA-Moleküle mit zwei oder mehreren hinreichend langlebigen Konformationen[16] – sogenannte *Riboswitches* – regeln die zelluläre Synthese einer Reihe von Proteinen, die im Metabolismus eine Rolle spielen (Roth/Breaker 2009; Breaker 2012). Die Tatsache, dass RNA-Sequenzen zwei oder mehrere langlebige Konformationen ausbilden können, wurde schon vor der Entdeckung von Riboswitches in der Natur auf der Grundlage von Strukturberechnungen theoretisch vorausgesagt (Reidys et al. 1997; Flamm et al. 2001; Schuster 2006). Sequenzen von RNA-Molekülen, welche eine, zwei oder mehrere langlebige Konformationen ausbilden, können mit Hilfe von Computeralgorithmen entworfen werden. Zufallssequenzen bilden zumeist eine Vielzahl von größtenteils kurzlebigen Konformationen aus und müssen in ihren Sequenzen modifiziert werden, um Moleküle mit einer dominanten Konformation oder einigen wenigen dominanten Konformationen zu erhalten. Bei

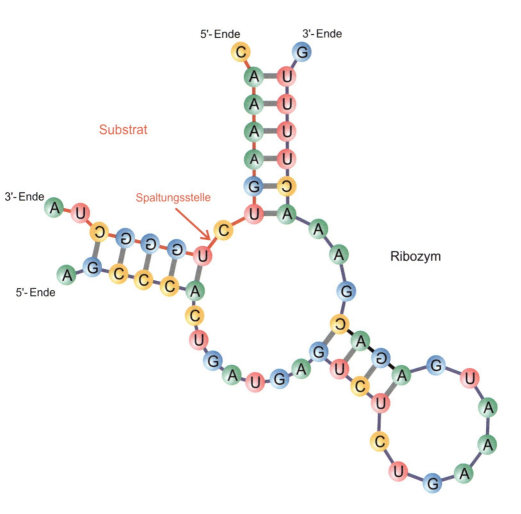

5'-Ende   3'-Ende

Substrat

3'-Ende

Spaltungsstelle

Ribozym

5'-Ende

Abb. 6.5:
Das Bild zeigt den Ribozym-Substratkomplex eines Hammerhead-Ribozyms. Das Substrat (rotes Rück-grat) ist hier ein selbständiges RNA-Molekül, welches in seiner Nukleo-basensequenz in zwei Strecken komplementär zum katalysierenden Ribozym ist. Dazwischen liegt die hoch spezifische Spaltungs-stelle. Sie wird durch die Geometrie des Ribozym-Substratkomplexes in eine lokale Konformation gebracht, die das Lösen der Bindung als einen energetisch begünstigten Prozess ablaufen lässt. Der Katalysator (violettes Rückgrat) ist sequenzspezifisch auf sein Substrat „zugeschnitten", wodurch sich die außerordentlich hohe Spezifität erklärt. Das Bild enthüllt noch eine wichtige Eigenschaft von ein-strängigen RNA-Molekülen: Die Struktur (hier auf die durch lokale Doppelhelices kreierte Sekundär-struktur beschränkt) wird in einfacher Weise durch die Sequenz codiert, denn die Strukturelemente sind Doppelhelices, die durch Rückfaltung der Polynukleotidkette auf sich selbst gebildet werden. Wegen der etwas anderen Struktur der RNA gegenüber der DNA können sie neben den Watson-Crick-Nukleobasenpaaren auch GU- und UG-Nukleobasenpaare sowie so genannte Hoogsteen-Basentri-pletts enthalten Bild: © PETER SCHUSTER.

natürlichen Molekülen mit definierten, dominanten Konformationen wurden die Sequenzen durch die biologische Evolution hergestellt.

Am Beginn der Entwicklung einer Evolutionären Biotechnologie stehen die SPIE-GELMAN'schen Experimente, und der Versuch, die Evolution *in vitro* in vorgegebene Bahnen zu lenken, war naheliegend. Die ersten Experimente gelenkter Evolution hatten die Umprogrammierung von Ribozymen zum Inhalt: GERALD JOYCE gelang es, spezifische, *nur RNA* spaltende Ribozyme zu spezifisch *nur DNA* spaltenden Molekülen zu evolvieren (JOYCE 2004). In der Sprache der biochemischen Katalyse kann man sagen, die Substratspezifität eines Katalysators wurde durch Evolution *in vitro* verändert. In der Folge wurde eine Fülle von Ribozymen durch gelenkte Evolution hergestellt, welche das katalytische Repertoire der natürlichen Ribozyme gewaltig erweiterten und zeigten, dass die katalytischen Fähigkeiten von Ribozymen keineswegs auf die Prozessierung von RNA und DNA beschränkt sind.

Ein eindrucksvolles Beispiel eines artifiziellen Ribozyms ist jenes, welches die in der Natur nur sehr selten vorkommende DIELS-ALDER-Reaktion[17] effizient katalysiert (SERGANOV ET AL. 2005). Mittlerweile wurden auch Ribozyme entwickelt, welche therapeutische Verwendung finden (MUHLBACHER ET AL. 2010). Die Erzeugung von maßgeschneiderten Molekülen durch gelenkte Evolution ist keineswegs auf Nukleinsäuren (RNA oder DNA) beschränkt. Beispiele für evolutionäres Proteindesign finden sich in einem Sammelband (BRAKMANN/ JOHNSON 2002), in einem Spezialband einer Zeitschrift (ARNOLD 2001) sowie in einem Übersichtsartikel (JÄCKEL ET AL. 2008) (siehe auch den übernächsten Abschnitt). Interessanterweise wurden auch Versuche unternommen, das evolutionäre Design auf kleine organische Moleküle auszudehnen (WRENN/HARBURY 2007).

Ein Beispiel zur Illustration der Vorgehensweise bei der Selektion zur *Züchtung* von RNA-Molekülen, die für die Bindung an vorgegebene Zielstrukturen – sogenannte *Targets* – optimiert werden sollen, sei hier beschrieben (ELLINGTON/SZOSTAK 1990; TUERK/GOLD 1990). Das Verfahren, SELEX (Systematic Evolution of Ligands by EXponential Enrichment) genannt, ist in Abb.6.6 skizziert. Zur Anreicherung der zu selektierenden Moleküle verwendet man eine chromatographische Säule, auf der die Zielmoleküle durch eine chemische Bindung an die stationäre Phase gebunden sind. Eine Lösung mit den RNA-Molekülen wird über die Säule geschickt. Die an das Target hinreichend stark bindenden Moleküle bleiben am Säulenmaterial hängen und werden anschließend mit einem anderen Lösungsmittel wieder von der Säule abgetrennt (eluiert). Durch Amplifikation, Diversifikation und erneute Trennung auf der Säule wird die verbesserte Variante der Molekülsorte isoliert und auf die gewünschte Eigenschaft getestet. Mit dem SELEX-Verfahren gelang es, RNA-*Aptamere* (RNA-Moleküle, die optimal an vorgegebene Targets binden) zu erzeugen. Ihre Bindungsfestigkeiten kommen an die stärksten, in der Natur bekannten Bindungskonstanten heran. Für weitere Einzelheiten sei auf einen Sammelband über Aptamere verwiesen (KLUSSMANN 2006).

Evolutionäres Proteindesign wurde unter anderem eingesetzt, um Enzyme an nicht-natürliche Bedingungen anzupassen (LISZKA ET AL. 2012). Unter anderem waren zwei Aufgaben zu lösen: (I) Änderung der Thermostabilität und anderer thermodynamischer Eigenschaften (WINTRODE/ARNOLD 2001) sowie (II) Erzielen von hinreichender Löslichkeit und enzymatischer Aktivität in nichtwässrigen Lösungsmitteln (ZAKS/KLIBANOV 1988; YOU/ARNOLD 1996; CHEN/ARNOLD 1999). Die Natur selbst bietet eindrucksvolle Beispiele unterschiedlicher Temperaturanpassungen von Bakterien und Archaebakterien im Temperaturbereich zwischen etwa $-15\,°C$ und $120\,°C$. Nach ihrer optimalen Wachstumstemperatur werden sie in Psychro- oder Cryophile ($<15\,°C$), Mesophile (15–$50\,°C$), Thermophile (50–$80\,°C$) und Hyperthermophile ($>80\,°C$) eingeteilt. Durch evolutionäres Design gelang es sowohl die thermodynamische Stabilität von Proteinen entscheidend zu erhöhen als auch das Temperaturoptimum der katalytischen Aktivität im oben genannten Temperaturbereich nach Belieben zu verschieben.

Katalytische Antikörper sind besonders interessante Varianten des Proteindesigns, da sie de novo erzeugten Proteinkatalysatoren entsprechen (TRAMONTANO ET AL. 1986; POLLACK ET AL. 1986; SHOKAT/SCHULTZ 1990). Ein häufig verwendetes Konzept zur Erzeugung von katalytischen Antikörpern ist relativ einfach und verläuft über stabile Analoga von Übergangszuständen (XU ET AL. 2004).[18] Zuerst wird ein dem Übergangszustand analoges *Hapten, das ist* der niedermolekulare Bestandteil eines Antigens, synthetisiert. Anschließend wird es mit einem Träger zu einem *Immunogen* verbunden. Gegen das Immunogen werden monoklonale Antikörper in großer Zahl gezüchtet. Aus dieser Menge werden durch ein spezielles Selektionsverfahren – *catELISA* genannt (TAWFIK et al. 1993) – die Proteine mit der stärksten katalytischen Wirkung selektiert. Man kann die Erzeugung der katalytischen Antikörper auch als eine Parallele zum SELEX-Verfahren sehen, wobei die Produktion der den Aptameren entsprechenden Moleküle hier dem Immunsystem überlassen wird. Katalytische Antikörper wurden für viele chemische Reaktionen gezüchtet. Besonders spektakulär ist dabei – ebenso wie im Fall der Ribozyme – die gelungene Herstellung von Katalysatoren für DIELS-ALDER-Reaktionen.

Abschließend erwähnen wir noch eine neue Strategie der Virusbekämpfung (DOMINGO ET AL. 2008), die aus der Theorie der Replikations-Mutationskinetik folgt. Viren sind einem sehr starken Selektionsdruck durch die Abwehrmechanismen ihrer Wirtsorganismen ausgesetzt, welchem durch eine möglichst große Variabilität – hervorgerufen durch eine hohe Mutationsrate – begegnet wird (GAGO ET AL. 2009). Wie bereits dargelegt, gibt es für die Mutationsraten eine obere Grenze, die der Fehlerschranke entspricht. Oberhalb dieser Grenze löst sich die genetische Information ihrer Besitzer allmählich auf; man könnte sagen, sie wird durch die hohe Mutationsrate im Laufe kommender Generationen regelrecht zerstört.

In der Tat operieren RNA-Viren und andere Pathogene auf RNA-Basis nur knapp unterhalb der genetischen Fehlerschranke. Ein naheliegendes Konzept zur Virusbe-

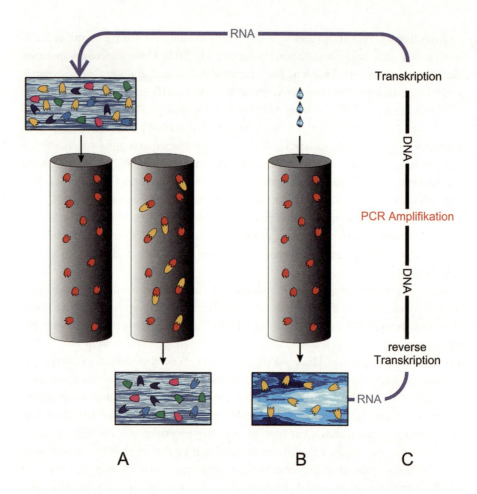

Abb. 6.6:
Das SELEX-Verfahren zur Erzeugung optimal bindender Moleküle. SELEX (**S**ystematic **E**volution of **L**igands by **EX**ponential Enrichment) ist, wie schon der Name sagt, eine Methode zur Erzeugung von optimal an Targets bindenden Molekülen, für welche der Name Aptamere geschaffen wurde. SELEX arbeitet in drei logischen Schritten: (A) Selektion von Aptameren aus einer Lösung, die eine Mischung möglicher Kandidaten enthält, (B) Ablösung der anhaftenden Moleküle durch ein anderes Lösungsmittel und (C) Komplettierung eines Selektionszyklus im Sinne von Abb. 6.4. Die Ausgangsmischung der Aptamere ist zumeist das Ergebnis einer Zufallssynthese und weist daher sehr große genetische Diversität auf. Die Chromatographiesäule im Schritt (A) enthält die Targetmoleküle (rot) fest an die stationäre Phase gebunden, sodass in diesem Schritt nur die geeigneten Aptameren (gelb) an der Säule haften bleiben. Amplifikation und Diversifikation können zumeist in einem einzigen Schritt durchgeführt werden, da die PCR-Vervielfältigung im Allgemeinen nicht sehr genau ist. Notfalls lässt sich auch die Mutationsrate künstlich erhöhen. Das Lösungsmittel wird von Zyklus zu Zyklus geändert, so dass das Anheften an die Targetmoleküle immer schwieriger wird. Der Prozess wird beendet, sobald keine Zunahme der Bindungsstärke mehr beobachtet wird. Bild: © PETER SCHUSTER.

kämpfung geht davon aus, dass eine künstliche Erhöhung der Mutationsrate eine Elimination der Viruspopulation auslösen wird. Dieses Prinzip der *letalen Mutagenese* führt zum Aussterben der Viruspopulation auf zwei verschiedenen Wegen: Durch Überschreiten der Fehlerschranke wird der Zusammenbruch der viralen Vererbung ausgelöst, und durch Akkumulation letaler Varianten stirbt die Viruspopulation aus (BULL ET AL. 2005; BULL ET AL. 2007; TEJERO ET AL. 2010). Gegen eine ganze Reihe von tierischen und humanpathogenen Viren konnten auf der Basis der letalen Mutagenese neue Medikamente entwickelt werden.

6.6 Epilog

Eine der interessantesten Erkenntnisse, die wir der *Evolutionären Biotechnologie* verdanken, ist die Tatsache, dass Evolution ein „designfähiger" Prozess ist. Genauer gesagt, durch Variation und Selektion können Biomoleküle mit gewünschten, vorher nicht da gewesenen (katalytischen) Eigenschaften entstehen (was Gegner der Evolutionstheorie kurioserweise bis heute bestreiten). So lassen sich die verbreitetsten Funktionsstrukturen von jeder Zufallssequenz aus in ganz wenigen Mutationsschritten erreichen und somit durch wenige Zyklen der Variation und Vermehrung im Reaktor erzeugen (SCHUSTER 1995). Tatsächlich gehen die meisten Molekülzüchtungen von *Zufallssequenzen* in jenen Teilen des Moleküls aus, aus welchen die funktionellen (katalytischen) Einheiten gebildet werden. Gelegentlich werden flankierende Sequenzen eingesetzt, um gewisse bekannte Gerüstelemente in das zu selektierende Molekül einzubauen. In diesem Fall spricht man von *rationalem Design* oder von *gerichteter* Evolution. Dies ist nichts anderes als die Vorgangsweise bei den katalytischen Antikörpern: Die fast (aber nicht ganz) zufällige Aminosäuresequenz macht den katalytischen Teil durch Selektion, die das Immunsystem übernimmt, der Rest des Antikörpers ist das Molekülgerüst.

Die Theorie der biologischen Evolution war viele Jahrzehnte lang geprägt von einem heftigen Streit darüber, ob zu Lebzeiten erworbene Eigenschaften vererbt werden können oder nicht. Nicht ganz zutreffend wurden die beiden Konzepte zwei Vätern der Evolutionstheorie, JEAN-BAPTISTE DE LAMARCK und CHARLES DARWIN, zugeschrieben. Mit den heute bekannten Mechanismen sind diese Auseinandersetzungen obsolet: In der auf der Genetik basierenden Weitergabe von Merkmalen ist für den LAMARCK zugeschriebenen Mechanismus kein Platz, aber ein Teil der Eigenschaften von Organismen kommt durch verschiedene *epigenetische* Prozesse zustande. Demnach beeinflussen Umweltfaktoren die Expression von Genen, und wenn dabei eine Modifikation der DNA im Sinne von *Imprinting* vorgenommen wird, findet auch eine Weitergabe individuell erworbener Eigenschaften über ein paar Generationen hinweg statt. Es ist nicht mehr die Frage, *ob* es epigenetische Erbfaktoren gibt, offen ist nur noch ihre relative Bedeutung. Die MENDEL'schen Regeln sind schließlich auch in guter Näherung gültig.

Auf das mechanistische Minimum reduziert kann DARWIN'sche Evolution mathematisch analysiert, experimentell implementiert und studiert werden. In dieser Form ist sie keine abstrakte Theorie, sondern ein naturwissenschaftliches, experimenteller Untersuchung zugängliches Modellsystem, welches auf allen Stufen einem Test zugeführt werden kann: Beobachtung – Analyse – Modellierung – Vorhersage – Anwendung. In diesem Sinne wird DARWIN'sche Evolution auch zur Problemlösung eingesetzt. Evolutionäres Design von Molekülen ist überall dort angebracht, wo unser Wissen um die biologischen Strukturen und Funktionen noch nicht ausreicht, die Lösungen auf rationalem Weg zu ermitteln.

In gewisser Weise sind evolutionäre Problemlösungsstrategien dem „rationalen Design" überlegen: Was Menschen erst in mühevoller Kleinarbeit erforschen, sich ausdenken, mittels ausgeklügelter Apparaturen herstellen müssen – möglicherweise aber auch niemals entdecken werden –, schafft die Evolution im wahrsten Sinn des Wortes spielend durch „trial und error". Ist hingegen rationales Design möglich und erfolgreich, dann ist es dem evolutionären Design aus ökonomischen Gründen überlegen, weil die Methode effizienter ist: Rationales Design gestattet es, das gewünschte Molekül direkt, das heißt ohne Umwege, zu synthetisieren, wogegen die Evolution einen großen Aufwand an suboptimalen und ungeeigneten Lösungen durchspielen muss. Allerdings hält sich dieser Mehraufwand für ein Gesamtprojekt in Grenzen, da ein in Form einer selektierten Sequenz erhaltenes Molekül später auf konventionellem molekularbiologischem Weg vervielfältigt werden kann. Dies ist gewissermaßen eine Form der „Evolutionären Bionik": Der Mensch lernt von den intelligenten Lösungen der Evolution und setzt die Lösungen später als „rationales Design" voraus. Wie betont wird in einigen Bereichen evolutionäres und rationales Design miteinander kombiniert, wodurch sich die Vorteile beider Methoden miteinander vereinen lassen: Werden bestimmte, evolutionär entwickelte oder durch Computeralgorithmen berechnete Grundstrukturen gezielt in die (fast) zufälligen Sequenzen eingebaut, schafft es die Evolution weitaus rascher und effizienter, Moleküle für bestimmte Zielanwendungen zu entwickeln.

6.7 Verwendete molekularbiologische Begriffe

Allel: Gene kommen in mehreren Varianten vor, die Allele genannt werden. Fast alle höheren Organismen sind in ihren Phänotypen *diploid* und haben für ihre Gene (mit Ausnahme der Gene auf den Geschlechtschromosomen) ein väterliches und ein mütterliches Allel.

Assay: Ein biochemischer oder molekularbiologischer Aufbau eines Experiments zur Erfüllung einer bestimmten Funktion. Ein Replikationsassay beispielsweise dient zum Replizieren von Molekülen.

Autosom: Alle Chromosomen, außer den Geschlechtschromosomen – X und Y bei Säugetieren – werden Autosomen genannt.

Bakteriophage: Wörtlich übersetzt ein Bakterienfresser. Dies sind relativ kleine RNA- oder DNA-Viren, welche Bakterien befallen und für ein paar Gene codieren, deren Übersetzungsprodukte für den Lebenszyklus des Virus unentbehrlich sind.

Chromosom: Ein Chromosom kann am besten als eine ‚Perlenkette' von Genen vorgestellt werden. Eine menschliche Körperzelle hat 22 Paare von Autosomen und ein Paar Geschlechtschromosomen - XY beim Mann und XX bei der Frau.

Code: Der genetische Code ist der Übersetzungsschlüssel von RNA in Protein. Jeweils drei Nukleotide codieren für einen Aminosäurerest. Darüber hinaus gibt es noch Satzzeichen, welche den Beginn und das Ende der Übersetzung markieren.

DNA: Die Desoxyribonukleinsäure ist das Trägermolekül, welches die genetische Information von allen Lebewesen außer einigen Klassen von Viren und anderen kleinen Pathogenen enthält.

Fitness: Ein Begriff der Populationsgenetik, der als Maß für die Zahl der Nachkommen dient, mit denen eine bestimmte Variante in künftigen Generationen vertreten sein wird.

Genom: Das *Genom* ist die gesamte auf der DNA – oder bei Viren auch RNA – des Organismus gespeicherte genetische Information. In der makroskopischen Biologie spricht man zumeist vom *Genotyp*.

Hamming-Abstand: Der Hamming-Abstand zwischen zwei Sequenzen misst die minimale Zahl an Punktmutationen, die notwendig sind, um vor einer Sequenz zur anderen zu gelangen.

Konzentration: Die Menge an vorhandenem und zugänglichem Material pro Volumeneinheit wird in der Chemie als Konzentration bezeichnet. Berechnet wird die Konzentration als die Zahl der Moleküle einer bestimmten Spezies dividiert durch das Volumen der Probe. Um Konzentrationen in Mol/Liter zu erhalten muss noch durch die Loschmidtsche Zahl N_L dividiert werden.

messenger-RNA: Die messenger-RNA ist der Träger der Information für die Synthese eines Proteins. Sie wird durch Transkription eines Stücks DNA und nachfolgende Prozessierung gebildet und am Ribosom in ein Protein übersetzt.

Mitochondrien: Mitochondrien sind Zellorganellen in den Zellen aller höheren Organismen, welche die zelluläre Energiegewinnung durch Oxidation mit molekularem Sauerstoff bewerkstelligen.

Nukleobase: Eine Nukleobase oder Nuklinbase ist eine der vier Klassen von Bausteinen in der DNA: A = Adenin, T = Thymin, G = Guanin, und C = Cytosin. In der RNA wird T durch U = Uracil vertreten.

Nukleotid: Baustein einer Nukleinsäure auch als Nukleotidbuchstabe bezeichnet, der aus drei Einheiten, Nukleobase, Desoxyribose (DNA) oder Ribose (RNA), und Phosphatrest besteht.

Nukleotidpaar: Element einer Nukleinsäuredoppelhelix, das aus zwei gegenübergestellten Nukleotiden besteht. In die Geometrie der biologischen Nukleinsäuren passen nur bestimmte Paarungen, die WATSON-CRICK-Paare AT und TA sowie GC und CG in der DNA.

Operon: Eine Regulationseinheit auf der DNA, bestehend aus den Regulatorsequenzen, an welche die Regulatormoleküle, Aktivatoren und Repressoren, gebunden werden.

Organellen: Zelluläre Substrukturen, die eine gemeinsame Funktion ausüben.

PCR: Die *Polymerase Chain Reaktion* ist eine im genetischen Labor routinemäßig zur Vervielfältigung von Einzelstrang-DNA eingesetzte Technik. Die beiden Moleküle des zur Doppelhelix vervollständigten Einzelstranges müssen zur Auftrennung in die Einzelstränge erhitzt werden, weshalb man ein thermostabiles Molekül benötigt. Ein solches ist die DNA-Polymerase des bei hohen Temperaturen lebenden Mikroorganismus *Thermus aquaticus* (Taq-Polymerase).

Peptid: Peptide entstehen durch Verknüpfung einzelner Aminosäuren. Kurze Ketten werden als Oligopeptide, lange als Polypeptide bezeichnet. Proteine sind Polypeptide, die zur Ausübung einer Funktion befähigt sind.

Pufferlösung: Eine im Allgemeinen wässrige Lösung, in der bestimmte Konzentrationen konstant gehalten werden. Als Beispiel sei die Wasserstoffionenkonzentration, gemessen als pH-Wert, genannt.

Quasispezies: Eine Quasispezies ist die stationäre Variantenverteilung eines Replikations-Mutationssystems.

Ribosom: Ribosomen sind die Protein synthetisierenden molekularen Maschinen aller Zellen. Von einigen Autoren werden sie auch zu den Zellorganellen gezählt.

RNA: Ribonukleinsäuren sind in manchen primitiven Organismen wie Viroiden und einigen Klassen von Viren Träger der genetischen Information. In den Zellen aller Organismen übernimmt die RNA als messenger-RNA, transfer-RNA und ribosomaler RNA die tragenden Funktionen in der Proteinsynthese. Darüber hinaus ist sie in den Zellen höherer Organismen ein wichtiges Element der Regulation von Genexpression.

transfer-RNA: Das Verbindungsstück zwischen der Protein codierenden messenger-RNA und der in Synthese begriffenen Polypeptidkette. Mit dem sogenannten Anticodon (bestehend aus drei Nukleotiden) bestückt, liest die transfer-RNA drei zum Anticodon passende Nukleotide der messenger-RNA ab und vermittelt die dem Triplett zugeordnete Aminosäure zum Anbau an die wachsende Polypeptidkette.

Viroid: Viroide sind bei Pflanzen pathogene RNA-Moleküle, die sich in ihren pflanzlichen Wirtszellen ohne eigene Genprodukte vermehren. Außerhalb der Wirtszellen überleben Viroide als *nackte* RNA-Moleküle.

Virus: Viren sind Pathogene, die Bakterien, Pilze, Pflanzen und Tiere befallen. Ihr genetisches Material kann DNA oder RNA sein. Im Allgemeinen codiert ihr genetisches Material für einige virusspezifische Gene, die in den Zellen entscheidende Funktionen in den viralen Lebenszyklen haben.

6.8 Literatur

AMBROGELLY, A.; PALIOURA, S.; SÖLL, D. (2007): Natural expansion of the genetic code. Nature Chemical Biology 3, 29–35.

ARNOLD, F. H. (2001, Hrsg.): Evolutionary protein design. Advances in Protein Chemistry 55, 1–438.

BIEBRICHER, C. K. (1983): DARWINian selection of self-replicating RNA molecules. Evolutionary Biology 16, 1–52.

BIEBRICHER, C. K.; EIGEN, M.; GARDINER W. C. Jr. (1983): Kinetics of RNA replication. Biochemistry 22, 2544–2559.

BRAKMANN, S.; JOHNSON, K. (2002, Hrsg.): Directed evolution of proteins or how to improve enzymes for biocatalysis. Weinheim.

BREAKER, R. R. (1997): DNA enzymes. Nature Biotechnology 15, 427–431.

BREAKER, R. R. (2012): Riboswitches and the RNA world. Cold Spring Harbor Perspectives in Biology 4, a003566.

BRENNER, S. (1999): Theoretical biology in the third millenium. Philosophical Transactions of the Royal Society of London. Series B, Biological Sciences 354, 1963–1965.

BULL, J. J.; MEYERS, L. A.; LACHMANN, M. (2005): Quasispecies made simple. PLoS Computational Biology 1, e61.

BULL, J. J.; SANJUÁN, R.; WILKE, C. O. (2007): Theory of lethal mutagenesis for viruses. Journal of Virology 81, 2930–2939.

CECH, T. R. (1987): The chemistry of self-splicing RNA and RNA enzymes. Science 236, 1532–1539.

CECH, T. R. (1990): Self-splicing of group I introns. Annual Review of Biochemistry 59, 543–568.

CECH, T. R. (2000) The ribosome is a ribozyme. Science 289, 878–879.

CECH, T. R.; ZAUG, A. J.; GRABOWSKI, P. J. (1981): The intervening sequence of the ribosoimal RNA precursor is converted into a circular RNA in isolated nuclei of tetrahymena. Cell 27, 467–476.

CHEN, K.; ARNOLD F. H. (1991): Enzyme engineering for nonaqueous solvents: Random mutagenesis to enhance activity of subtilisin E in polar organic media. Nature Biotechnology 9, 1073–1077.

CRICK, F. H. C. (1958): On protein synthesis. Symposia of the Society for Experimental Biology XII, 139–163.

CRICK, F. H. C. (1960): Central dogma of molecular biology. Nature 227, 561–563.

DARWIN, C. (1859): On the origin of species by means of natural selection or the preservation of favoured races in the struggle for life. London.

DAVIS, R. H. (2007): Beadle's progeny: Innocence rewarded, innocence lost. Journal of Biosciences 32, 197–205.

Domingo, E.; Parrish, C. R.; Holland, J. (2008, Hrsg.): Origin and evolution of viruses. 2. Auflage. Amsterdam.

Doudna, J. A.; Cech, T. R. (2002): The chemical repertoire of natural ribozymes. Nature 418, 222–228.

Eigen, M. (1971): Selforganization of matter and the evolution of biological macromolecules. Naturwissenschaften 58, 465–523.

Eigen, M.; McCaskill, J.; Schuster, P. (1989): The molecular quasispecies. Advances in Chemical Physics 75, 149–263.

Eigen, M.; Schuster, P. (1977): The hypercycle. A principle of natural self-organization. Part A. The emergence of the hypercycle. Naturwissenschaften 64, 541–565.

Eigen, M.; Schuster, P. (1978): The hypercycle. A principle of natural self-organization. Part B. The abstract hypercycle. Naturwissenschaften 65, 7–41.

Ellington, A. D.; Szostak, J. W. (1990): *In vitro* selection of RNA molecules that bind specific ligands. Nature 346, 818–822.

Flamm, C.; Hofacker, I. L.; Maurer-Stroh, S.; Stadler, P. F.; Zehl, M. (2001): Design of multistable RNA molecules. RNA 7, 254–265.

Gago, S.; Elena, S. F.; Flores, R.; Sanjuán, R. (2009): Extremely high mutation rate of a hammerhead viroid. Science 323, 1308.

Gurrier-Takada, C.; Gardiner, K.; March, T.; Pace, N.; Altman, S. (1983): The RNA moiety of ribonuclease P is the catalytic subunit of the enzyme. Cell 35, 849–857.

Hamman, C.; Luptak, A.; Perreault, J.; De la Peña, M. (2012): The ubiquitous hammerhead ribozyme. RNA 18, 871–885.

Hayden, E. C. (2009): Genome sequencing: The third generation. Nature 457, 768–769.

Jäckel, C.; Kast, P.; Hilvert, D. (2008): Protein design by directed evolution. Annual Review of Biophysics 37, 153–173.

Jacob, F.; Monod, J. (1961): Genetic regulatory mechanisms in the synthesis of proteins. Journal of Molecular Biology 3, 318–356.

Jänisch, R. (1997): DNA methylation and imprinting: Why bother? Trends in Genetics 13, 323–329.

Joyce, G. F. (2004): Directed evolution of nucleic acid enzymes. Annual Review of Biochemistry 73, 791–836.

Joyce, G. F. (2007): Vierzig Jahre Evolution im Reagenzglas. Angewandte Chemie 119, 6540–6557.

Killian, K. (2005): Genomic imprinting: Parental differentiation of the genome. Atlas of Genetics and Cytogenetics in Oncology and Haematology. http://atlasgeneticson-cology.org/Deep/GenomImprintID20032.html. Zugr. a. 07.01.2014.

Klussmann, S. (2006, Hrsg.): The aptamer handbook. Functional oligonucleotides and their applications. Weinheim.

Kruger, K.; Grabowski, P. J.; Zaug, A.J.; Sands, J.; Gottschling, D. E.; Cech, T. R. (1982): Self-splicing RNA: Autoexcision and autocyclization of the ribosomal RNA intervening sequence of tetrahymena. Cell 31, 147–157.

Liszka, M. J.; Clark, M. E.; Schneider, E.; Clark, D. S. (2012): Nature versus nurture: Developing enzymes that function under extreme conditions. Annual Review of Chemical and Biomolecular Engineering 3, 77–102.

Mattick, J. S. (2003): Challenging the dogma: The hidden layer of non-protein-coding RNAs in complex organisms. BioEssays 25, 930–939.

Mattick, J. S. (2004): RNA regulation: A new genetics? Nature Review Genetics 5, 316–323.

Mattick, J. S. (2010): RNA as the substrate for epigenome-environment interactions. Bioessays 32, 548–552.

Maxam, A.; Gilbert, W. (1977): A new method for sequencing DNA. PNAS 74, 560–564.

Mendel, G. (1866): Versuche über Pflanzenhybriden. Verhandlungen der Naturforschenden Vereins zu Brünn 4, 3–47.

Muhlbacher, J.; St-Pierre, P.; Lafontaine, D. A. (2010): Therapeutic applications of ribozymes and riboswitches. Current Opinion in Pharmacology 10, 551–556.

Ohno, S. (1972): So much „junk" DNA in our genome. In: Smith, H. H. (Hrsg.) Evolution of genetic systems. Brookhaven Symposia in Biology 23, 366–370. New York.

Osawa, S.; Jukes, T. H.; Watanabe, K.; Muto, A. (1992): Recent evidence for evolution of the genetic code. Microbiological Reviews 56, 229–264.

Pollack, S. J.; Jacobs, J. W.; Schultz, P. G. (1986): Selective chemical catalysis by an antibody. Science 234, 1570–1573.

Reidys, C.; Stadler, P. F.; Schuster, P. (1997): Generic properties of combinatory maps. RNA secondary structures. Bulletin of Mathematical Biology 59, 339–397.

Roth, A.; Breaker, R. R. (2009): The structural and functional diversity of metabolite-binding riboswitches. Annual Review of Biochemistry 78, 305–334.

Sanger, F. (2001): The early days of DNA sequences. Nature Medicine 7, 267–268.

Schuster, P. (1995): How to search for RNA structures. Theoretical concepts in evolutionary biotechnology. Journal of Biotechnology 41, 239–257.

Schuster, P. (2006): Prediction of RNA secondary structures. From theory to models and real molecules. Reports on Progress in Physics 69, 1419–1477.

Serganov, A.; Keiper, S.; Malinina, L.; Tereshko, V.; Skripkin, E.; Höbartner, C. et al., Polonskaia, A; Phan, A. T.; Wombacher, R.; Micura, R.; Dauter, Z.; Jäschke, A.; Patel, D. J. (2005) Structural basis for Diels-Alder ribozyme-catalyzed carbon-carbon bond formation. Nature Structural & Molecular Biology 12, 218–224.

SHOKAT, K. M.; SCHULTZ, P. G. (1990): Catalytic antibodies. Annual Review of Immunology 8, 335–363.

SPIEGELMAN, S. (1971): An approach to the experimental analysis of precellular evolution. Quarterly Reviews of Biophysics 4, 213–253.

STEITZ, T. A.; MOORE, P. B. (2003): RNA, the first macromolecular catalyst: The ribosome is a ribozyme. Trends in Biochemical Sciences 28, 411–418.

TAWFIK, D. S.; GREEN, B. S.; CHAP, R.; SELA, M.; ESHHAR, Z. (1993): catELISA: A facile general route to catalytic antibodies. PNAS 90, 373–377.

TEJERO, H.; MARÍN, A.; MONTERO, F. (2010): Effect of lethality on the extinction and on the error threshold of quasispecies. Journal of Theoretical Biology 262, 733–741.

THIEFFRY, D. (1998): Forty years under the central dogma. Trends in Biochemical Sciences 23, 312–316.

TRAMONTANO, A.; JANDA, K. D.; LERNER, R. A. (1986): Catalytic antibodies. Science 234, 1566–1570.

TUERK, C.; GOLD, L. (1990): Systematic evolution of ligands by exponential enrichment: RNA ligands to bacteriophage T4 DNA polymerase. Science 249, 505–510.

WANG, Q.; PARRISH, A. R.; WANG, L. (2009): Expanding the genetic code for biological studies. Chemistry & Biology 16, 323–336.

WATSON, J.; CRICK, F.H.C. (1953) Molecular structure of nucleic acids: A structure for deoxyribonucleic acid. Nature 171, 737–738.

WEGENER, A. (1912): Die Entstehung der Kontinente und Ozeane. Geologische Rundschau 3, 276–292.

WEISSMANN, C. (1974): The making of a phage. FEBS Letters 40, 10–18.

WINTRODE, P. L.; ARNOLD, F. H. (2001): Temperature adaptation of enzymes: Lessons from laboratory evolution. Advances in Protein Chemistry 55, 161–225.

WRENN, S. J.; HARBURY, P. B. (2007): Chemical evolution as a tool for molecular discovery. Annual Review of Biochemistry 76, 331–349.

XU, Y.; YAMAMOTO, N.; JANDA, K. D. (2004): Catalytic antibodies: Hapten design strategies and screening methods. Bioorganic & Medicinal Chemistry 12, 5247–5268.

YOU, L.; ARNOLD, F. H. (1996): Directed evolution of subtilisin E in *Bacillus subtilis* to enhance total activity in aqueous dimethylformamide. Protein Engineering 9, 77–83.

ZAKS, A.; KLIBANOV, A. M. (1988): Enzymatic catalysis in nonaqueous solvents. The Journal of Biological Chemistry 263, 3194–3201.

1 Ein *reversibler* Vorgang ist dadurch gekennzeichnet, dass eine Umkehr der Zeit (in den dynamischen Gleichungen wird t durch $-t$ ersetzt) zu einem in der Realität möglichen Prozess wird. Ein illustratives Beispiel für einen reversiblen Prozess ist die Bewegung eines Pendels: Abgesehen von der sogenannten Phase, welche durch den Anfangszeitpunkt der Bewegung festgelegt wird, sind die Bewegungen für t und $-t$ identisch. Als Beispiel für einen *irreversiblen* Vorgang kann der Temperaturausgleich dienen. Eine an einem Ende glühende und am anderen Ende kalte Eisenstange wird nach einiger Zeit an beiden Enden dieselbe Temperatur aufweisen. Der in der Zeit umgekehrte Vorgang, dass eine Eisenstange an einem Ende zu glühen beginnt, wogegen das andere Ende kalt wird, ist extrem unwahrscheinlich und wurde noch nie beobachtet.

2 Das Ausnutzen einer Temperaturdifferenz zum Leisten von Arbeit entspricht dem Funktionsprinzip der Dampfmaschine. Auf der Erde wird die Differenz zwischen der Strahlungstemperatur der von der Sonne kommenden und wieder in den Weltraum abgestrahlten Energie durch die Pflanzen für chemische Synthesen genutzt (Photosynthese).

3 Der Ausdruck *Dogma* ist, wie auch Francis Crick später selbst bemerkte, für den Sachverhalt des Informationsflusses in biologischen Systemen unpassend. Ein Dogma ist ein nicht zu hinterfragender Glaubensinhalt, wogegen das zentrale *Dogma der Molekurabiologie* einen klar begründeten chemisch-biologischen Sachverhalt darstellt. Eine ins Detail gehende Darstellung des *zentralen Dogmas* und seiner Geschichte findet sich in Thieffry (1998).

4 Die DNA kommt in mehreren Formen vor. Die häufigsten sind a-DNA, b-DNA und z-DNA. Die Struktur der DNA in der Zelle ist fast immer die b-Form.

5 Ähnliches gilt für die durch die Evolution entstandenen höheren Lebewesen: Auch wenn es für Vögel einen großen Selektionsvorteil bedeuten würde, sechs Gliedmaßen (zwei Beine, zwei Flügel und zwei Hände) zu besitzen, die Komplexität der organismischen Entwicklung macht dies unmöglich.

6 *Exprimieren* von Genen bedeutet, dass die betreffenden Gene tatsächlich in Proteinstrukturen übersetzt werden. Die Genexpression in einer Zelle hängt von ihrer Natur und von ihrem Zustand, insbesondere vom Lebensalter im Zellzyklus ab.

7 Man spricht von alternativem „Splicing" der transkribierten RNA. Die von der DNA umgeschriebene messenger-RNA enthält innerhalb der Protein kodierenden Sequenz Abschnitte, sogenannte *Introns*, welche vor der Übersetzung in Protein herausgeschnitten werden. Beim alternativen „Splicing" erfolgt das Herausschneiden unterschiedlich in den verschiedenen Geweben, wodurch verschiedene Proteine gebildet werden. Daher bilden die 20 000 Gene auf der DNA eine sehr viel größere Zahl an Proteinen. Diese Zahl erhöht sich noch weiter durch unterschiedliche Modifikation der Proteine nach der Übersetzung.

8 Kopierfehler bilden bei weitem nicht den einzigen Mutationsmechanismus: DNA kann beispielsweise auch durch verschiedene äußere Einwirkungen – Chemikalien, energiereiche Strahlung in Form von Röntgenstrahlen oder γ-Strahlen – auf einzelnen Nukleobasen modifiziert werden. Mit der nächsten Replikation pflanzt sich die entsprechende Mutation fort, falls nicht vorher ein Korrekturenzym die Fehlstelle repariert.

9 Als „M" wird das für die Synthese des Nukleinsäuremoleküls nötige Material (etwa die verschiedenen Nukleobasen) bezeichnet.

10 Temperaturerhöhung führt zum Aufschmelzen von DNA- oder RNA-Doppelhelices. Die notwendige Energie wird dabei in Form von Wärme zugeführt.

11 Ohne Verlust an Allgemeinheit wurde hier der Einfachheit halber mit binären Sequenzen an Stelle der natürlichen Vierbuchstabensequenzen gerechnet.

12 Mit „allgemeinem Fall" ist hier insbesondere die Bedingung der *Nicht-Neutralität* gemeint. Unter *Neutralität* versteht man den Fall, dass zwei oder mehrere Sequenzen dieselben Fitnesswerte besitzen.

Demnach bedeutet *Nicht-Neutralität,* dass alle Sequenzen verschiedene Fitnesswerte haben. Die Bedingung der Neutralität spielt sowohl bei Evolutionsexperimenten *in vitro* als auch in der Natur eine wichtige Rolle; sie kann auch in der Quasispeziestheorie berücksichtigt werden. Eine erschöpfende Behandlung würde den für dieses Kapitel vorgegebenen Rahmen sprengen.

13 Dieser Befund wurde aus kinetischen Differentialgleichungen hergeleitet und gilt dementsprechend für den Grenzwert großer Populationen, $\lim N \rightarrow \infty$. Eine große Population ist eine, in welcher die Zahl der Individuen, N, die Zahl der möglichen Sequenzen, n, bei weitem übertrifft. Für Nukleinsäuren gilt $n = 4l$, wenn l die Sequenz- oder Kettenlänge darstellt. Da $4l$ schon bei sehr moderaten Kettenlängen wie $l = 100$ eine unvorstellbar große Zahl ist, $4100 = 1,6 \times 1060$, muss man in der Realität die Quasispezies auf die unmittelbare Umgebung der Mastersequenz im Sequenzraum beschränken, da sonst Konzentrationen von Bruchteilen von Molekülen im Reaktionsvolumen auftreten.

14 Es bedarf einer Erklärung, was unter *näherungsweiser Gleichwertigkeit* verstanden werden soll. Denken wir beispielsweise an den Buchstaben Q in unserem lateinischen Alphabet. Er wird nicht wirklich so wie die anderen Buchstaben verwendet, Q kommt fast nur vergemeinschaftet mit dem U als Digraph „Qu" vor. Ausnahmen gibt es fast nur bei Eigennamen und in der Transkription von chinesischen Schriftzeichen. Jedoch bei Aufzählungen A, B, C,… oder als mathematisches Symbol ist Q eigenständig, und bei der der Ermittlung der Buchstabenzahl wird Q wie ein normaler Buchstabe gezählt.

15 Man könnte hier einwenden, dass auch in einem binären 0,1-System wie in Computern perfekt kodiert werden kann. Dem angesprochenen Problem der chemischen Unterschiede entgeht man aber dennoch nicht, denn bei identischen Paarungen kommt die Verschiedenheit durch die unterschiedlichen Paarwechselwirkungen, 00, 01, 10 und 11, zustande, die durch einen strukturchemischen Trick ausgeräumt werden müssen.

16 Als *Konformation* bezeichnet man die räumlichen Anordnungsmöglichkeiten der Atome eines Moleküls, die sich durch freie Drehung um eine einfache Bindungsachse (meist um eine C-C-Bindung) ergeben. Biomoleküle wie Proteine oder Nukleinsäuren haben im Allgemeinen eine Vielzahl von Konformationen, aber die meisten davon sind kurzlebig. Das heißt, sie wandeln sich zu rasch in andere, stabilere Konformationen um, als dass sie eine wesentliche Rolle spielen können. Die meisten Moleküle haben nur *einen* langlebigen Zustand, welcher dem globalen Minimum der freien Energie entspricht.

17 In dieser Reaktion (benannt nach ihren Entdeckern Otto Diels und Kurt Alder) wird aus zwei ungesättigten Verbindungen (für den Fachmann: aus einem konjugierten Dien und einem substituierten Alken) ein Ring aus sechs Kohlenstoffatomen gebildet. Die Bedeutung dieser Umsetzung liegt darin, dass C-C-Bindungen mit hoher Stereoselektivität, das heißt mit einer genau definierten *räumlichen Anordnung* der Atome, aufgebaut werden können. Diels-Alder-Reaktionen spielen insbesondere bei der Synthese von Naturstoffen (u. a. Aufbau von Steroiden wie etwa dem weiblichen Sexualhormon Östradiol) eine große Rolle.

18 Eine chemische Reaktion verläuft, ausgehend von den Reaktanten, über sog. Übergangszustände hin zu den Produkten. Im Allgemeinen sind Übergangszustände instabil; durch Abwandlung der atomaren Zusammensetzung können aber stabile Strukturen synthetisiert werden, welche die gleiche oder eine sehr ähnliche Geometrie wie der Übergangszustand aufweisen. Diese bezeichnet man als Analoga (Ez.: Analogon) des Übergangszustandes.

Lebensgeschichtsevolution

Variation von Lebensstrategien evolutionär erklären

7

Charlotte Störmer / Eckart Voland

WANN SOLLTE EIN ORGANISMUS mit der Reproduktion beginnen? Wie viele Nachkommen sollte er zeugen? Und wie viel sollte er in jeden einzelnen Nachkommen investieren? Diese drei Fragen markieren wichtige Entscheidungen im Lebenslauf eines Organismus. Welche Antwort jeder einzelne darauf hat und warum, sind die zentralen Fragen, die die Theorie zur Evolution der Lebensgeschichte zu beantworten versucht. Organismen sind während ihres Lebens mit der Limitierung von Ressourcen wie z. B. Energie oder Zeit konfrontiert. Diese Knappheit an Ressourcen führt zu sogenannten *Allokationskonflikten* (Verteilungsproblemen) hinsichtlich des Investments in die drei Lebensbereiche Selbsterhalt, Wachstum und Reproduktion. Vor dem Hintergrund all dieser Entscheidungen begünstigt die natürliche Selektion den bestmöglichen Kompromiss mit der höchsten reproduktiven Fitness für das Individuum.

Im folgenden Kapitel werden wir besonders darauf eingehen, wie Umweltbedingungen, insbesondere unsichere und nicht vorhersagbare Umwelten, Allokationsentscheidungen beeinflussen und so ganz bestimmte Lebensverläufe begünstigen. Als eine Komponente des Phänotyps wird dabei das Verhalten von besonderem Interesse sein und uns aufzeigen, welch weitreichende Erkenntnisse, z. B. im Bereich der Psychologie, durch die Theorie der Lebensgeschichte möglich waren bzw. möglich sind.

Bei der Theorie der Lebensgeschichtsevolution handelt es sich um eine noch relativ junge Ausdifferenzierung der Darwin'schen Evolutionstheorie, die in besonderer Weise deren umfassenden Erklärungsanspruch verdeutlicht: Sie nimmt nämlich sowohl rein somatische Prozesse, wie etwa den Zeitpunkt sexueller Reife, in den Blick als auch Verhaltensphänomene, wie etwa Gewaltbereitschaft. Des Weiteren beschäftigt sie sich, wenn es um Menschen geht, mit den Unterschieden in mentalen Repräsentationen und Intuitionen, etwa in Hinblick auf politische Grundüberzeugungen oder Gerechtigkeitsannahmen. Sie hat damit das Potenzial zum theoretischen Fundament einer breit angelegten, integrativen evolutionären Anthropologie.

7.1 Einleitung: Vom Instinkt zur Strategie

Die „Klassische Verhaltensforschung", wie sie im deutschsprachigen Raum wesentlich mit den Namen und Werken der drei Nobelpreisträger Konrad Lorenz, Nikolaas Tinbergen und Karl von Frisch verbunden wird, hat in aller denkbaren Klarheit deutlich gemacht, dass der Erklärungsanspruch der Darwin'schen Evolution unabweisbar Verhaltensphänomene mit einschließt. Dies betrifft zum einen die phylogenetische Blickrichtung der Evolutionsforschung, also Abstammungsfragen, zu deren Klärung Lorenz den Vergleich von artspezifischen Verhaltensinventaren (Ethogrammen) einführte und – für unser Thema besonders interessant – auch ihre funktionale Blickrichtung, also Fragen nach dem Anpassungswert von Verhalten im *struggle for life*. Mit seinem auch heute noch viel zitierten Aufsatz „On aims and methods in ethology" hat Tinbergen (1963) die theoretische Grundlage für das ausformuliert, was als „Tinbergens vier Fragen" in den einschlägigen Lehrbüchern abgehandelt wird.

Wer die Verhaltensleistungen von Tieren (und Menschen) biologisch verstehen will, muss den Fragen nachgehen, aufgrund welcher Individualgeschichte (Ontogenese) es zu dem infrage stehenden Verhalten kommt, welche physiologischen Prozesse dieses Verhalten auf welche Art und Weise regulieren (Mechanismus), wie dieses Verhalten aus früheren Formen evolviert ist (Phylogenese) und welche Funktion (Anpassungswert) es hat. Letzteres ist die Frage, warum das Verhalten den unbestechlichen Test der natürlichen Selektion bestanden hat und zumindest unter historischen Bedingungen zur genetischen Fitness der Akteure beigetragen hat. Mit dieser Forschungsagenda ist die Ethologie (auch wenn dieser Ausdruck heute weniger verwendet wird und stattdessen dem Begriff „Verhaltensökologie" Platz gemacht hat) dabei, einen nach Spezies und Verhaltensweisen weit ausgreifenden Kumulus von verhaltensbiologischen Studien zu erarbeiten.

In den letzten Jahren sind nun zunehmend Überlegungen in den Vordergrund gerückt, die zu einer interessanten Ausdifferenzierung der biologischen Verhaltensforschung geführt haben. Ausgangspunkt dafür ist die Beobachtung, dass im Leben „nichts umsonst ist". Gemeint ist damit der folgenreiche Umstand, dass Verhaltensäußerungen Ressourcen beanspruchen, sei es nun Zeit oder Energie oder Risiken oder – was die Regel sein dürfte – eine Kombination aus allen diesen Kostenfunktionen. Um den Anpassungswert eines Verhaltens zu bestimmen, reicht es also nicht, bloß seinen im günstigen Fall erreichten Zweck zu benennen, sondern zusätzlich müssen auch die Kosten des Verhaltens betrachtet werden, um bei vorteilhafter Datenlage eine Kosten/Nutzen-Gesamtbilanz aufstellen zu können, deren Gesamtergebnis erst über den Anpassungswert entscheidet. Zur Verdeutlichung: Noch mehr als ohnehin schon in Balzverhalten zu investieren, mag sich in Hinblick auf die Attraktion weiterer Sexualpartnerinnen lohnen. Wenn dies aber zugleich auch vermehrt Predatoren (Räuber) anlockt, mag das gesteigerte Balzverhalten letal (tödlich) enden und die Fitnessbilanz des ganzen Unternehmens wird negativ. Komplizierter werden die Zusammenhänge freilich, wenn die Kosten eines Verhaltens zeitverzögert aufscheinen. Beispielsweise könnte ein vermehrtes Balzverhalten in der Tat vorteilhaft sein, aber so viele Körperreserven beanspruchen, dass der nächste Winter nicht überlebt wird. Der Vorteil in dieser Balzsaison wird also bezahlt mit den Lebens- und Reproduktionschancen in späteren Jahren.

Die Lehre daraus ist folgende: Zum Verständnis des Anpassungswerts eines Verhaltens bedarf es einer Lebensperspektive. Es reicht nicht, die Vorteile eines Verhaltens im Hier und Jetzt zu ermitteln. Entscheidend ist die Frage, welchen Einfluss dieses Verhalten auf den Lebensreproduktionserfolg des Individuums hat. Abgerechnet wird am Ende des Lebens, nämlich dann, wenn die Akteure keinerlei Chancen mehr haben, ihre Fitnessbilanz zu beeinflussen. Alle Vorteile sind ausgeschöpft, alle Kosten beglichen. Die natürliche Selektion entscheidet über den reproduktiven Gesamterfolg dieses Lebens im Vergleich zu den Lebenserfolgen der Mitbewerber um reproduktive Fitness. Die Verhaltensforschung bekommt damit eine biographisch orientierte Dimension (FLATT/ HEYLAND 2011; ROFF 1992; STEARNS 1992). In ihren Fokus rücken ganze Lebensgeschichten. Die erkenntnisleitende Frage ist dabei die nach der evolutionären Logik, die für die Ausgestaltung der Lebensgeschichten in der je vorgefundenen Form verantwortlich ist und die Frage nach den Gründen für die zwischen- und innerartliche Variabilität.

7.2 Abgleichprobleme treiben die Lebensgeschichtsevolution an

Die Lebensgeschichte eines Individuums dauert von der Konzeption bis zum Tod. Streng genommen ist diese trivial anmutende Aussage allerdings nicht ganz richtig, denn es gibt Organismen, die auch noch nach ihrem Tod ihre genetische Fitness beeinflussen können. Soziale *Spinnen* beispielsweise können ihren Kadaver als Nahrungsquelle für ihren Nachwuchs bereitstellen, und Menschen haben Erbstrategien entwickelt, die auch *posthum* noch reproduktionsstrategisch wirksam sind. Wir wollen uns aber nicht gleich zu Beginn dieses Beitrags in Spezialfällen verlieren, sondern es bei einem Blick auf den einfachsten Fall belassen, nämlich die Zeit zwischen Konzeption und Tod. Dabei kann eine Lebensgeschichte sehr kurz sein – und wie im Fall einiger *Eintagsfliegen* nur aus einem einzigen Tag als erwachsenes Individuum bestehen. *Elefanten* dagegen, die größten lebenden Landtiere, können bis zu 70 Jahre alt werden, und „Lonesome George", die legendäre Galapagos-Riesenschildkröte, wurde als letzte ihrer Unterart gar rund 100 Jahre alt. Diese Unterschiede gilt es evolutionär zu verstehen.

Jede Lebensgeschichte ist in verschiedene Abschnitte gegliedert, und wenngleich sie Merkmale aufweist, die für die jeweilige Art charakteristisch sind, lässt sich doch die beobachtbare Vielfalt der Lebensformen zu einem überschaubaren Konzept verdichten (Abb. 7.1). Es geht davon aus, dass Leben physiologisch betrachtet purer Aufwand ist. In einer ersten Unterscheidung gliedert sich dieser in *somatischen* Aufwand und *Reproduktions*aufwand. Somatischer Aufwand, mit den Komponenten Selbsterhaltung, Wachstum und Reifung, dient der Akkumulation von Reproduktionspotential. Durch somatischen Aufwand wird ermöglicht, dass ein Individuum zunächst zur sexuellen Reife heranwachsen kann und durch Aufrechterhaltung der körperlichen Funktionen und ständiger Reparatur betroffener Systeme lebensfähig bleibt. Darunter fallen Funktionen, wie sie das Immunsystem vollzieht, um mit pathogenem Stress fertig zu werden, aber auch beispielsweise Lernprozesse, die für eine Vermehrung von sozialer oder ökologischer Lebenskompetenz sorgen. Wenn das Individuum bis ins Erwachsenenalter überlebt hat, wird über den Reproduktionsaufwand das angesammelte Reproduktionspotential verausgabt, denn in der Evolution geht es letztlich um erfolgreiche genetische Reproduktion und nicht um die bloße Qualität der Phänotypen. Somatischer Aufwand ist nur insoweit evolutionsstabil, als er letztlich in verbesserte Fortpflanzung mündet. Reproduktionsaufwand lässt sich dabei in drei Bereiche unterteilen (wir bleiben der Einfachheit halber im Bereich der Säugetiere): 1. Paarungsaufwand (Partnersuche und -wahl), 2. Nepotismus (Verhalten, das der genetischen Reproduktion von Verwandten dient) und 3. Elternaufwand (Schwangerschaft, Geburt und Jungenfürsorge).

Die evolutionäre Lebensgeschichtsforschung setzt nun an dem Umstand an, dass Ressourcen naturgemäß begrenzt sind. Jedem Individuum steht nur eine begrenzte Menge an Ressourcen zur Verfügung, die gemäß aller ökonomischen Rationalität nur einmal verausgabt (= investiert) werden kann. Damit gerät der Organismus in Entscheidungskonflikte: Sollen die zu einem bestimmten Zeitpunkt verfügbaren Ressourcen in Wachstum, Selbsterhalt oder in Reproduktion investiert werden? Die Verausgabung einer Ressource in einem dieser Teilbereiche führt unter der mit Leben untrennbaren Bedingung der Ressourcenknappheit zwangsläufig zu einem Investitionsmangel an anderer Stelle. Damit stehen die Organismen vor einem Optimierungsproblem. Man spricht auch von Abgleichproblemen (engl. *trade-off*) und Allokationskonflikten. Sie sind die Triebfeder in der Evolution von Lebensverläufen, denn auf die eine oder andere Art und Weise muss sich ein Organismus zwangsläufig in diesen Konflikten verhalten und entscheiden. Aus der Summe dieser Entscheidungen, in Abhängigkeit von den vorherrschenden Lebensbedingungen, von der Ressourcenverfügbarkeit und den sich bietenden Opportunitäten einerseits und den je typischen Begrenzungen andererseits entsteht eine Lebensgeschichte. Diese ist gekennzeichnet von Entscheidungen wie ,Wie schnell wachse ich?', ,Wann reproduziere ich zum ersten Mal?', ,Wie viele Nachkommen produziere ich?' und ,Wie viel investiere ich in meine einzelnen Nachkommen?'. (Zur Vermeidung von Missverständnissen sei an dieser Stelle angemerkt, dass „Entscheidungen" in

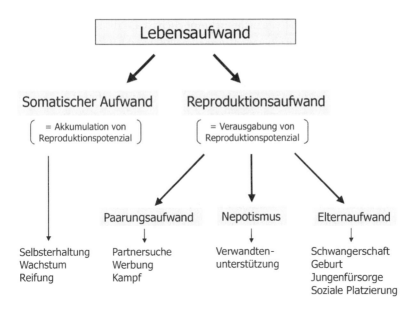

Abb. 7.1
Funktionelle Differenzierung des Lebensaufwands (aus VOLAND 2013, nach ALEXANDER 1988).

der Evolutionsbiologie nicht notwendigerweise als bewusste, rationale Prozesse verstanden werden, sondern – was die Regel ist - Ergebnis rein physiologischer Regulation sein können). Die Fülle der Lebensläufe ist das Rohmaterial, an dem die natürliche Selektion ansetzt, wobei jene Lebensmodelle evolutionär von Erfolg gekrönt sind, die unter den gegebenen Lebensbedingungen zu den bestmöglichen Lösungen der Allokationskonflikte gefunden haben. Das Attribut „bestmöglich" meint in diesem Zusammenhang jene Entscheidungen, die in ihrer Summe zum größtmöglichen Fitnessgewinn geführt haben.

Mit welchen konkreten Allokationskonflikten ist ein Individuum im Laufe seines Lebens konfrontiert? In der Literatur sind inzwischen über 40 derartiger Allokationskonflikte beschrieben (STEARNS 1989). Die vier wichtigsten, die nicht zuletzt auch das menschliche Leben prägen, sind diese:

◆ Wachstum vs. Reproduktion
◆ Paarungs- vs. Elternaufwand
◆ Momentane vs. spätere Reproduktion
◆ Qualität vs. Quantität der Nachkommen

Das erste Abgleichproblem zwischen Wachstum und Reproduktion ergibt sich für viele Tiere (auch den Menschen) aus dem Umstand, dass zusätzliches Längenwachstum mit Erreichen der sexuellen Reife nicht mehr möglich ist. Da die Körperhöhe aber entscheidenden Einfluss auf die Überlebenswahrscheinlichkeit hat (GAGE/ZANSKY 1995) und zudem beispielsweise beim Menschen größere Männer als attraktiver gelten und damit höhere Chancen bei der Partnerwahl haben (SEAR 2010), sollte ein Organismus nicht zu früh sein Investment in Wachstum zugunsten von Investment in Reproduktionsaufwand beenden. Andererseits sollte aber die Reproduktion nicht zu weit hinausgezögert werden, weil dies Zeit, mithin ungenutzte Opportunitäten, kostet und im ungünstigsten Fall ein vorzeitiger Tod den Eintritt in eine Reproduktionsphase überhaupt verhindert.

Wenn ein Individuum die sexuelle Reife erreicht hat, wird es mit der nächsten Entscheidungssituation konfrontiert: Soll es in Paarungsaufwand investieren und seine Konkurrenzfähigkeit auf dem Partnerwahlmarkt steigern, z. B. auch durch Investition in extra-somatischen Aufwand wie Ausbildung oder Vermögensakkumulation und teure Signale, die dies kommunizieren (UHL/VOLAND 2002)? Oder soll es eher opportunistisch mit der Reproduktion beginnen und die verfügbaren Ressourcen in die Jungenaufzucht stecken?

Damit einher geht auch der Konflikt zwischen momentaner und späterer Reproduktion. Besonders für weibliche Säugetiere ist Fortpflanzung mit hohen energetischen Kosten verbunden, denn es sind die Weibchen, die die Jungen austragen, sie nach der Geburt säugen und auch auf andere Weise einen Großteil der Jungenfürsorge übernehmen. Somit sollten Weibchen nur dann in Reproduktion investieren, wenn die Ressourcenlage dies zulässt. Wenn aufgrund von beispielsweise temporärem Nahrungsmangel der Organismus geschwächt ist, sollte zunächst Selbsterhalt Priorität haben und erst zu einem späteren Zeitpunkt die Reproduktion (wieder) aufgenommen werden. So erhöht das Individuum die eigene Überlebenswahrscheinlichkeit und auch die des Nachwuchses.

Schließlich muss sich jedes Individuum entscheiden, ob es vorwiegend in die Anzahl oder die Qualität seiner Nachkommen investieren will. Je nach Lebensbedingungen kann die reproduktive Fitness der Eltern besser durch eine hohe Anzahl von Nachkommen oder durch besonders „hochwertige", d. h. besonders gut ausgestattete und sozial konkurrenzfähige Nachkommen erhöht werden. In diesem Zusammenhang spricht die Lebensgeschichtsforschung von r- und K-Strategen (Überblick in VOLAND 2013). r-Strategen zeichnen sich im Tierreich durch geringe Körpergröße, hohe Mortalitätsraten und Kurzlebigkeit aus. Ihre reproduktive Strategie beruht auf hohen Reproduktionsraten bei geringem Elternaufwand. Typischerweise findet man Individuen mit diesen Merkmalen in Populationen, die sich in der Wachstumsphase befinden (nach dem Symbol ‚r' für die intrinsische Wachstumsrate einer Population, r-Strategie benannt, PIANKA 1970). Dem gegenüber stehen die K-Strategen (‚K' ist das Symbol für die Tragekapazität eines Lebensraums) mit ihren Lebensverläufen, die durch Langlebigkeit, geringe Mortalitätsraten und geringe Reproduktionsraten bei hohem Investment in die Nachkommen gekennzeichnet sind. Durch die erhöhte

Qualität der Nachkommen erzielen K-Strategen Fitnessvorteile in eher stabilen, ökologisch wenig fluktuierenden Umwelten, in denen Verdrängungswettbewerb herrscht.

Nach dem bisher Gesagten könnte der Eindruck entstehen, es gäbe zwei deutlich zu trennende Spielarten der natürlichen Selektion und entsprechend zwei deutlich zu trennende lebensstrategische Antworten darauf. Das ist natürlich nicht der Fall. Die typischen r- und K-Strategien stellen lediglich zwei Pole einer kontinuierlichen Skala dar und die beiden Begriffe ergeben nur im Verhältnis zueinander einen Sinn. Vergleicht man z. B. einen Fisch, der pro Jahr 6000 Eier produziert, mit einer Auster (500 000 000 Eier jährlich), so erscheint der Fisch eher auf der K-Seite des Kontinuums. Im Vergleich zu Säugern ist er hingegen ein ausgesprochener r-Stratege.

Allein schon angesichts ihrer vergleichsweise geringen Fruchtbarkeit, langen Jugendentwicklung und beachtlichen Lebenserwartung rangieren Menschen weit auf der K-Seite des r/K-Gradienten. Allerdings lässt sich eine durchaus nennenswerte Variabilität, sowohl im Populationsvergleich als auch im interindividuellen Vergleich innerhalb einer Population in Bezug auf lebensstrategische Parameter beobachten. Man denke nur an den Unterschied in der realisierten Fruchtbarkeit, wie sie in den westlichen Industriestaaten vorherrscht und nicht einmal zur bloßen Regeneration der Bevölkerung ausreicht, und in jenen sozialen Gruppen, die auf jede Form von Geburtenbeschränkung verzichten und die fekunde Lebenszeit von Frauen voll ausschöpfend nicht selten zweistellige Familiengrößen aufweisen.

Angesichts dieser Unterschiede hat sich schon früh die Frage gestellt, ob das Konzept von „r"- versus „K-Strategie", das zwar zur Erklärung von genetisch weitgehend fixierten Artunterschieden entwickelt wurde, nicht sinngemäß auch menschliche Unterschiede zu erklären vermag. Freilich geht es dann nicht mehr um genetisch weitgehend fixierte Unterschiede, sondern um solche, die sich in variablen Phänotypen äußern. Wenngleich Menschen also K-Strategen sind, sind sie das auch auf verschiedene Weise. Idealtypisch vereinfacht lassen sich eher „langsame" von „schnellen" Lebensverläufen unterscheiden (Bielby et al. 2007), wobei die „Geschwindigkeit" des reproduktiven Verhaltens als konditionale und funktional-adaptive Antwort auf das Ausmaß individuell erfahrener Lebenssicherheit verstanden wird.

7.3 Kontingenzerfahrung und die Geschwindigkeit des Lebens

Wie auch immer Allokationskonflikte gelöst werden: Der Anpassungswert der gefällten Entscheidungen ergibt sich erst unter Bezug auf die Lebensbedingungen, denen ein Organismus ausgesetzt ist, z. B. unter Bezug auf die Frage, welche Selektionsfaktoren die persönliche Umwelt generiert. Es ist dies die Frage nach den Risiken für Leib und Leben und letztlich für die genetische Fitness, denen ein Organismus sich ausgesetzt sieht und deren Bewältigung das adaptive Hauptproblem seines Lebens darstellt. Diese Risiken werden üblicherweise mit den Parametern von Morbidität und Mortalität operationalisiert. In diesem Zusammenhang ist es wichtig, zwischen endogenem und exogenem (auch „intrinsisch/extrinsisch" genannten) Risiko zu unterscheiden. Das Sterblichkeitsrisiko ist dann exogen beeinflusst, wenn die Ursachen entscheidend durch äußere Faktoren bestimmt und nicht oder nur kaum durch das Individuum selbst zu beeinflussen sind. Während Krankheiten, die beispielsweise durch Gendefekte ausgelöst werden, endogene Ursachen haben und damit ein intrinsisches Mortalitätsrisiko darstellen, gelten Infektionskrankheiten (ab einem gewissen Maß an Pathogenbelastung), Hungersnöte und Kriege als extrinsische Risiken (QUINLAN 2007). Solche extrinsischen Risikofaktoren sind Bestandteil des Umweltprofils und bilden von daher eine evolutionäre Bühne für umweltinduzierte Beeinflussungen der Lebensstrategie.

Das extrinsische Sterberisiko kann sich je nach Lebensalter des Individuums unterscheiden – man spricht dann von altersspezifischer Mortalität. Bestimmte Krankheiten, wie beispielsweise Masern, gelten als Kinderkrankheiten und erhöhen des Sterberisiko vorwiegend unter den Jüngsten der Gesellschaft, die nämlich noch nicht über den nötigen Immunschutz verfügen. Unterdessen sterben neben Kindern auch alte und geschwächte Individuen, wenn die Population von einer Hungersnot heimgesucht wird. Kriegerische Auseinandersetzungen dagegen führen bekanntermaßen vermehrt zu Todesfällen unter männlichen Individuen im reproduktionsfähigen Alter. Somit können die verschiedenen Sterberisiken unterschiedlichen Einfluss auf die verschiedenen Altersklassen der Population haben und deshalb für die Altersklassen unterschiedliche Überlebensprobleme im Schlepptau führen, deren adaptive Lösungen wiederum Einfluss auf das Leben der anderen Populationsmitglieder nehmen. Lebensgeschichten sind deshalb notwendigerweise miteinander vernetzt.

Die Lebensgeschichtsforschung ist ganz wesentlich durch die Idee beeinflusst, dass die Geschwindigkeit der Lebensgeschichte, und damit der Zeitpunkt von Lebensereignissen, eine Anpassung an extrinsische Mortalitätsraten darstellt (CHARNOV 1991). Die herausragende Bedeutung der extrinsischen Mortalität als erklärende Variable für Variation in Merkmalen der Lebensgeschichte wurde bereits im Jahre 1990 von PROMISLOW/HARVEY (1990) in ihrer Arbeit „Living fast and dying young" formuliert. Individuen, die mit hohen Mortalitätsraten konfrontiert werden, müssen ihr „Lebenstempo" beschleunigen, um die Wahrscheinlichkeit zu erhöhen, sich vor ihrem Tod fortzupflanzen. Zur Strategie der „schnellen Lebensgeschichte" gehört ein Ensemble verschiedener Merkmale, die zusammen einen adaptiven Komplex physiologischer und behavioraler Kennzeichen bilden (die Strategie der „langsamen Lebensgeschichte" ist durch jeweils gegenteilige Attribute gekennzeichnet):

◆ eine schnelle körperliche Entwicklung, ein frühes Einsetzen der Pubertät und ein früher Beginn sexueller Aktivität (BELSKY ET AL. 2010, CHISHOLM ET AL. 2005, ELLIS/ESSEX 2007, KUZAWA ET AL. 2010)

- ein früher Fortpflanzungsbeginn (ANDERSON 2010, CHISHOLM ET AL. 2005, LOW ET AL. 2009, NETTLE ET AL. 2011, QUINLAN 2010)
- eine erhöhte Fruchtbarkeit (ANDERSON 2010, NETTLE 2010, QUINLAN 2010)
- eine eher geringe elterliche Pro-Kopf-Investition in die Nachkommen (NETTLE 2010, QUINLAN 2007)
- eher wenig Investition in ausdauernde Sozialbeziehungen, speziell in Paarbeziehungen (CHISHOLM ET AL. 2005, FIGUEREDO/ WOLF 2009, QUINLAN/QUINLAN 2007)

Die jeweilige Position in diesem schnell/langsam-Kontinuum – also die Merkmalskombination der Lebensstrategie – lässt sich im Wesentlichen schon durch nur zwei Faktoren bestimmen, die zentrale Abgleichprobleme repräsentieren (BIELBY ET AL. 2007). Der erste Faktor ist durch den Zeitpunkt des Beginns der Fortpflanzung gekennzeichnet. Er betrifft deshalb das Abgleichproblem zwischen jetziger und späterer Fortpflanzung, während der zweite Faktor die Lösung im Quantität/Qualität-Allokationskonflikt repräsentiert, also die Frage berührt, wie häufig man in seinem Leben Nachwuchs zeugt und entsprechend sein verfügbares Elterninvestment konzentriert oder verdünnt.

Interessant ist nun, dass die extrinsische Mortalität als vorrangige Anpassungsbildnerin für Lebenslaufstrategien auf zweierlei Art und Weise wirksam wird. Sie kann nämlich Ausdruck von der Härte (‚Harshness‘) oder der Unvorhersagbarkeit (‚Unpredictability‘) der Umwelt sein (ELLIS ET AL. 2009). Die Härte einer Umwelt bemisst sich an den Risiken beispielsweise sich mit einem Erreger zu infizieren, Opfer eines Raubfeindes oder einer ökologischen Katastrophe zu werden. Logischerweise ist die Ressource Lebenszeit umso stärker limitiert, je größer das exogene Risiko durch Morbidität und Mortalität ist.

Wie bereits angedeutet tendieren Organismen unter Bedingungen generell erhöhter Mortalität zur Beschleunigung ihres Wachstums und ihrer sexuellen Reifung. Diese Strategie zahlt sich evolutionär aus, weil bei frühem Reproduktionsbeginn die Chancen steigen, sich trotz geringer Lebenserwartung überhaupt erfolgreich fortzupflanzen. Zeit bildet das knappe Gut und der strategische Umgang mit ihr den Flaschenhals der natürlichen Selektion. Eine besondere Rolle spielt in dieser Szenerie speziell die präproduktive Mortalität, denn angesichts eines hohen extrinsischen Risikos für das Überleben des Nachwuchses können Eltern nur sehr begrenzt Einfluss auf das Lebensgeschick ihrer Nachkommen nehmen. Eventuell erhöhtes Investment bliebe folgenlos für die Überlebenswahrscheinlichkeit ihrer Nachkommen (Abb. 7.2). Dementsprechend führt hohe extrinsische Kindersterblichkeit – in gewissen Grenzen – eher zu einer Reduktion elterlicher Fürsorge, zugleich aber zu einer Erhöhung von Fortpflanzungsraten. Ist dagegen die Kindersterblichkeit eher intrinsisch verursacht, wird man eine gegenteilige Reaktion erwarten können, nämlich eine Erhöhung des Pro-Kopf-Investments, weil gesteigertes Fürsorgeverhalten der Eltern die Überlebenswahrscheinlichkeit der Kinder erhöhen kann. Dies führt wiederum ganz gemäß des Quantität/Qualität-Abgleichproblems notwendigerweise zu eher reduzierten Fortpflanzungsraten.

In Umwelten mit eher geringem Risikodruck werden von der Populationsdichte abhängige Faktoren besonders relevant für die Selektion von Lebensverläufen. Hohe Populationsdichten verknappen eventuell die Ressourcen, was zur Etablierung eines evolutionären Verdrängungswettbewerbs führt und damit zu Lebensstrategien, in denen Investitionen in die Qualität der Nachkommen, also Investitionen in deren ökologische und soziale Konkurrenzfähigkeit im Vordergrund stehen. Ist hingegen die Populationsdichte eher gering und damit ökologische und soziale Konkurrenz weniger ausgeprägt, kommt es zu einem evolutionären Expansionswettbewerb. Hier werden sich schnelle bzw. r-Strategien durchsetzen, weil sie mit ihrem Investment in Reproduktionsaufwand (frühe Reproduktion, hohe Geburtenraten) mehr Fitnessgewinne einbringen können als durch Qualitätssteigerung ihrer Nachkommen.

Neben der Härte ist auch die Unvorhersagbarkeit sozio-ökologischer Fluktuationen ein nachhaltig wirkender Faktor des Umweltrisikos. Unvorhersagbarkeit bezieht sich auf die raum-zeitliche Variation der Härte. Je instabiler die Umweltbedingungen sind, desto weniger kann das Individuum abschätzen, welche Umweltbedingungen in der nahen oder auch ferneren Zukunft herrschen werden. Die Ungenauigkeit der Vorhersage erhöht das Risiko, dass das Individuum an diese Bedingungen nicht angepasst sein wird. Daher ist es unter sehr instabilen Umweltbedingungen besser, sich nicht an bestimmte Umweltbedingungen anzupassen sondern daran, dass diese eben nicht vorherzusehen sind, sich also strategisch auf nicht beherrschbare Kontingenz einzustellen. Vom Ergebnis her bedeutet dies, dass in unvorhersagbaren Umwelten im Allgemeinen schnelle Lebensstrategien (r-Strategien) vorherrschen (KRUGER ET AL. 2008). Die adaptive Logik dieser Reaktion gleicht in gewisser Weise einer Lotteriesituation: Wenn man keinen Einfluss darauf hat, welches Los gewinnt, bleibt nur die Option, den Zufall so weit wie möglich zu bändigen, indem man mit möglichst vielen Losen ins Rennen geht. In den Kontext der Lebensgeschichtsevolution übertragen bedeutet dies, auf Quantität zu setzen und damit die Wahrscheinlichkeit zu erhöhen, dass unter stark wechselnden Umweltbedingungen zumindest ein Teil der Nachkommen überlebt, weil er zufällig „Glück" hat (‚bet-hedging').

Diese Überlegungen bilden im Übrigen die Grundlage für die im Moment plausibelste Vorstellung von der biologischen Entstehung von Seneszenz (vgl. VOLAND 2009). Wieso altern Organismen überhaupt? Wieso gelingt es einem genetischen Programm, aus einer einzigen, etwa Stecknadelkopf großen Zelle einen, im Fall von Menschen – sagen wir – 60 kg schweren, entwickelten, ausdifferenzierten, überaus komplexen, lebenstüchtigen Phänotyp zu konstruieren, um dann bei einer viel einfacheren Aufgabe zu versagen? Die Aufgabe bestände darin, das erfolgreich konstruierte Individuum lediglich zu erhalten, zu schützen, zu reparieren. Aber genau das geschieht nicht. Die genetischen Programme scheinen dies nicht vorzusehen, obwohl sie bewährte

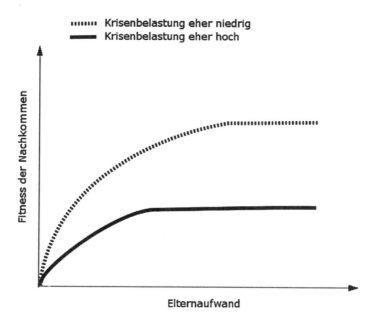

Abb. 7.2
Der Zusammenhang zwischen Elternaufwand und kindlicher Fitness hängt von der Stabilität der Lebensumstände ab (aus VOLAND 2013).

Konstruktions- und Reparaturanleitungen bevorraten. Die Reparaturleistung der Programme nimmt stattdessen ab, bis schließlich der Tod über das Leben siegt. In diesem Widerspruch besteht das paradoxe Rätsel der Seneszenz. Es muss Gründe dafür geben, dass alle komplexeren Organismen ihren individuellen Lebenskampf letztlich doch verlieren, obwohl genetische Information vorliegt, die dies eigentlich verhindern könnte.

Es war der US-amerikanische Biologe PETER MEDAWAR (1952), der mit seiner Idee der „antagonistischen Pleiotropie" dafür eine Lösung vorschlug, die bis heute von den meisten Fachleuten akzeptiert wird. Im Zentrum dieser Idee steht die Überlegung, dass ein Gen evolutionär erfolgreich sein kann, das den jungen Körper auf Kosten des alten optimiert. Ein einfaches Gedankenexperiment mag den Zusammenhang verdeutlichen: Einmal angenommen, ein Organismus sei potenziell unsterblich. Alterungsprozesse seien ihm unbekannt. Dieser Organismus reproduziert in bestimmter Frequenz. Er wäre zweifellos ein Erfolgsmodell der biologischen Evolution, und tatsächlich finden wir unter den einfachen Organismen wie Bakterien und Einzellern Beispiele für diese Strategie. Allerdings sind dem biologischen Erfolg des ewig Jungbleibens Grenzen gesetzt, denn die Unsterblichkeit dieser Organismen ist nur eine potenzielle, aber keineswegs eine faktische. Aufgrund der oben angesprochenen extrinsischen Faktoren geht jedes Leben früher oder später zu Ende, sei es wegen ökologischer Fluktuationen oder wegen des ewigen Kreislaufs des Fressens und gefressen Werdens. Auch potenziell unsterbliche Organismen erleiden das, was Biologen den Katastrophentod nennen.

Nun stelle man sich eine Gen-Mutation vor, die den evolutionären Erfolg des Individuums erhöht, indem sie seine Fortpflanzung vermehrt und damit dessen Durchsetzungsfähigkeit in der natürlichen Selektion. Gemäß aller DARWIN'SCHEN Logik müsste diese Mutation das Vorläufer-Modell verdrängen. Weil aber, wie bereits eingangs angedeutet, in der Biologie nichts umsonst ist, muss die Erhöhung der Fortpflanzungsleistung bezahlt werden. MEDAWARS grandiose Idee war nun, dass es Geneffekte geben könnte, die früh im Leben vorteilhaft sind, deren Kosten aber erst später fällig werden. Und je später die Kosten fällig werden, desto relativ billiger wird der Vorteil in jungen Jahren, denn es könnte ja sein, dass der Katastrophentod eintritt, bevor die Kosten bezahlt sind. Übertragen in den evolutionstheoretischen Rahmen wurden MEDAWARS frühe Überlegungen in der sogenannten „disposable soma theory" (KIRKWOOD 1977) weiter entwickelt und verfeinert: Die Welt ist unsicher, weshalb es gute Gründe für die Diskontierung der Zukunft gibt (genauer in Kap. 6). Ein Vorteil im Hier und Heute ist mehr wert, als derselbe Vorteil später. Wenn nun aber der frühe Katastrophentod ausbleibt, werden die Kosten unvermeidlich: sichtbar an verminderter Vitalität im Alter. Das Prinzip der antagonistischen Pleiotropie sieht die Möglichkeit vor, dass Gene sich trotz nachteiliger Effekte im fortgeschrittenen Alter in der Population ausbreiten können, wenn sie in jungen Jahren mit nur genügend großen Vorteilen verbunden sind. Und genau dies sei das Geheimnis hinter dem Paradox der Seneszenz.

Aus all diesen Überlegungen folgt, dass die Seneszenz-Geschwindigkeit der Arten ein direktes Abbild ihrer extrinsischen Mortalität ist (STEARNS 1992). Von relativ kurzlebigen Organismen, wie etwa Hausmäusen, lässt sich deshalb behaupten, dass sich deren Lebenslaufevolution unter starkem extrinsischen Mortalitätsdruck abgespielt haben muss – unter Bedingungen also, unter denen sich hohe Investitionen in ein langes Leben nicht lohnen. Umgekehrt können wir von relativ langlebigen Arten, wie Riesenschildkröten, Walen, Elefanten und schließlich auch von uns Menschen vermuten, dass sich deren Stammesgeschichte unter Bedingungen relativer ökologischer Stabilität mit vergleichsweise nur geringer extrinsischer Mortalität abgespielt haben muss. Nicht nur eine endliche, sondern eine aus genetischen und nicht etwa aus bloß stochastischen Gründen endliche Lebensgeschichte ist eine evolutionäre, also biologisch funktionale Folge äußerer Selektionsbedingungen, und die jeweilige artspezifische Lebensspanne und damit zugleich die Seneszenz-Geschwindigkeit spiegeln biologische Angepasstheit.

7.4 „Cultures of Risk"

Grundvoraussetzung für die Entwicklung langsamer oder schneller Lebensverläufe als adaptive Reaktion auf die je vorherrschende Lebensumwelt ist die Bevorratung verschiedener optionaler Lebensstrategien im Genom. Eine adaptive Lebensstrategie kann – wie jedes biologische Merkmal – nur in der Wechselwirkung von Genen und Umwelt entstehen. Dabei ist das Spektrum an möglichen Verhaltensweisen und damit alternativen Strategien genetisch begrenzt: Die Gene geben die *Reaktionsnorm* vor, zu welchen phänotypischen Ergebnissen die Umweltbedingungen führen können. Um eine solche Interaktion zwischen Genom und Umwelt möglich zu machen, müssen Organismen über eine gewisse *Entwicklungsplastizität* („phänotypische Plastizität") verfügen und die Fähigkeit besitzen, relevante Faktoren aus der Umwelt wahrzunehmen und zu verarbeiten (STEARNS 1992). Während der Individualentwicklung gibt es sogenannte sensible Phasen, in denen die Entwicklungsprozesse empfänglich gegenüber bestimmten äußeren Einflüssen sind (BELSKY ET AL. 2007, BEN-SHLOMO/KUH 2002, DEL GIUDICE 2009, QUINLAN/QUIN-LAN 2007). Dadurch werden Entwicklungsprozesse modifiziert und können so (in definierten Grenzen) eine funktionale Einpassung des Organismus in seine Lebensnische herbeiführen. Derartige Entwicklungsprozesse führen interessanter Weise zu einigen Phänomenen, deren Beschreibung und Analyse zwar genuin in die Bereiche von Anthropologie, Psychologie und Sozialwissenschaften gehören, deren Verständnis aber durch Nutzung von Empirie und Theorie der evolutionären Lebensgeschichtsforschung deutlich verbessert werden kann.

Nehmen wir das Phänomen der kulturellen Differenzierung der Menschheit in den Blick. Konventionelle, das heißt nicht evolutionär inspirierte Erklärungen kultureller Unterschiede stellen vorzugsweise auf historische „Zufälligkeiten" ab, um kulturgeschichtliche Besonderheiten theoretisch in den Griff zu bekommen. Evolutionäre Anthropologen und Verhaltensbiologen würden diesem Ansatz auch nicht grundsätzlich widersprechen wollen, allerdings werden sie zu bedenken geben, ob nicht darüber hinaus und in ihrer Bedeutung möglicherweise wesentlich signifikantere Determinanten kulturdifferenzierend wirken, wie z. B. die Härte und Unvorhersagbarkeit der Lebensräume – ganz im Sinne der weiter oben entfalteten adaptiven Wirkzusammenhänge. Eng geführt auf unser Thema lautet die Frage, ob es so etwas wie „Kulturen schnellen Lebens" gibt, die sich in ihren lebensgeschichtlichen Parametern von „Kulturen langsamen Lebens" unterscheiden lassen. Lassen diese Unterschiede im Sinne der evolutionären Lebensgeschichtstheorie biologische Funktionalität erkennen oder sind sie auch nur wieder Ergebnis gesellschaftlicher Kontingenz und entziehen sich damit weitgehend sinnhafter Erklärungen.

Eine diesbezüglich interessante Fallstudie stammt von QUINLAN (2006), der eine matrifokale Dorfbevölkerung auf der Karibikinsel Dominica in den Blick nimmt. Als *matrifokal* werden solche Gesellschaften bezeichnet, in denen Frauen, und zwar Mütter und ihre erwachsenen Töchter, den stabilen Kern der Familie beziehungsweise des

Haushalts bilden, während Männer bei den Familienbildungsprozessen eine weniger strukturierende Rolle spielen. Eine Besonderheit der Lebensumstände auf der Insel Dominica besteht nun darin, dass insbesondere Männer schlechte Lebenschancen haben. Ihr Leben ist begleitet von einem Risiko für jene Trias aus Arbeitslosigkeit, Alkoholmissbrauch und Gewalt, die auch anderenorts durch deprivierte Lebensumstände geboren wird. Das Leben ist besonders für Männer unsicher, und entsprechend hoch ist ihr Sterberisiko. Dies führt dazu, dass Mütter gemäß des TRIVERS/WILLARD-Prinzips (TRIVERS/ WILLARD 1973) vermehrt in ihre weiblichen Nachkommen investieren. Denn aufgrund der vorherrschenden Lebensbedingungen besitzen Töchter allgemein eine höhere Verlässlichkeit – sowohl bezüglich ihrer höheren Überlebenswahrscheinlichkeit als auch bezüglich ihrer Rolle im sozialen Netzwerk. Sie sind mehr als Jungen Hoffnungsträger für Eltern in ihren Bemühungen um Lebensbewältigung. Aufgrund dessen können sich matrifokale Sozialstrukturen entwickeln und festigen.

Dieser Erklärung liegt die Idee der „cultures of risk" zugrunde (QUINLAN/QUINLAN 2007). Die Autoren formulieren die Hypothese, dass zwar jedes einzelne Individuum in seinem Lebensverlauf adaptiv auf die Lebensbedingungen reagiert, dass aber alle Individuen einer Population grundlegende Umwelterfahrungen teilen und daher ihre Lebensverläufe und ihr Verhalten in ähnlicher Weise modifiziert werden. Vor dem Hintergrund risikoreicher Umwelten würden sich demnach sogenannte „cultures of risk" entwickeln: Aufgrund der von allen Populationsmitgliedern gemeinsam erfahrenen unsicheren Umwelt treten eben mehrheitlich schnelle Lebensverläufe auf, die in ihrer Summe und Wechselwirkungen lokal nachhaltig kulturprägend wirken.

Eine Studie in englischen Stadtteilen parallelisiert diese Überlegungen und liefert dafür weitere theoriekonforme empirische Unterstützung. NETTLE (2010) konnte nämlich zeigen, dass in jenen Wohngebieten mit, gemessen an Krankheitsstatistiken und Lebenserwartungen, eher geringer Lebensqualität erwartungsgemäß schnelle Lebensverläufe vorherrschen: Frauen beginnen früh, nicht selten als Teenager, mit ihrer Reproduktion, reduzieren ihre Investition in die einzelnen Kinder (gemessen an Geburtsgewicht und Stilldauer) und gebären stattdessen überdurchschnittlich viel Nachwuchs.

Wenngleich mögliche Effekte für Männer schwieriger zu messen sind, zeigt sich aber immerhin in dieser Studie die Tendenz, dass Männer – ebenso erwartungsgemäß – umso stärker in Paarungsaufwand zu Lasten des Elternaufwands investieren, je schlechter ihre Lebensbedingungen sind.

Hinweise darauf, dass frühe Mortalitätserfahrung auch die Lebensverläufe von Männern beeinflussen kann, liefert eine Studie von STÖRMER (2011) an historischen Daten der ostfriesischen Krummhörn. Männer, die während der Pockenepidemie im Jahre 1753 geboren wurden und somit einer erhöhten Mortalitätsbelastung während ihrer ersten Lebensjahre ausgesetzt waren, weisen Merkmale schnellerer Lebensgeschichten auf: Sie reproduzieren früher, und ihre Kinder haben eine geringere Überlebenswahrscheinlichkeit, was auf ein reduziertes Elterninvestment schließen lässt. Eine weitere

Abb. 7.3

Mittelwerte und 95-%-Konfidenzintervalle für das Alter der Mütter bei der ersten Geburt (A), Geburtsgewicht (B) und Stilldauer (C) je nach Qualität englischer Wohnbezirke.

Die Daten entstammen der britischen Millennium Cohort Study, einer repräsentativen Längsschnittstudie zur Entwicklung jener Kinder, die 2000 und 2001 geboren wurden (nach NETTLE 2010, aus VOLAND 2013).

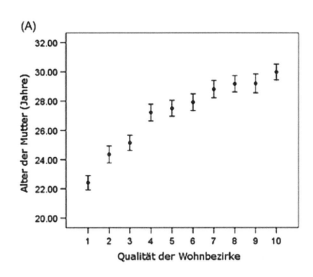

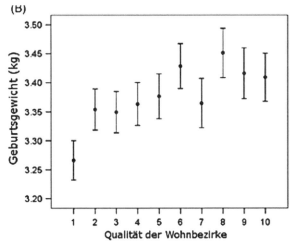

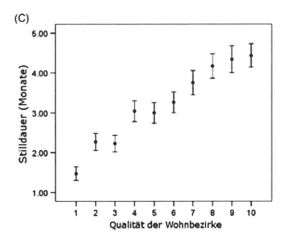

Studie an der Krummhörn und an historischen Daten aus der kanadischen Provinz Québec (Störmer/Lummaa 2014) zeigt ebenfalls, dass eine erhöhte frühe Mortalitätsbelastung (hier gemessen als Erfahrung mit Todesfällen innerhalb der Familie) sowohl bei Frauen als auch bei Männern zu beschleunigten Lebensverläufen führen kann.

Wendet man diese Perspektive auf die Analyse statistisch hoch aggregierter Daten an, wie es Caudell/Quinlan (2012) unter Einbeziehung von bevölkerungsstatistischen Daten aus 191 Staaten getan haben, lässt sich ein Pfad-Modell extrahieren, das die korrelativen Zusammenhänge zwischen Ressourcensituation, Sterblichkeit und Fruchtbarkeit im Sinne der evolutionären Lebensgeschichtstheorie aufzuschlüsseln vermag. Die Theorie besagt, dass jene Ressourcen, deren Varianz am besten die Sterblichkeitsunterschiede zwischen den Staaten erklärt (Ernährung, sanitäre Situationen, Ausbildung, Gesundheitswesen), zugleich auch jene Ressourcen sind, deren Varianz am besten die Fruchtbarkeitsunterschiede erklärt.

Wie derartige Korrelationen kausal zustande kommen, auf welchen physiologischen/psychologischen Regelmechanismen sie letztlich beruhen, ist alles andere als klar. Quinlan/Quinlan (2007) sehen das Scharnier in dem Zusammenhang zwischen lokalen Erziehungsstilen und kulturellen Modellen einerseits und den vorherrschenden Lebensbedingungen andererseits. Eltern passen ihr Investment und ihre Erziehung den Lebensbedingungen an. Erziehung beeinflusst die Entwicklung der Kinder so, dass deren modifizierte Entwicklung adaptive kulturelle Strategien hervorbringt, welche den Umgang mit Sozialbeziehungen oder auch Risikoaffinität bestimmen und letztlich die Einstellungen zu Leib und Leben prägen. Grob vereinfacht und deshalb nur als Faustregel gilt: Je stabiler und sicherer Lebenssituationen sind, desto bedeutsamer werden kulturelle Konzepte von sozialer Zuverlässigkeit (einschließlich fürsorglichen Elternverhaltens), Zukunftsorientierung, Risikovermeidung, Gewaltvermeidung und einiges andere mehr.

Interessanterweise gewinnen diese Überlegungen auch gleichsam aus umgekehrter Blickrichtung an Plausibilität, wenn nämlich die aggregierten Daten auf eine individuelle Ebene heruntergebrochen werden. Waynforth (2012) hat aus der bekannten „British Birth Cohort Study" das Alter von 9099 im April 1970 geborener Männer und Frauen bei der Geburt ihres ersten Kindes ermittelt und danach unterschieden, ob die Probanden unter einer ihre Lebenserwartung reduzierenden chronischen Krankheit leiden oder nicht. Ausgeschlossen wurden jene Fälle, bei denen die Probanden wegen der Schwere der Erkrankung ihr Leben um diese Krankheit herum organisieren mussten. Diejenigen, die trotz ihrer Erkrankung in der Lage waren, ein dadurch nicht oder nur mäßig beeinträchtigtes Leben führen zu können, und deren Erkrankung bereits vor ihrem 10. Geburtstag diagnostiziert wurde, hatten nach statistischer Kontrolle möglicherweise konfundierender Einflüsse im Alter von 30 Jahren 1,6 mal häufiger ein Kind als die nicht chronisch Kranken (Abb. 7.4).

Das Konzept von sogenannten ,cultures of risk' kann einen wichtigen Erklärungsbeitrag für moderne Entwicklungshilfe-Projekte und die Public-Health-Debatte liefern.

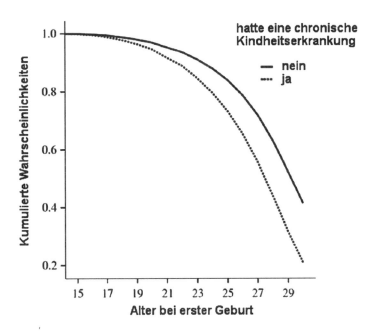

Abb. 7.4
Kumulierte Wahrscheinlichkeiten, bis zum Alter X kinderlos zu sein, je nachdem, ob bis zum Alter von 10 Jahren eine chronische Krankheit diagnostiziert wurde oder nicht (nach WAYNFORTH 2012).

Trotz großer Bemühungen, die Lebensbedingungen in Entwicklungsländern zu verbessern und besonders das Krankheits- und Sterberisiko zu verringern, könnten die nur langsam einsetzenden Erfolge damit zusammenhängen, dass die Risikobelastung in diesen Umwelten insgesamt noch zu hoch ist und oberhalb der Schwelle liegt, ab der Menschen eher fatalistische Einstellungen und Lebensstrategien pflegen. Solange extrinsische Risiken weiterhin als drückend wahrgenommen werden, gibt es aus der Perspektive der evolutionären Lebensgeschichtsforschung nur wenig Grund zu der Annahme, dass Menschen ihre Lebensplanung signifikant verändern und etwa damit beginnen, ihre Zukunft weniger zu diskontieren.

7.5 Lebensgeschichte und evolutionäre Sozialisationsforschung

Mit denselben Grundannahmen, mit denen der evolutionären Lebensgeschichtsforschung der Anschluss an sozialanthropologische Kulturanalysen gelingt, lässt sich freilich auch die interpersonale Variabilität der Lebensgestaltung beleuchten. Menschen, auch innerhalb einer selben Kultur, unterscheiden sich in ihrer sozialen Praxis. Es stellt sich die Frage, analog zum Kulturvergleich, ob nicht zumindest ein Teil dieser Varianz über die Wirkweise jener Mechanismen erklärt werden kann, die im Zuge der Lebensgeschichtsevolution entstanden sind. Einige Hinweise unterstützen diese Vermutung. Sie entstammen zuvorderst dem Kontext der frühkindlichen Bindungsforschung und werden gelegentlich auch unter dem Stichwort „Evolutionäre Sozialisationsforschung" (BELSKY 1997) geführt.

Als „Initialzündung" für eine evolutionäre Sozialisationsforschung gilt vielen das Ergebnis einer Studie, wonach Kinder, je nachdem ob sie mit ihren Vätern aufwachsen oder nicht, sich vorhersagbar unterschiedlich entwickeln. Der vielfach nachwirkenden Pionierarbeit von DRAPER/HARPENDING (1982) zufolge entwickeln bei Vaterabwesenheit Jungen besonders „maskuline" Verhaltenstendenzen, während Mädchen zu promiskem Verhalten tendieren. Diese frühen Befunde sind inzwischen durch eine sehr umfangreiche entwicklungspsychologische Forschungsarbeit erweitert und ausdifferenziert worden, die zu referieren hier nicht der Platz ist. Der interessierte Leser sei stattdessen auf BELSKY ET AL. (2007) und DEL GIUDICE (2009) verwiesen. Für unser Thema interessant ist allerdings das Kondensat aus all diesen vielen Forschungsanstrengungen. Es besteht darin, dass sie letztlich zu einem Modell konvergieren, dessen theoretische Basis die evolutionäre Lebensgeschichtstheorie ist. Danach wird die persönliche Lebensstrategie ganz wesentlich von einem impliziten Weltbild geprägt, das sich angesichts frühkindlicher Kontingenzerfahrung herausbildet und auf früh erworbenen mentalen Repräsentationen von Lebens- und Bindungssicherheit beruht.

Wer eher unter frühkindlichen Verhältnissen lebt, die durch häufig wechselnde Sozialbeziehungen und eine wenig vorhersagbare emotionale Verfügbarkeit einer zuverlässigen Betreuungsperson gekennzeichnet ist, wer darüber hinaus materiellen Fluktuationen ausgesetzt war, in dem Sinn, dass heute das Geld reicht, anderen Tags aber nicht, wer möglicherweise heute Gewalt und morgen Liebe erfährt, kurz: wer in ein Leben voller Fluktuationen, Risiken und Ungewissheit eintritt, muss das Leben als wenig berechenbar interpretieren und wird wenig auf Zukunft setzen. Stattdessen erscheint es reproduktionsstrategisch funktional, Zukunft zu diskontieren und die Gunst der Gelegenheiten zu nutzen, was im Ergebnis bedeutet, auf „Schnelligkeit" zu setzen. Empirisch darstellbar sind diese Zusammenhänge besonders eindrücklich über die vielfach berichtete Beobachtung einer besonders frühen Menarche nach sozialer Unsicherheitserfahrung in jungen Jahren (BELSKY ET AL. 2010, BOGAERT 2005, HOIER 2003, QUINLAN 2003, WAYNFORTH 2012). Dies wiederum korreliert mit einer frühen Aufnahme sexueller Aktivität, frühem Fortpflanzungsbeginn und einer Bevorzugung von Kurzzeitpartnerschaften gegenüber stabilen Langzeitpartnerschaften bei zugleich erhöhten Kinderzahlen.

Es soll allerdings nicht unterschlagen werden, dass eine ernst zu nehmende Alternativhypothese mit guten Argumenten die evolutionäre Sozialisationstheorie herausfordert und mit ihr um die bestmögliche Erklärung der Befunde konkurriert. Diese Hypothese stellt wesentlich auf genetische Zusammenhänge ab, indem sie fragt, ob die interpersonalen Unterschiede und generationenüberdauernden Kontinuitäten hinsichtlich wichtiger lebensstrategischer Parameter weniger Ausdruck phänotypischer Plastizität sind (wie es die evolutionäre Sozialisationstheorie postuliert), sondern vielmehr Ausdruck von genetischen Polymorphismen. Immerhin beziffern OLDERBAK/FIGUEREDO (2010) die Erblichkeit der Lebensstrategie auf $h^2 = 0,65$. Wenngleich diese Hypothese also nicht zurückgewiesen werden kann, spricht aber doch einiges dafür, dass daneben auch der Erklärungsanspruch der evolutionären Sozialisationstheorie Bestand hat (ausführlich in JOHOW/VOLAND, im Druck). Wie auch immer – in den entwicklungspsychologischen Befunden wird die Logik der Lebensgeschichtsforschung sichtbar, sei es nun auf genotypischer oder phänotypischer Ebene.

7.6 Lebensgeschichte und Diskontierung der Zukunft

Wenn Menschen verschiedene Lebensstrategien bevorraten und wenn, wie die evolutionäre Sozialisationstheorie behauptet, frühe Familienumwelten die Lebensstrategien nachhaltig bahnen, und wenn weiter die Unterschiede dieser Strategie sich zu allererst in der Dimension schnell/langsam niederschlagen, dann stellt sich die Frage nach der Entstehung und Wirkweise von persönlichen Zeitpräferenzen als dem Scharnier zwischen Risikoerfahrung einerseits und andererseits der adaptiven strategischen Reaktion darauf. Aufgrund der begrenzten Lebensspanne ist Zeit nicht nur eine jener Ressourcen, die für den Organismus prinzipiell nicht in unbegrenzter Menge zur Verfügung stehen, sondern auch eine Ressource, die angesichts der Lebensrisiken aus Härte und Unvorhersagbarkeit der Lebensbedingungen, also angesichts von Kontingenz, recht unterschiedlich verteilt ist. Allerdings sind diese Unterschiede nur als Wahrscheinlichkeiten beschreibbar, denn in die Zukunft kann man bekanntermaßen nicht schauen. Gewissheit ist in dieser Sache nicht zu erlangen, und deshalb beruht der Umgang mit Zeit auf probabilistischen Annahmen. Diese spiegeln sich in dem wider, was als Diskontierung (oder auch: Devaluierung) der Zukunft bezeichnet wird. Damit ist gemeint, dass ein Vorteil, den man heute erzielen kann, höher bewertet wird als der gleiche Vorteil später. Aus der Spreizung der Bewertung ergibt sich die Diskontierungsrate. Man kann sich dies am Phänomen der Zinsen leicht vergegenwärtigen. Einen bestimmten Betrag heute verausgaben zu können, ist einem Kreditnehmer so viel wert, dass er dafür Zinsen zu zahlen bereit ist. Die Höhe der Zinsen entspricht der Diskontierungsrate, und je größer der Zinssatz ist, den zu akzeptieren er noch bereit ist, desto weniger wichtig ist ihm (im Moment) die Zukunft.

Die Welt ist unsicher, und die Bereitschaft zur Diskontierung der Zukunft spiegelt aus der Sicht der Lebensgeschichtsforschung ganz unsentimental die Wahrscheinlichkeit wider, die Zukunft gar nicht zu erleben und deshalb die Kosten für einen Vorteil im hier und heute nicht bezahlen zu müssen. Folglich sind besonders hohe Diskontierungsraten in sozio-ökologischen Milieus mit hohem Risikodruck zu erwarten (CHISHOLM 1999, ROSS/HILL 2002, SCHECHTER/FRANCIS 2010). Abbildung 7.5 zeigt sche-

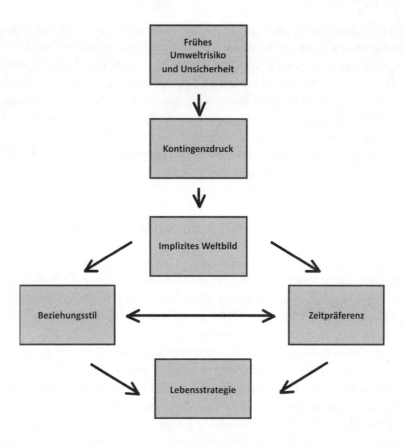

Abb. 7.5
Modell zum Einfluss von frühen sozio-ökologischen Umwelten auf die Lebensstrategie (modifiziert nach CHISHOLM 1999).

matisch den Zusammenhang zwischen frühen Umweltbedingungen und der Lebensstrategie, wie er durch den doppelten Konnex von Zeitpräferenz und Beziehungsstil modelliert wird.

Interessant ist nun, dass mit Einschluss der Zeitpräferenzen der Merkmalskatalog von schnellen (beziehungsweise langsamen) Lebensverläufen noch einmal um zwei weitere Einträge erweitert werden kann, die auf den ersten Blick gar nicht ihren reproduktionsstrategischen Hintergrund erkennen lassen, die aber gleichwohl funktional damit verwoben sind, nämlich:

◆ Gegenwartsorientierung: Hohe Zukunftsdiskontierung führt zur Bevorzugung momentaner, aber geringerer Gratifikationen gegenüber künftigen, aber größeren Gratifikationen (CHISHOLM 1999, JONASON ET AL. 2010). Beispiele hierfür sind reduzierte Investition in Ausbildung zugunsten hedonistischer Bedürfnisse (BUL-LED/SOSIS 2010, SCHECHTER/FRANCIS 2010), oder auch der Verzicht auf länger-fristige Kooperationsallianzen zugunsten niedrigschwelliger Betrugsbereitschaft (MCCULLOUGH ET AL. 2012)

◆ Risikobereitschaft: Schnelle Lebensläufe mit hoher Zukunftsdiskontierung führen zu einem eher riskanten Lebensstil, etwa in Bezug auf Gewaltbereitschaft (WIL-SON/DALY 1997), Drogenkonsum (IVAN/BERECZKEI 2006) oder Sexualverhalten (KOEHLER/CHISHOLM 2007)

Mit dem Einschluss dieser beiden Merkmalskomplexe gewinnt die Lebensgeschichts-theorie auch Zugang zur differenziellen Persönlichkeitspsychologie, denn einige der dort untersuchten Parameter können nämlich lebensstrategisch eingeordnet und da-mit als funktionale Angepasstheiten angesprochen werden. Schnelle Lebensgeschich-ten sind nicht nur durch die bereits erläuterten Merkmale wie frühes Reifealter, früher Beginn der Fortpflanzung, erhöhte Fruchtbarkeit bei reduziertem Pro-Kopf-Investment in die Nachkommen und reduziertem Investment in partnerschaftliche Stabilität ge-kennzeichnet. Sie werden auch charakterisiert durch anscheinend vom unmittelbaren Fortpflanzungsgeschehen distanzierte psychosoziale Merkmale wie Impulsivität, Ag-gressivität, Kurzzeitdenken, Opportunismus in Bezug auf soziale und moralische Regeln und erhöhte Risikobereitschaft in vielen Domänen, vom Glücksspiel bis zum Verhalten im Straßenverkehr (GLADDEN ET AL. 2010, OLDERBAK/ FIGUEREDO 2010).

Interessanterweise wird dieser lebensgeschichtstheoretische Blick auf Persönlich-keitsunterschiede parallelisiert durch verhaltensbiologische Forschung an nicht-menschlichen Organismen. Es zeigt sich, dass lebensstrategische Abgleichprobleme die Entwicklung von Tier-Persönlichkeiten begünstigen. Am Beispiel von Risiko mei-dendem und Risiko affinem Verhalten konnten WOLF ET AL. (2007) für verschiedene Tierarten zeigen, dass die zu erwartenden Fitnessunterschiede der Organismen zu unterschiedlichen Entscheidungen im Allokationskonflikt zwischen momentaner ver-sus zukünftiger Reproduktion führen. Wer auf spätere Reproduktion setzt, sollte grund-sätzlich weniger risikobereit sein. Und diese grundsätzliche Risikobereitschaft lässt sich auch auf andere Lebensbereiche übertragen und führt somit zu Unterschieden in dem, was WOLF ET AL. (2007) „animal personality" genannt haben.

7.7 Kontingenzerfahrung und mentale Phänomene

In den bisherigen Abschnitten haben wir herauszuarbeiten versucht, wie Kontingenz-erfahrung lebensstrategische Entscheidungen beeinflusst und zwar auf eine systema-tische Art und Weise, die in einer evolutionären Lebensgeschichtstheorie abgebildet werden kann. Im Fokus standen dabei Verhaltensphänomene, die mehr oder weniger unmittelbar mit reproduktiven Konsequenzen verbunden sind. Gelegentlich haben wir bereits angedeutet, dass dabei auch mentale Prozesse berührt sind. Beispielsweise nimmt in der evolutionären Sozialisationstheorie das Konzept des „impliziten Weltbilds" (in der englischen Literatur auch häufig als *internal working model"* bezeichnet) eine prominente Stellung ein (Abb. 7.5). Wir wollen diesen Aspekt noch einmal aufgreifen, weil es uns vielversprechend erscheint, mit der Brille der evolutionären Lebensgeschichtstheorie auf Phänomene zu schauen, die bei konventioneller Sichtweise nicht mit evolutionären Erklärungen in Beziehung gesetzt werden. Allerdings ist die bisherige Befundsituation ausgesprochen mager, so dass keine robuste Synthese oder auch nur eine vorsichtige Generalisierung bisherigen Wissens gelingen kann. Aber immerhin gibt es einzelne isolierte Befunde, die in diese Richtung gehen und die zumindest perspektivisch aufzeigen, worauf sich der Blick künftiger Lebensgeschichtsforschung richten könnte.

Zu diesen Studien gehört die von MATHEWS/SEAR (2008). Diese Autoren zeigen, dass sich akute Mortalitätserfahrung möglicherweise in einem mehr oder weniger ausgeprägten Kinderwunsch niederschlagen kann. In ihrer Untersuchung führten sie ein sogenanntes „mortality-priming" durch: Den Probanden wurden Fragen gestellt, die sie mit dem Thema Tod konfrontierten. Anschließend sollten sie Fragen zum Thema Kinderwunsch beantworten. Die Ergebnisse zeigten, dass diejenigen Männer, die grundsätzlich Kinder haben wollten, nach der Mortalitätskonfrontation einen signifikant erhöhten Kinderwunsch hatten als die Kontrollgruppe. Für Frauen konnte hingegen kein Effekt festgestellt werden.

Diese Ergebnisse sind unseres Wissens bisher die einzigen, die mit psychologischen Methoden die Hypothese stützen, wonach Mortalitätswahrnehmung auf reproduktive Präferenzen einwirken kann. Darüber hinaus gibt es allerdings Hinweise, dass – ganz im Sinne der Lebensgeschichtstheorie – schlechte psychosoziale Bedingungen in der Kindheit, etwa der Wegfall von väterlichem Fürsorgeverhalten einen frühen Kinderwunsch bei Frauen begünstigen (NETTLE ET AL. 2010).

CHISHOLM (2003) versucht einen Brückenschlag von der evolutionären Lebensgeschichtstheorie zu den kognitiven Wissenschaften und zur Philosophie des Geistes, indem er vorschlägt, die „Theory of Mind", also die Fähigkeit, Hypothesen über Denken, Fühlen und Absichten bei Dritten zu bilden, als „contingeny detection module" adaptiv-funktional zu konzeptualisieren, das im Zusammenhang von differentiellem Elterninvestment und des Eltern/Kind-Bindungssystems biologisch evoluiert ist. Die Fähigkeit zum Fremdverstehen, also zum „Gedankenlesen" wäre demnach eine biologische Angepasstheit zum Umgang mit sozialer Unsicherheit.

THORNHILL ET AL. (2009) konnten einen korrelativen Zusammenhang zwischen politischen Grundüberzeugungen und Lebensgeschichtsparametern aufdecken. OLDERBAK/FIGUEREDO (2010) gelang Vergleichbares in Hinblick auf Normenkonformität bzw. -opportunismus, und FIGUEREDO ET AL. (2011) finden einen Zusammenhang zwischen der Schnelligkeit der Lebensstrategie und der Ausprägungsstärke xenophober und rassistischer Attitüden.

In einer der fokussiertesten Studien zu dem hier besprochenen Thema entflechten GLADDEN ET AL. (2009) den Zusammenhang zwischen der Stärke moralischer Intuitionen, Frömmigkeit und der Lebensstrategie. Ihre Daten fügen sich zu einem Pfad-Modell, das die Lebensstrategie sowohl mit Frömmigkeit als auch mit moralischer Rigidität in Beziehung setzt mit der Konsequenz, dass der mehrfach berichtete Zusammenhang zwischen Religion und Moral ein bloß konfundierter ist. Dies ist die erste Studie, die einen direkten Zusammenhang zwischen der persönlichen Lebensstrategie und dem Muster moralischer Intuitionen nachweist, wobei ihre Ergebnisse die Hypothese stützen, dass Personen mit einer langsamen Lebensstrategie im Mittel regelgeleiteter (deontologischer) sind, als die eher konsequenzialistisch orientierten Personen mit schnellerer Lebensstrategie.

7.8 Die zweite Generation und die Entstehung von Lebensgeschichtskontinuitäten

Aus den bisherigen Ausführungen geht hervor, dass Menschen, so wie sie denken, fühlen und handeln durch ontogenetische Entwicklungsprozesse geprägt sind, zu deren evolutionärem Zweck die Übernahme und Praxis einer spezifischen Lebensstrategie gehört. Diese ist als Ergebnis kumulierter Selektionsprozesse als adaptive Antwort auf je lebensweltlich vorgefundene Risiken zu verstehen. Beließe man es bei dieser Kurzcharakterisierung, so könnte man den Eindruck gewinnen, dass alle Teilnehmer am evolutionären Spiel den gleichen Start haben, weil die Entwicklung jeder Zygote gleichsam bei „Null" beginnt. Das muss aber keinesfalls so sein, wenn man an generationenübergreifende Interaktionen zwischen Phänotypen denkt. Es ist nicht *a priori* auszuschließen, dass Eltern die Lebensgeschichtsentwicklung ihrer Nachkommen strategisch beeinflussen, indem sie sie mit Informationen versorgen, die es den Nachkommen erlaubt, sich auf zu erwartende Lebensumstände einzustellen. Es müssen drei Bedingungen erfüllt sein, damit ein solches System sich evolutionsstabil etablieren kann (vgl. ULLER 2008): Erstens muss der Lebensraum der Population einigermaßen in dem Sinn stabil bleiben, dass ökologische Veränderungen und damit einhergehend Qualität und Stärke der Lebensrisiken sich nur langsam verändern. Zweitens muss die Lebenssituation einen guten Prädiktor für die Lebenssituation der Nachkommen abgeben. Eltern müssen also im Besitz gültigen Wissens über die zu erwartenden Risiken ihrer Nachkommen sein. Und drittens sollten die Nachkommen bereit sein, sich von ihren Eltern informieren zu lassen. Dies ist angesichts des genetischen Eltern/Kind-Konflikts (TRIVERS 1974) keineswegs selbstverständlich, denn es könnte sein, dass Eltern ihre Nachkommen aus strategischen Interessen heraus manipulieren, die nicht mit denen der Nachkommen identisch sind (VOLAND/VOLAND 1995).

Wenn diese Bedingungen erfüllt sind, kommt es zu dem, was MOUSSEAU/FOX (1998) als „transgenerationale phänotypische Plastizität" bezeichnet haben. Beispielsweise kann das Immunsystem von Jungvögeln durch Infektionen der Muttertiere vorteilhaft beeinflusst sein (GRINDSTAFF et al. 2006). Auch beim Menschen gibt es Hinweise auf eine generationsübergreifende Manipulation der kindlichen Lebensstrategie. So konnten Studien zeigen, dass das Geburtsgewicht (in Kombination mit geringem väterlichem Investment) das Menarchealter und eine Kaskade weiterer untereinander zusammenhängender Reproduktionsparameter beeinflusst (NETTLE ET AL. 2010), und das Geburtsgewicht nicht zuletzt auch durch die Stressbelastung der Mutter beeinflusst ist (COALL/CHISHOLM 2010). Es steht damit zur Diskussion, ob solch generationsübergreifende Effekte Ausdruck evolutionären Designs zur funktionalen Anpassung von Lebensstrategien sind oder bloß Ausdruck unvermeidbarer ontogenetischer Zwangsläufigkeiten, sogenannter „constraints", womit zugleich auch Spekulationen über mögliche epigenetische Zusammenhänge gespeist werden.

Unter Epigenetik versteht man das Studium jener Mechanismen, die die Gen/Umwelt-Interaktion regulieren und für phänotypische Plastizität verantwortlich zeichnen (ZHANG/MEANEY 2010). Auf der Ebene individueller Entwicklungspfade gehört das Studium der überaus interessanten Frage hierher, wie eigentlich Umweltbedingungen, ohne die Nukleotidsequenz der DNA zu verändern, dennoch das Genom biochemisch modifizieren und so Einfluss auf die genetische Regulation der Ontogenese nehmen. Frühkindliche Erfahrung, etwa sozialer Stress, kann biochemische Prozesse auslösen, in deren Folge es zu Veränderung der Genaktivitäten kommt und gegebenenfalls damit letztlich zu veränderten Funktionen des Zentralnervensystems. Die würde bedeuten, dass die oben erläuterte evolutionäre Sozialisationstheorie einen molekulargenetischen Boden eingezogen bekäme.

Einigermaßen bekannt geworden ist die Idee des „fetal programming". BARKER (1988) behauptet, dass die Entwicklungsumstände *in utero* adulte Erkrankungsrisiken beeinflussen. Insbesondere die Wahrscheinlichkeit, als Erwachsener an Herz-/Kreislaufproblemen oder Diabetes II zu leiden, hängt wesentlich von vorgeburtlichen Entwicklungsumständen ab. Wer in seiner fötalen Phase unter kalorischem Mangel leidet, wird mit größerer Wahrscheinlichkeit nachgeburtlich sehr opportunistisch mit Nahrungsangeboten umgehen und möglicherweise eine Tendenz zu Adipositas mit den dazugehörigen Folgerisiken entwickeln. Die Lebensumstände der Mutter (hier: Nahrungsmangel) drücken also der genetisch regulierten Entwicklung ihrer Kinder einen Stempel auf. Wenngleich diese Hypothese insgesamt bisher eher wenig getestet wurde, gibt es aber immerhin Befunde, die sich recht geschmeidig in ein solches Bild einfügen. So konnten KUZAWA ET AL. (2010) an einer Stichprobe 770 jungadulter philippinischer Männer zeigen, dass die Gewichtszunahme in ihren ersten 6 Monaten nach der Geburt die spätere Lebensstrategie voraussagt: Je schneller das Wachstum, desto früher die Pubertät, höher die Testosteronwerte, höher die Körpergröße, mehr Muskelaufbau, früher der erste Koitus und desto mehr Sex mit mehr Partnerinnen. Physiologisch wird dieser Entwicklungspfad durch die HPG-Achse (Hypothalamus-Hypophyse-Gonaden-Achse) reguliert, und diese wiederum scheint vom mütterlichen Organismus übernommene Information zu den sozialen und ökologischen (insbesondere den energetischen) Lebensumständen zu verarbeiten. Das unterstützt die Hypothese, dass das physiologische Investment der Mutter während der Schwangerschaft ganz wesentlich mit über die Lebensgeschichte ihres Kindes entscheidet und zwar in einem funktionalen, adaptiven, strategischen Sinn (vgl. auch KEVERNE 2012).

Epigenetische Vererbung liegt vor, wenn phänotypische Variation, die epigenetisch entstanden ist, über zelluläre Mechanismen auf die nachfolgende Generation übertragen wird. Dies ist beispielsweise der Fall, wenn die angesprochene Stressreaktion auf Nahrungsmangel auch noch in den Nachkommen des gestressten Individuums zu beobachten ist, obwohl diese selbst nie unter Kalorienmangel gelitten haben. Epigenetische Vererbung wird vor allem unter Pflanzen beobachtet, auch unter Wirbellosen und einigen Nagern. Die evolutionäre Anpassungslogik liegt auf der Hand: Wenn unter fluktuierenden Bedingungen die ökologischen Lebensumstände der Eltern einen guten Indikator abgeben für die ökologischen Lebensumstände der Nachkommen, können die Eltern ihre reproduktive Fitness erhöhen, indem sie ihre Nachkommen in diese Umstände einnischen. Ob epigenetische Vererbung auch menschliche Entwicklungsverläufe sichtbar beeinflusst, ist allerdings äußerst umstritten (YOUNGSON/WHITELAW 2008).

Die Frage nach genetischen Einflüssen auf die Ontogenese von Lebensstrategien hat darüber hinaus einen weiteren Aspekt, der hier nur angedeutet werden kann. Er entstammt dem Umstand, dass Umwelterfahrung selbst unter genetischer Kontrolle steht. So können Menschen aus genetischen Gründen sehr unterschiedlich und selektiv auf dieselben Umwelteinflüsse reagieren. Derselbe Stress, dasselbe Trauma kann von dem einen gut bewältigt werden, von dem anderen nicht (BELSKY ET AL. 2007, ELLIS/BOYCE 2011). Und schließlich können genetische Einflüsse dafür sorgen, dass man sich seine spezifischen, präferierten Umwelten sucht. Temperamente suchen sich ihre Nischen, weshalb FALLER (2003) und andere aus guten Gründen von den „Genen der Umwelt" sprechen. So wichtig genetische Variation für die Entstehung von Lebensstrategieunterschieden sein kann, schließt das keineswegs die alternative Möglichkeit aus, wonach Unterschiede in den Lebensstrategien auch durch flexible Reaktionen ähnlicher Genotypen auf verschiedenartige Lebenskontexte zustande kommen können.

Generationenüberdauernde Kontinuität in Strategien der Lebensbewältigung, also „Familientraditionen" beispielsweise in Bezug auf Fruchtbarkeit, Beziehungsstabilität, Risikoakzeptanz oder moralischem Urteilen sind deshalb analytisch nur sehr schwer und auch nur massenstatistisch zu entschlüsseln: Sie können Effekt rein genetischer, epigenetischer oder nicht-genetischer (im Sinne transgenerationaler phänotypischer Plastizität) Zusammenhänge sein: Funktional sind sie aber gut in bestehende Evolutionstheorie einzuordnen.

7.9 Ausblick

Das Denken in Lebensgeschichtszusammenhängen ist eine aktuelle Weitung der biologischen Verhaltensforschung. Auch wenn die bisherigen Ergebnisse der einschlägigen Forschung – vor allem, wenn es um Menschen geht – eher punktuell aufscheinen und deshalb das ganze Feld noch recht wenig systematisch verklammert ist, so wird dennoch zunehmend deutlich, dass die explikative Kraft der DARWIN'schen Evolutionstheorie einmal mehr nachhaltig zur Beflügelung anthropologischer Forschung beigetragen hat. Damit geht zugleich eine Beflügelung der philosophischen Selbstvergewisserung des Menschen über sich und seine Stellung in der Natur einher.

In mehr oder weniger ausgeprägtem Unterschied zu anderen Themenfeldern der Evolutionsbiologie hat die evolutionäre Lebensgeschichtsforschung ähnlich der Soziobiologie ihrem genuinen Anspruch nach einen äußerst breit angelegten Gegenstandsbereich. Dieser reicht von innerzellulären Mechanismen der Genregulation bis zum Verständnis der adaptiven Hintergründe ontogenetischer Entwicklungskaskaden. In Verlängerung dessen reicht er bis zu den psychischen, gesellschaftlichen, kulturellen und historischen Konsequenzen, die sich aus der Einsicht ergeben, dass Menschen – wie alle anderen Organismen auch – nicht bloß als Träger eines Ensembles von Einzelmerkmalen an dem Spiel der Evolution teilnehmen, sondern mit der integrierten Ganzheit ihrer persönlichen Lebensgeschichte.

7.10 Literatur

ALEXANDER, R.D. (1988): Über die Interessen der Menschen und die Evolution von Lebensabläufen. In: Meier, H. (Hrsg.) Die Herausforderung der Evolutionsbiologie. München, Zürich, 129–171.

ANDERSON, K. (2010): Life expectancy and the timing of life history events in developing countries. Human Nature 21, 103–123.

BARKER, D.P.J. (1988): Childhood causes of adult diseases. Archives of Disease in Childhood 63, 867–869.

BELSKY, J. (1997): Attachment, mating, and parenting – An evolutionary interpretation. Human Nature 7, 361–381.

BELSKY, J.; BAKERMANS-KRANENBURG, M. J.; VAN IJZENDOORN, M. H. (2007): For better and for worse: Differential susceptibility to environmental influences. Current Directions in Psychological Science 16, 300–304.

BELSKY, J.; STEINBERG, L.; HOUTS, R. M.; HALPERN-FELSHER, B. L.; NICHD EARLY CHILD CARE RESEARCH NETWORK (2010): The development of reproductive strategy in females: Early maternal harshness -> earlier menarche -> increased sexual risk taking. Developmental Psychology 46, 120–128.

Ben-Shlomo, Y.; Kuh, D. (2002): A life course approach to chronic disease epidemiology: Conceptual models, empirical challenges and interdisciplinary perspectives. International Journal of Epidemiology 31, 285–293.

Bielby, J.; Mace, G. M.; Bininda-Emonds, O. R. P.; Cardillo, M.; Gittleman, J. L.; Jones, K. E.; Orme, C. D. L.; Purvis, A. (2007): The fast-slow continuum in mammalian life history: An empirical reevaluation. The American Naturalist 169, 748–757.

Bogaert, A. F. (2005): Age at puberty and father absence in a national probability sample. Journal of Adolescence 28, 541–546.

Bulled, N.; Sosis, R. (2010): Examining the influence of life expectancy on reproductive timing, total fertility, and educational attainment. Human Nature 21, 269–289.

Caudell, M. A.; Quinlan, R. J. (2012): Resource availability, mortality, and fertility. A path analytic approach to global life-history variation. Human Biology 84, 101–125.

Charnov, E. L. (1991): Evolution of life history variation among female mammals. Proceedings of the National Academy of Sciences 88, 1134–1137.

Chisholm, J. S. (1999): Attachment and time preference. Relations between early stress and sexual behavior in a sample of American university women. Human Nature 10, 51–83.

Chisholm, J. S. (2003): Uncertainty, contingency, and attachment - A life history theory of theory of mind. In: Sterelny, K.; Fitness, J. (Hrsg.) From mating to mentality – evaluating evolutionary psychology. New York & Hove, 125–153.

Chisholm, J. S.; Quinlivan, J. A.; Petersen, R. W.; Coall, D. A. (2005): Early stress predicts age at menarche and first birth, adult attachment, and expected lifespan. Human Nature 16, 233–265.

Coall, D. A.; Chisholm, J. S. (2010): Reproductive development and parental investment during pregnancy: Moderating influence of mother's early environment. American Journal of Human Biology 22, 143–153.

Del Giudice, M. (2009): Sex, attachment, and the development of reproductive strategies. Behavioral and Brain Sciences 32, 1–67.

Draper, P.; Harpending, H. (1982): Father absence and reproductive strategy: An evolutionary perspective. Journal of Anthropological Research 38, 255–273.

Ellis, B.J.; Boyce, W. T. (2011) Differential susceptibility to the environment: Toward an understanding of sensitivity to developmental experiences and context. Development and Psychopathology 23, 1–5.

Ellis, B. J.; Essex, M. J. (2007): Family environments, andrenarche, and sexual maturation. A longitudinal test of a life history model. Child Development 78, 1799–1817.

Ellis, B. J.; Figueredo, A. J.; Brumbach, B. H.; Schlomer, G. L. (2009): Fundamental dimensions of environmental risk. The impact of harsh versus unpredictable environments on the evolution and development of life history strategies. Human Nature 20, 204–268.

FALLER, H. (2003): Verhaltensgenetik - Was bringt die Genetik für das Verständnis der Entwicklung von Persönlichkeitseigenschaften und psychischen Störungen? Psychotherapeut 48, 80–92.

FIGUEREDO, A. J.; ANDRZEJCZAK, D. J.; JONES, D. N.; SMITH-CASTRO, V.; MONTERO, E. (2011): Reproductive strategy and ethnic conflict: Slow life history as a protective factor against negative ethnocentrism in two contemporary societies. Journal of Social, Evolutionary, and Cultural Psychology 5, 14–31.

FIGUEREDO, A. J.; WOLF, P. S. A. (2009): Assortative pairing and life history strategy – A cross-cultural study. Human Nature 20, 317–330.

FLATT, T.; HEYLAND, A. (Hrsg.) (2011): Mechanisms of life history evolution – The genetics and physiology of life history traits and trade-offs. Oxford.

GAGE, T. B.; ZANSKY, S. M. (1995): Anthropometric indicators of nutritional status and level of mortality. American Journal of Human Biology 7, 679–691.

GLADDEN, P. R.; WELCH, J.; FIGUEREDO, A. J.; JACOBS, W. J. (2009): Moral intuitions and religiosity as spuriously correlated life history traits. Journal of Evolutionary Psychology 7, 167–184.

GLADDEN, P. R.; FIGUEREDO, A. J.; SNYDER, B. (2010): Life history strategy and evaluative self-assessment. Personality and Individual Differences 48, 731–735.

GRINDSTAFF, J. L.; HASSELQUIST, D.; NILSSON, J.; SANDELL, M.; SMITH, H. G.; STJERNMAN, M. (2006): Transgenerational priming of immunity: maternal exposure to a bacterial antigen enhances offspring humoral immunity. Proceedings of the Royal Society B 273, 2551–2557.

HOIER, S. (2003): Father absence and age at menarche: A test of four evolutionary models. Human Nature 14, 209–233.

IVAN, Z.; BERECZKEI, T. (2006): Parental bonding, risk-taking behavior and life history theory. Journal of Cultural and Evolutionary Psychology 4, 267–275.

JONASON, P. K.; KOENIG, B. L.; TOST, J. (2010): Living a fast life – The dark triad and life history theory. Human Nature 21, 428–442.

KEVERNE, E. B. (2012): Importance of the matriline for genomic imprinting, brain development and behavior. Philosophical Transactions of the Royal Society B 368, 20110327.

KIRKWOOD, T. B. L. (1977): Evolution of ageing. Nature 270, 301–304.

KOEHLER, N.; CHISHOLM, J. S. (2007): Early psychosocial stress predicts extra-pair-copulations. Evolutionary Psychology 5, 184–201.

KRUGER, D. J.; REISCHL, T.; ZIMMERMANN, M. A. (2008): Time perspective as a mechanism for functional developmental adaptation. Journal of Social, Evolutionary, and Cultural Psychology 2, 1–22.

Kuzawa, C. W.; McDade, T. W.; Adair, L. S.; Lee, N. (2010): Rapid weight gain after birth predicts life history and reproductive strategy in Filipino males. Proceedings of the National Academy of Sciences 107, 16800–16805.

Low, B. S.; Hazel, A.; Parker, N.; Welch, K. B. (2009). Influences on women's reproductive lives. Cross-Cultural Research 42, 201–219.

Mathews, P.; Sear, R. (2008): Life after death: An investigation into how mortality perceptions influence fertility preferences using evidence from an internet-based experiment. Journal of Evolutionary Psychology 6, 155–172.

McCullough, M. E.; Pedersen, E. J.; Schroder, J. M.; Tabak, B. A.; Carver, C. S. (2012): Harsh childhood environmental characteristics predict exploitation and retaliation in humans. Proceedings of the Royal Society B 280, 20122104.

Medawar, P. B. (1952): An unsolved problem of biology: An Inaugural Lecture Delivered at University College, London, 6 December, 1951. H.K. Lewis and Company. London.

Mousseau, T. A.; Fox, C. W. (1998): The adaptive significance of maternal effects. Trends in Ecology and Evolution 13, 403–407.

Nettle, D. (2010): Dying young and living fast: variation in life history across English neighborhoods. Behavioral Ecology 21, 387–395.

Nettle, D.; Coall, D. A.; Dickins, T. E. (2010): Birthweight and paternal involvement predict early reproduction in British women: Evidence from the national Child Development Study. American Journal of Human Biology 22, 172–179.

Nettle, D.; Coall, D. A.; Dickins, T. E. (2011): Early-life conditions and age at first pregnancy in British women. Proceedings of the Royal Society B 278, 1721–1727.

Olderbak, S. G.; Figueredo, A. J. (2010): Life history strategy as a longitudinal predictor of relationship satisfaction and dissolution. Personality and Individual Differences 49, 234–239.

Pianka, E. R. (1970): On r- and K-Selection. American Naturalist 104, 592–597.

Promislow, D. E. L.; Harvey, P. H. (1990): Living fast and dying young: A comparative analysis of the life-history variation among mammals. Journal of Zoology 220, 417–437.

Quinlan, R. J. (2003): Father absence, parental care, and female reproductive development. Evolution and Human Behavior 24, 376–390.

Quinlan, R. J. (2006): Gender and risk in a matrifocal Carribean community: A view from behavioral ecology. American Anthropologist 108, 464–479.

Quinlan, R. J. (2007): Human parental effort and environmental risk. Proceedings of the Royal Society B 274, 121–125.

Quinlan, R. J. (2010): Extrinsic mortality effects on reproductive strategies in a Caribbean community. Human Nature 21, 124–139.

Quinlan, R. J.; Quinlan, M. B. (2007): Parenting and cultures of risk: A comparative analysis of infidelity, aggression, and witchcraft. American Anthropologist 109, 164–179.

Roff, D. A. (1992): The evolution of life histories – Theory and analysis. London, New York.

Ross, L. T.; Hill, E. M. (2002): Childhood unpredictability, schemas for unpredictability, and risk taking. Social Behavior and Personality 30, 453–473.

Schechter, D. E.; Francis, C. M. (2010): A life history approach to understanding youth time preference. Human Nature 21, 140–164.

Sear, R. (2010): Height and reproductive success. Is bigger always better? In: Frey, U.; Störmer, C.; Willführ, K. P. (Hrsg.) Homo novus – A human without illusions. Berlin, Heidelberg, 127–143.

Stearns, S. (1989): Trade-offs in life-history evolution. Functional Ecology 3, 259–268.

Stearns, S. C. (1992): The evolution of life histories. Oxford, Oxford University Press, New York, Tokyo.

Störmer, C. (2011): Sex differences in the consequences of early-life exposure to epidemiological stress – A life-history approach. American Journal of Human Biology 23, 201–208.

Störmer, C.; Lummaa, V. (2014): Increased mortality exposure within the family rather than individual mortality experiences triggers faster life-history strategies in historic human populations. PLoS ONE 9(1), e83633. DOI: 10.1371/journal.pone. 0083633.

Thornhill, R.; Fincher, C. L.; Aran, D. (2009): Parasites, democratization, and the liberalization of values across contemporary countries. Biological Reviews 84, 113–131.

Tinbergen, N. (1963): On aims and methods of ethology. Zeitschrift für Tierpsychologie 20, 410–433.

Trivers, R. L. (1974): Parent-offspring conflict. American Zoologist 14, 249–264.

Trivers, R. L.; Willard, D. E. (1973): Natural selection of parental ability to vary the sex ratio of offspring. Science 179, 90–92.

Uhl, M.; Voland, E. (2002): Angeber haben mehr vom Leben. Spektrum Akademischer Verlag. Heidelberg. Berlin.

Uller, T. (2008): Developmental plasticity and the evolution of parental effects. Trends in Ecology and Evolution 23, 432–438.

Voland, E. (2009): Altern und Lebenslauf – ein evolutionsbiologischer Aufriss. In: Künemund, H.; Szydlik, M. (Hrsg.): Generationen – Multidisziplinäre Perspektiven. Wiesbaden, 23–43.

Voland, E. (2013): Soziobiologie. Die Evolution von Kooperation und Konkurrenz. 4. Auflage. Springer Spektrum. Heidelberg.

Voland, E.; Voland, R. (1995): Parentoffspring conflict, the extended phenotype, and the evolution of conscience. Journal of Social and Evolutionary Systems 18, 397–412.

Waynforth, D. (2012): Life-history theory, chronic childhood illness and the timing of first reproduction in a British cohort. Proceedings of the Royal Society B 279, 2998–3002.

WILSON, M.; DALY, M. (1997): Life expectancy, economic inequality, homicide, and reproductive timing in Chicago neighbourhoods. Biomedical Journal 314, 1271–1274.

WOLF, M.; VAN DOORN, G. S.; LEIMAR, O.; WEISSING, F. J. (2007): Life-history trade-offs favour the evolution of animal personalities. Nature 447, 581–585.

YOUNGSON, N. A.; WHITELAW, E. (2008): Transgenerational epigenetic effects. Annual Review of Genomics and Human Genetics 9, 233–257.

ZHANG, T.-Y.; MEANEY, M. J. (2010): Epigenetics and the environmental regulation of the genome and its function. Annual Review of Psychology 61, 439–466.

---

1   Dieser Aufsatz geht teilweise auf Überlegungen zurück, die ansatzweise bereits in VOLAND (2009) und VOLAND (2013) zur Sprache kommen.

Gesundheit und Krankheit; Altern und Regeneration

8

Welche Erkenntnisse bringt die Evolutionstheorie
für die Medizin?

Andreas Beyer

8.1 Einführung: Evolution als „ultimate" Erklärung

„Nothing in biology makes sense except in the light of evolution"[1] – dieser berühmte
Satz von Theodosius Dobzhansky aus einem Essay aus dem Jahr 1973 ist inhaltlich
scheinbar eindeutig. Trotzdem lohnt ein näherer Blick. Den Begriff „Sinn" in den Biowissenschaften kann man nämlich einerseits verstehen als „umfängliche Erfassung der
biologischen Struktur" sowie „hinreichende Beschreibung und kausale Erklärung des
biologischen Prozesses". Das ist freilich ohne Bezugnahme auf den Evolutionsprozess
möglich: Man kann die Beschaffenheit eines Laubblattes oder die Funktion der Säuger-
niere problemlos im Hier und Jetzt analysieren und beschreiben, ohne zu wissen, wie
all dies evolutiv entstanden ist. Ernst Mayr prägte (1961) dafür den Begriff der *proximate cause*, den der *direkten Ursache*. Gemeint sind die kausalen Wechselwirkungen,
die man in jetzigen biologischen Systemen aktuell vorfindet und analysieren kann
(Physiologie, Biochemie etc.). Allerdings bleiben dabei die Fragen, wieso die betreffende Strukturen gerade so und nicht anders aussehen, warum der biologische Prozess gerade so und nicht anders abläuft, unbeantwortet. Solche Fragen lassen sich nur aus der
historischen Perspektive beantworten, unter Beachtung der Anfangs- und Randbedingungen, und hier kommt dann die Evolutionstheorie ins Spiel: Mayr (1961) sprach in
diesem Zusammenhang von der *ultimate cause*, der *übergeordneten*, sozusagen rang-
höheren Ursache.[2]

Machen wir uns den Unterschied an einem einfachen Beispiel klar: Die *proximate*
(unmittelbare) Ursache für das Sinken der *Titanic* war eine Leckage im Schiffsrumpf,
die bewirkte, dass der Passagierkreuzer voll Wasser lief, Auftrieb verlor und darum sank.
Die *ultimate* (übergeordnete) Ursache, die das Zustandekommen dieser Leckage erklärt,
war die Kollision mit einem Eisberg, bedingt durch fahrlässiges Verhalten des Kapitäns

sowie den Bau des Schiffs, durch den die Leckage so verheerende Auswirkungen hatte. Wir haben es also mit zwei Ebenen der Erklärung zu tun[3].

Derartiges gibt es auch in der Biologie. So erscheinen manche embryonalen Entwicklungswege, manche biochemischen Routen unnötig verworren und kompliziert – Rätsel, die sich nicht allein durch Analyse der daran beteiligten biochemischen Mechanismen (*proximaten* Ursachen) lösen lassen. Hier hilft nur ein Blick in die phylogenetische Vorgeschichte, die „ultimaten Ursachen".

Berühmt ist das Beispiel des rückläufigen Kehlkopfnervs (Nervus laryngeus recurrens), der, vom Hirn ausgehend, in den Thorax absteigt, den Aortenbogen umläuft und wieder den Hals hinauf bis zum Kehlkopf zieht (Dawkins 2009). Diese sogenannte *Rekurrens-Schlinge* ist unter funktionellen Gesichtspunkten völlig unsinnig, führt (insbesondere bei Tieren mit langen Hälsen) zu unnötigen Zeitverlusten bei der Reizübertragung und ist damit ein Paradebeispiel für Ressourcenverschwendung. Bei Giraffen beträgt der Umweg, den dieser Nerv einschlägt, etliche Meter – eine absurde Konfiguration! Zwar lässt sich sein Zustandekommen mit entwicklungsgenetischen Mechanismen erklären, aber warum existieren diese Mechanismen gerade so und nicht anders? Warum zieht der Nerv nicht direkt zum Kehlkopf, ohne in den Brustkorb hinab zu steigen?

Eine plausible Antwort darauf erschließt sich nur aus der evolutiven Historie: Die Lungenfische und ältesten Vierfüßer (Tetrapoden), bei denen der Nerv schon auftrat, besaßen noch keinen Hals, daher nimmt der Nerv bei ihnen (fast) den kürzesten Weg. Als die Tetrapoden später einen Hals entwickelten, musste der Nerv „mitziehen", weil er entwicklungsbiologisch eben so angelegt ist, dass er den betreffenden „inneren Landmarken" folgt. Die Konsequenz ist funktional widersinnig; aber das dahinter stehende Prinzip lautet: Die Ontogenese – also die Entwicklung des Körpers aus der befruchteten Eizelle – *kann* nicht mehr nachträglich verändert werden, weil dies eine grundlegende Umstrukturierung von Blutgefäßen und Nervenbahnen (des ursprünglichen „Fisch"-Bauplans) im Brustkorb erfordern würde, was aufgrund der Komplexität der Entwicklungssteuerung nicht möglich ist.

Der Zoologe und Evolutionsbiologe Rupert Riedl gebrauchte dafür den Begriff der „Bebürdung": Erstens kann die Evolution – anders als ein Ingenieur oder Designer – nicht vorausplanen und keine Optionen vergleichen. Zweitens muss sie kontinuierlich[4] verlaufen, kann keine großen Sprünge machen, und alle Zwischenformen müssen funktional sein. Oder, wie Günter Osche formulierte, Organismen können nicht vorübergehend wegen Umbau schließen. Die evolutive Entwicklung verläuft ungesteuert zu einem der jeweils nächsten erreichbaren Gipfel, d. h. zu einem lokalen Optimum – unabhängig davon, ob es (auf direktem Wege unerreichbare) höhere Optimum-Gipfel gibt. Im zitierten Beispiel bestand die einfachste von der Evolution zu bewältigende Anpassungsmöglichkeit darin, den Nerv Schritt für Schritt, Zentimeter um Zentimeter zu verlängern. Die Lösung ist zwar unbefriedigend, umständlich und ein Paradebeispiel für Ressourcenverschwendung, aber sie funktioniert offensichtlich, und das ist das einzige, was zählt. Daher gab es keinen hinreichend starken Selektionsdruck, diese umständliche Genese zu vereinfachen.

Der Einfluss der Evolution als Urheber biologischer Eigenschaften geht weiter, als man sich auf den ersten Blick klar macht: Nicht nur konkrete biologische Strukturen und Funktionen, sondern auch die biologischen Vorgänge im Kontext von Krankheit und Gesundheit sowie Regeneration, Altern und Sterben sind komplexe biologische Gegebenheiten, an denen eine Vielzahl von Genen in irgend einer Weise beteiligt ist – ergo kommt auch hier Evolution ins Spiel. Wir werden in diesem Kapitel betrachten, welche Erkenntnisse sich aus dem Blickwinkel der Evolutionstheorie für medizinische Fragestellungen ergeben.

8.2 Die Vorlagentreue der biologischen Vererbung

Mit JACQUES MONOD gesprochen zeichnet sich Leben aus durch den Besitz einer „Invarianz" und einer „Teleonomie": Die Invarianz ist die genetische Information, die in Form des Genoms von Generation zu Generation vererbt wird. Die Teleonomie ist dann der „ausführende Apparat", also die funktionalen RNAs und Proteine (sowie im weiteren Sinne Gewebe und Organe). Die Invarianz kodiert die Teleonomie, letztere wiederum sorgt für das vorlagengetreue Kopieren und die Fortpflanzung der Invarianz, also für die exakte Weitergabe des Erbguts über die Generationen. Dieses Bild ist korrekt, wenn man auf kurze Zeitspannen, auf wenige Generationen schaut; für längere Zeitabschnitte wird es jedoch in einem wichtigen Punkt falsch: (Evolutive) Anpassung kann nur geschehen im Rahmen von Erbgut-Veränderungen, daher *darf* die genetische Kopie der Genomausstattung für die nächste(n) Generation(en) nicht perfekt sein: Gleichgültig, wie gut anpasst ein Organismus auch sein mag, die nächste größere Änderung der Lebensbedingungen würde ihn bzw. seine Nachfahren auslöschen. Lebewesen können ihre Eigenschaften aber nicht gezielt an die Umwelt anpassen[5]: Es bleibt nur der evolutive Mechanismus, der sozusagen auf „Versuch und Irrtum" beruht. Daher gibt es zwei einander widersprechende Kausalzusammenhänge.

Einerseits: Je größer die Mutationsrate ist, umso größer der Verlust durch nicht überlebensfähige Nachkommen. Ergo wird sich derjenige Genotyp durchsetzen, dessen genetische Maschinerie die Fehlerrate möglichst weit minimiert hat. Andererseits ist die Anpassungsfähigkeit (bis zu einer gewissen Grenze[6]) umso besser, je höher die Mutationsrate ist. Also ist im Vorteil, wer möglichst viele Varianten in den Folgegenerationen hervorbringt.

In solch einem Fall, bei kausal gegenläufigen Faktoren, ergibt sich mathematisch eine Optimum-Funktion mit einer optimalen Fehlerrate, die einerseits hinreichende genetische Stabilität, andererseits jedoch hinreichende Anpassungsfähigkeit gewährleistet (siehe hierzu den Beitrag von P. SCHUSTER in diesem Band). Da die Lebensumstände, die genetische Komplexität des Organismus und der Anpassungsdruck seitens der Umwelt äußerst verschieden sein können, liegt das Optimum bei verschiedenen Arten bei deutlich unterschiedlichen Werten.

Die Replikationsgenauigkeit bei Bakterien liegt im Bereich einer Fehlerrate von 10^{-7} bis 10^{-8}, das heißt, bei der Replikation liegt die Wahrscheinlichkeit einer Mutation pro Nukleotid (Basenpaar, Bp) bei $1:10$ Millionen bis $1:100$ Millionen. Das scheint sehr wenig, doch angesichts der Genomgröße von Bakterien (in der Regel 10^6 bis 10^7 Bp) folgt, dass ganz grob gesprochen bei einigen Prozenten der Tochterzellen eine Mutation vorliegt (KUNKEL 2004). Das ist „hinreichend konservativ", stellt aber gleichzeitig einen stetigen Pool an Neuerungen bereit.

Die Genomgrößen von Eukaryonten sind deutlich bis erheblich größer, sodass bei eukaryonten Einzellern die Genauigkeiten, wiederum grob gesprochen, um mindestens eine Zehnerpotenz höher liegen. Bei komplexen Eukaryonten, insbesondere also bei mehrzelligen Pflanzen und Tieren, kommen drei Faktoren hinzu, die es bei Bakterien nicht gibt: Erstens der komplexe, vielzellige Körperbau, zweitens die genetische Rekombination durch sexuelle Fortpflanzung und drittens der höhere Anteil an „Junk-DNA" im Genom . Die Vielzelligkeit bedingt, dass bis zum nächsten Vermehrungsstadium (Geschlechtszellen, Sporen, abgeschnürte Teile des Organismus usw.) mehrere bis viele anstelle nur einer Zellteilung stattfinden müssen: Dies verlangt eine höhere Kopiergenauigkeit. Das menschliche Genom hat eine Größe von etwas über 3 GBp (3×10^9 Bp), und in der Tat liegt die Fehlerrate bei der Replikation des menschlichen Genoms bei ca. 10^{-10}, sodass es auch hier pro Zellteilung statistisch zu weniger als einem Fehler kommt. Allerdings bedingt die Vielzahl an Zellteilungen zwischen der befruchteten Eizelle und den Geschlechtszellen der nächsten Generation, dass wir Menschen gut 100 Mutationen (!) von unseren Eltern vererbt bekommen[8] (WOLFE ET AL. 1989; HELLMANN ET AL. 2005; eine experimentelle Bestimmung mittels neuesten Sequenziertechniken liefern CAMPBELL ET AL. 2012).

Wie ist es möglich, dass wir dadurch nicht „genetisch degenerieren"? Dafür sind die anderen benannten Faktoren verantwortlich: Zuerst einmal ist unser Genom genetisch nicht so „kondensiert", nicht so „effizient kodiert" wie das der Bakterien, bei denen die Gene auf dem Chromosom[9] dicht aneinander gereiht liegen. In unserem Genom kodiert weniger als 10 % der DNA für Protein-kodierende mRNAs und funktionale RNAs. Weit über die Hälfte des Genoms ist entweder nutzlos oder trägt eine Funktion, die nicht sehr stark an die Sequenz gebunden ist, daher ist unser Genom fehlertoleranter als das der Bakterien! Des Weiteren sind wir Diplonten, d. h. wir tragen einen doppelten Gen-Satz, je einen von beiden Eltern. Dadurch werden fehlerhafte Genvarianten in den meisten Fällen durch die zweite, funktionale Kopie ausgeglichen. Daher vertragen Populationen von Diplonten (also fast alle Tiere, die überwiegende Anzahl der Pflanzen und viele eukaryonte Einzeller) mehr schädliche Mutationen in ihrem Genpool als Bakterien. Und letztlich sorgt die sexuelle Fortpflanzung[10] dafür, dass bei jedem Nachkommen neue Kombinationen entstehen, wodurch vorteilhafte Varianten besser ausgelesen und nachteilige effizienter eliminiert werden können.

Wie schon angedeutet hängt der genaue Wert der optimalen Kopiergenauigkeit in jeder Spezies von verschiedenen Faktoren ab. Zum einen sind Diplonten mit sexueller Fortpflanzung, insbesondere mit höherem „Junk-DNA"-Anteil im Genom, fehlertoleranter. Des Weiteren ist es der Selektionsdruck, der eine wichtige Rolle spielt: Je höher er ist, umso wichtiger ist die Generierung neuer Varianten. Und ein letzter, wichtiger Faktor: Je mehr Nachkommen eine Generation produzieren kann, umso höher kann die Fehlerrate sein, ohne dass die Population zusammen bricht. Konkret gibt es dazu einige sehr interessante Befunde:

◆ Geraten Bakterien unter länger andauernden Stress, so setzen sich oft Varianten durch, die aufgrund zufällig erworbener sogenannter *Mutator-Mutationen* (= Mutationen, welche die Kopiergenauigkeit des Replikationsapparats herabsetzen) mehr Mutationen in der Nachkommenschaft produzieren[11]. Dies erhöht die Entstehungsrate genetischer Varianten.

◆ Das Verhältnis zwischen Parasiten und ihren Wirten ist extrem komplex; das koevolutive Wechselspiel zwischen beiden Parteien ist ein ewiges Wettrüsten. In etlichen Fällen endet es mit einem Sieg des Wirts, der den Parasiten am Ende schließlich abschütteln (oder vernichten) kann. Es kann jedoch auch dazu kommen, dass der Parasit die Abwehr des Wirts endgültig unterläuft und sich dabei dem Wirt so anpasst, dass er letztendlich keinen Schaden (mehr) anrichtet. Dieser Status ist dann evolutionsstabil. Gerade bei phylogenetisch jungen Parasiten-Wirtsverhältnissen sind die Verhältnisse jedoch oft verwickelt und instabil. Ein Beispiel: Retroviren im Allgemeinen und HIV im Besonderen folgen einer „low fidelity"-Strategie – das Genom ist nur knapp 9 kB lang, und dennoch enthält jede Kopie mehrere Fehler. Das hat zur Folge, dass nur ein geringer Teil der Virus-Nachkommenschaft intakt ist und fähig, sich erfolgreich fortzupflanzen. Der Vorteil davon ist allerdings die hohe Variationsrate: Auf diese Weise sind die Viren dem Immunsystem immer einen Schritt voraus (wir werden darauf zurückkommen).

◆ Die Ontogenese ist ein komplexer Prozess, der mit Differenzierung und strenger Regulation der Zellteilungsraten einhergeht. Wenn Zellen durch Mutationen der Regulation entkommen, kann sich ein Tumor entwickeln: Die Zellen entarten, es kann dann zur Krebserkrankung kommen[12]. Die Entartung wird in jedem Falle letztlich durch klonale Mutationen bedingt: Mutationen, welche Elemente der Teilungskontrolle außer Kraft setzen, passieren in Gründerzellen, und diese wachsen zu Zellklonen heran. Weitere Mutationen gründen weitere Subklone, am Ende kann dann eine vollständig entartete, bösartige Zelllinie stehen. Hier spielt wiederum die Replikationsgenauigkeit (konkreter gesagt die Ansammlung von Replikationsfehlern) eine entscheidende Rolle. Auch diesen Themenkreis werden wir noch näher betrachten.

◆ Für die Prozesse des Alterns und Sterbens gibt es eine ganze Reihe von Theorien (Übersicht bei LJUBUNCIC/REZNICK 2009), und im Rahmen dieses Kapitels wird nicht zu entscheiden sein, welche denn nun „die richtigen" sind – das ist auch gar nicht notwendig. Wir werden heraus arbeiten, dass einerseits, so wie bei der malignen Entartung, die Ansammlung von Mutationen eine wesentliche Rolle spielt und andererseits weitere evolutive Faktoren wirksam sind, welche die erreichbaren Altersgrenzen genetisch beeinflussen.

◆ Viele Spezies sind in Bezug auf verschiedene physiologische Leistungen defizient – sei es, dass sie bestimmte Umweltfaktoren nicht vertragen oder sei es, dass sie bestimmte Metabolite nicht synthetisieren können. Wir Menschen sind auf eine große Anzahl von Vitaminen, essenziellen Fettsäuren und Aminosäuren angewiesen, die wir nicht (mehr!) selber synthetisieren können: Die betreffenden Gene sind durch Mutationen zerstört worden. Zum Beispiel brauchen alle Trockennasenaffen (zu denen auch Menschenaffen und Menschen gehören) Vitamin C, denn das Gen für die L-Gulonolactonoxidase wurde in deren Vorfahrenlinie vor ca. 65 Mio. Jahren durch einen Mutation zerstört. Da sich diese Populationen jedoch von Vitamin-C-reicher Kost ernährten, war der Verlust irrelevant und konnte sich ohne jede Selektion durch sogenannte *genetische Drift* in der Population durchsetzen.

Wir sehen, dass die Zusammenhänge zwischen Replikationsgenauigkeit, Fehlerraten, Regeneration und Lebensumständen kompliziert sind. Schauen wir uns einige Themen etwas genauer an.

8.3 Sterblichkeit

Das Leben auf dieser Erde ist ca. 4 Milliarden Jahre alt, manche Bakterien existieren seit über 3 Milliarden Jahren in wenig veränderter Form. Solange unsere Erde geologisch stabil bleibt und die Sonne uns Energie liefert, wird irdisches Leben weiter existieren. Warum also müssen Individuen sterben? Der Evolutionsbiologe GEORGE C. WILLIAMS formulierte bereits 1957: „Es ist wirklich verwunderlich, dass – nachdem das Wunderwerk der Embryogenese vollbracht ist – ein komplexes, vielzelliges Tier an der viel simpler erscheinenden Aufgabe scheitert, einfach das zu erhalten, was schon geschaffen ist." (WILLIAMS 1957). Hinzu kommt, dass sich die Lebensspannen der mehrzelligen Eukaryonten dramatisch unterscheiden: Manche Insekten werden nur wenige Wochen alt, manche Schildkröten bringen es auf über 200 Jahre, die Islandmuschel auf ca. 400 Jahre; der älteste, in Jahresringen ausgezählte Mammutbaum zählte über 2000 Jahre. Den Altersrekord halten die Grannenkiefern (*Pinus longaeva*): Das älteste noch lebende Exemplar ist 5062 Jahre alt, wie die Auszählung von Jahresringen in einem Bohrkern ergab (Stand 2012). Allein diese Beispiele zeigen, dass ganz verschiedene Faktoren im Spiel sein müssen, wenn es um die maximale Altersgrenze einer Art geht.

Beginnen wir mit einer Bestandsaufnahme: Wessen Lebensspanne ist (prinzipiell und grundsätzlich) begrenzt, wessen nicht?

◆ Die meisten Einzeller sind potenziell unsterblich[13] – aber bei weitem nicht alle: Zum Beispiel teilen sich die sogenannten *Sprosshefen* (darunter auch *Saccharomyces cerevisiae*, die Bier- und Bäckerhefe) asymmetrisch. Daher kann man nach der Teilung unterscheiden, welches die Mutter- und welches die Tochterzelle ist. Die Mutterzelle geht nach wenigen Dutzend Teilungen zugrunde, so dass immer nur die Tochterzellen potenziell unsterblich sind.

◆ Bei Vielzellern ist in der Regel das Soma, also der Körper, sterblich – quasi unsterblich ist immer nur die Keimbahn, also die Abfolge der Zellen von der Zygote über diejenigen Körperzellen, die fortpflanzungsfähige Stadien ausbilden können bis schließlich zu den Zygoten der nächsten Generation. Aber auch hier ist die Sachlage nicht ganz so einfach: Manche Pflanzen haben die Fähigkeit, sich unbegrenzt vegetativ fortzupflanzen, z. B. durch kriechende Wurzeln oder oberirdische Ausläufer. Ein allseits bekanntes Beispiel ist der kriechende Hahnenfuß *Ranunculus repens*. Betrachtet man nun die Pflanze als Verbund all dieser Teile, so ist auch sie unsterblich. Schaut man jedoch das einzelne „Kraut" an, so ist es vergänglich, denn die alten Teile zerfallen nach einer Vegatationsperiode.

◆ Bei manchen Arten wie z. B. bei vielen Hydrozoen (Nesseltieren wie Quallen und Korallen) finden wir einen Generationswechsel, bei dem auch die Existenzdauer der jeweiligen Körpergestalten unterschiedlich ist: Der „Stock", also die Kolonie, hat eine hohe Regenerationsfähigkeit und ist unsterblich in demselben Sinne wie der zuvor benannte kriechende Hahnenfuß. Die Kolonie hat also prinzipiell unbegrenzten Bestand, die von ihr abgeschnürten Medusen („Geschlechtskörper") sterben jedoch nach definierter Zeit ab.

Das bringt uns in der Frage nach der Sterblichkeit des Soma einen kleinen Schritt weiter. Offenbar ist keine einzige individuelle Zelle unsterblich. Potenzielle Unsterblichkeit hängt immer zusammen mit Teilungs- und Wachstumsfähigkeit. Dadurch sind in Wahrheit immer nur Zelllinien „unsterblich", aber niemals Zellen – und daher logischerweise multizelluläre Individuen erst recht nicht.

Woran liegt das? Die Antwort ist von ganz prinzipieller Natur: Keine Struktur hält ewig. Der zweite Hauptsatz der Thermodynamik besagt, dass Ordnung nicht aufrecht erhalten bleibt, sondern dass Unordnung von alleine stets zunimmt[14]. Analog kann man daraus für die Information ableiten: Gleichgültig, welchen „Speicher" oder welche „Verarbeitungsmaschinerie" man betrachtet – bei der Informationsspeicherung bzw. -verarbeitung geht Information verloren[15]. Allein schon aus diesem Grunde kann eine Zelle nicht ewig fortbestehen. Konkret bedeutet dies für lebende Organismen: Im „Speicher" (der DNA) geht stetig Information verloren, und zwar durch physikochemische DNA-Schädigung. In unserem eigenen Körper betrifft dies mehrere 10 000 Positionen pro Zelle und Tag! Egal, wie gut die Reparaturmechanismen sind: Die Reparatureffizienz ist aus prinzipiellen Gründen immer kleiner als 100 % (Stichwort: „Verluste bei der Informationsverarbeitung"!). Dabei kann es passieren, dass die Gene des Reparatursystems selber von Mutationen getroffen werden: In solch einem Falle schnellen die Mutationsraten um Größenordnungen in die Höhe. Dies führt unweigerlich dazu, dass über kurz oder lang die genetische Information einer jeden Zelle zerfällt, degeneriert. Es gibt nur eine einzige Möglichkeit, dem entgegenzusteuern: Wachstum! Solange sich Zellen teilen und solange dabei summarisch die Kopiergenauigkeiten größer sind als die Fehlerraten, solange wird der Verlust durch Absterben defekter Zellen kompensiert werden können[16].

Fassen wir zusammen: Einzelne Zellen können niemals unsterblich sein, nur Zelllinien sind quasi-unsterblich, denn Teilung und Wachstum ist die einzige Möglichkeit, ein Gleichgewicht zwischen Fortbestehen und prinzipiell unaufhaltsamen Verfall zu erreichen. Damit haben wir im Übrigen die prinzipielle Ursache des Evolutionsprozesses erfasst: Sobald sich der erste Replikator entwickelt hat, ist Evolution *unausweichlich*. Alle Strukturen zerfallen irgendwann, nur die Vermehrung wirkt dem Zerfall entgegen, und die dabei entstehenden Varianten konkurrieren miteinander: Selektion! Somit wird auch verständlich, dass Einzeller (zumindest als Zelllinien) potenziell unsterblich sein können, Mehrzeller aber nicht – höchstens als „Kolonie", wobei auch hier das unbegrenzte Wachstum eine Bedingung ist[17].

Man kann es auch umgekehrt betrachten: Eine Evolution[18] ist nur möglich, wenn die Dauer einer Generation auf der stammesgeschichtlichen Skala (genauer: relativ zu den Geschwindigkeit der Veränderungen ökologischer Bedingungen) sehr kurz ist. Genetische (und damit evolutiv relevante) Änderungen kommen immer nur in der nächsten Generation zum Tragen, und daher sind längere Generationszeiten ein Hindernis für evolutive Anpassung! Bei sich vegetativ fortpflanzenden Mehrzellern wie dem erwähnten kriechenden Hahnenfuß treten zwar ebenfalls Mutationen auf, die sich dann in Ausläufern der Pflanze manifestieren, aber erstens ist dies ein eher langsamer Prozess, und zweitens entfällt dabei die Neukombination der Genome im Zuge sexueller Fortpflanzung.

8.4 Mechanismen des Alterns und Lebensspannen

Bezüglich der aktiven Steuerung von Altersvorgängen hat die Evolution verschiedene Kontrollmechanismen hervorgebracht; zwei davon seien exemplarisch erwähnt: Telomerlängen und epigenetische Modifikationen.

Die Replikation der DNA (also die Verdopplung der Chromosomen) muss das Problem der offenen, linearen DNA-Enden lösen: Aus molekularbiologischen Gründen kann die DNA-Synthese nicht auf beiden Strängen bis zum äußersten Ende laufen. Dies hätte zur Konsequenz, dass bei jeder Zellteilung an den Chromosomenenden Material verloren geht. Die Lösung des Problems besteht in den sogenannten *Telomeren*, das sind Wiederholungen eines Hexa-Nukleotids, die von einem Enzym namens Telomerase immer wieder erneut ans Ende angefügt werden können (Abb. 8.1), sodass die Verluste laufend kompensiert werden. Als Schutzmechanismus gegen unkontrolliertes Wachstum ist das Gen für die Telomerase in den meisten Körperzellen jedoch dauerhaft abgeschaltet, sodass sie sich nicht mehr unbegrenzt teilen können, ohne Gene zu verlieren.

Verschiedenste Faktoren beeinflussen die Telomerlänge, gemäß einer Studie von EPEL ET AL. (2004) könnte sogar psychischer Stress zu einer beschleunigten Verkürzung beitragen. Stress forciert demnach die Zellalterung, da sich Zellen unterhalb einer bestimmten Telomerlänge nicht mehr teilen können und absterben[19]. RAMIREZ ET AL. (2001) folgern daraus, dass die Aktivierung der Telomerase, welche die Telomerverkürzung unterbindet, proliferative Seneszenz verhindern kann. Hier zeichnet sich eine konkrete Möglichkeit ab, wie eine gezielte Beeinflussung der genetischen Regulation (hier: der Telomerase) dabei helfen könnte, die Zellalterung zu verlangsamen.

Epigenetik ist ein relativ junges Forschungsfeld. Erst vor wenigen Jahrzehnten hat man erkannt, dass DNA chemisch modifiziert werden kann[20], und dass diese Modifikation die Genaktivität beeinflusst. Auch hier gilt: Je strikter die Kontrolle (d. h. je mehr Gene nachhaltig abgeschaltet werden), umso besser ist der Organismus gegen Tumore geschützt, aber umso problematischer wird die Regeneration, die ja ihrerseits auf Zellteilung angewiesen ist.

Als Faustregel gilt daher, dass sich einfacher strukturierte Mehrzeller besser regenerieren können als komplexe: Sie haben kürzere Generationszeiten, einfacheren Körperbau, insgesamt weniger komplexe Gewebe und daher weniger komplizierte Regulationsmechanismen (wir werden in Abschnitt 5 darauf zurück kommen). Damit hängt ein weiterer Punkt zusammen: Die komplizierten ontogenetischen Entwicklungsrouten z. B. des Säugerorganismus verlangen – wie gesagt – differenziertere Mechanismen. Darum ist es hier schwieriger, im Nachhinein die wesentlich komplexeren Gewebe und Organe regenerativ zu erneuern: Die ontogenetischen Entwicklungswege sind Einbahnstraßen, die zudem auch nur ein einziges Mal befahren werden können. Dabei sind noch längst nicht alle relevanten Faktoren aufgeklärt und verstanden (auf regenerative Prozesse werden wir in Abschnitt 5 zurückkommen).

Wir haben nun herausgearbeitet, wieso das Soma sterben bzw. altern muss: Die sich hiernach folgerichtig ergebende Frage ist: Wieso differieren die Lebenszeitspannen verschiedener Spezies derart drastisch? Das Altern begreifen wir als ein „schwächer werden" des Organismus, als sein „Zerfall", als „Ausfall von Organen und Systemen". Derart in Alltagssprache gefasst, erscheint Altern als natürlich und plausibel, aber betrachtet man es genauer, so stellt man fest, dass es sich dabei um einen erstaunlich komplexen Prozess handelt. Was also passiert, wenn wir altern?

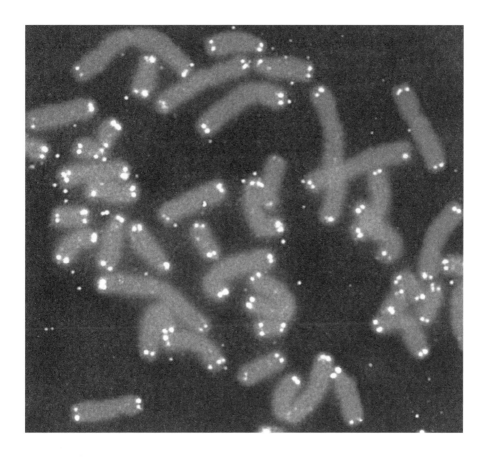

Abb. 8.1
Menschliche Chromosomen (grau) mit „Endkappen" aus Telomeren (leuchtend weiße Punkte).
Foto: NASA.

8.4.1 Altern als Folge kumulativer Zell- und DNA-Schädigung

Phänomenologisch beobachten wir einen „Verschleiß" verschiedenster Körperteile und Organe; die „Belastbarkeit", die physische, physiologische und mentale Leistungsfähigkeit nimmt ab. Biochemisch sieht man, dass der Ersatz geschädigter oder abgestorbener Zellen nicht mehr so gut funktioniert wie in der Jugend, dass der Anteil fehlerhaft prozessierter Körpersubstanzen, z. B. fehlgefalteter und fehlerhaft modifizierter (etwa glycierter) Proteinderivate, ansteigt. In den Zellen sowie in der interzellulären Matrix sammeln sich solche Substanzen an, die nicht mehr korrekt abgebaut und entsorgt werden können. Kurz: Schadstoffe sammeln sich an, der Körper kann schlechter regenerieren, er wird anfälliger gegen Infektionen.

Wenngleich es mittlerweile mehr als 300 Theorien des Alterns gibt, so scheint eines dabei unbestreitbar zu sein: In jedem Fall spielt die Ansammlung genetischer Defekte eine große Rolle. Die Kausalkette ist relativ leicht einzusehen: Falsch prozessierte Proteine, Ablagerungen, Zellschäden, zu bekämpfende Infektionen und zu heilende Verletzungen gibt es auch bei jungen Individuen, hier können die Schäden jedoch repariert werden. Es sind letztlich die sich aufaddierenden Schädigungen der Genome in den Körperzellen, die bewirken, dass die Regenerationsmechanismen mit der Zeit immer schlechter funktionieren (dieses Mutations-Akkumulationsmodell wurde erstmalig von Sir Peter Medawar 1952 formuliert).

Ein Teil der Ursachen für die DNA-Schäden ist exogen, wie z. B. Strahlung (Radioaktivität, kosmische Strahlung). Ein anderer Teil ist „hausgemacht", wie z. B. die reaktiven Sauerstoff-Derivate, die im Zuge der Zellatmung frei werden (was man ebenfalls schon ziemlich lange weiß; s. Harman 1956). Schließlich ist ein weiterer Teil ganz prinzipieller Natur: Wie bereits erwähnt lösen sich Basen mit einer bestimmten Rate von ganz alleine chemisch aus der DNA, und die Gesetze der Thermodynamik verhindern darüber hinaus ganz grundsätzlich die perfekte Aufrechterhaltung der genetischen Integrität.

Zusammenfassend lassen sich also folgende Mechanismen des Alterns anführen: Kumulative DNA-Schädigung und somatische Mutationen, (dadurch) der Verlust an Reparaturkapazität, als Konsequenz davon die Akkumulation von Abfallprodukten, Schädigung von Proteinen, weitere Effekte reaktiver Sauerstoffspezies (freie Radikale), Defekte der Mitochondrien sowie die Verkürzung der Telomere. Dies sind Mechanismen, die „in der Natur der Sache" liegen und aufgrund derer ein Altern (ganz prinzipiell und ohne evolutionäre Aspekte) unausweichlich ist. Damit sind die Rahmenbedingungen klar: Ein individueller Körper, ein Soma kann nur sterblich sein, wie wir ja bereits weiter oben schon festgestellt haben. Dies führt dann zur nächsten Frage, nämlich welche Selektionsdrücke dazu führen, dass die Lebensspannen derart stark differieren und welche Gene dafür verantwortlich sein mögen.

Zwischen Körper und Keimzellen (oder allgemeiner: Diasporen, also Verbreitungseinheiten wie z. B. Sporen) besteht ein vielschichtiges Verhältnis:

◆ Beide Stadien wechseln sich ab, und zwar notwendigerweise. Nur in sehr wenige Fällen (sich kriechend vermehrende Pflanzen, Korallenstöcke etc.) kann ein Soma unter den oben diskutierten Rahmenbedingungen unbegrenzt existieren.

◆ Nur das Soma kann sich fortpflanzen. Es bringt die Diasporen bzw. bei sexueller Fortpflanzung die genetischen Rekombinanten der nächsten Generation hervor.

◆ Ebenso sind Mutationen im Soma (außerhalb der Keimbahn) im Hinblick auf Evolution wirkungslos. Sie führen letztlich zum Tod, generieren aber keine neuen Eigenschaften. Neue Eigenschaften und Merkmale treten erst in der nächsten Generation zutage, wenn nämlich alle Zellen des neuen Organismus die betreffende Mutation, die in der Keimbahn passiert ist, tragen.

- Das Soma „steht im Leben", es gehört zu einer Population, Herde, Gruppe an einem bestimmten Standort. Die Vermehrung und Verbreitung hingegen obliegt den kommenden, den neuen Generationen.
- Die Energie, die dem Soma zur Verfügung steht, ist in aller Regel limitiert – allein schon wegen der grundsätzlichen Begrenztheit jedweder Ressource gegenüber der potenziell unbegrenzten, exponentiellen Vermehrungsfähigkeit von Lebewesen. Folglich wird das, was der Körper in Betrieb, Instandhaltung und Wachstum investiert, die Reproduktion begrenzen und umgekehrt.

Daraus wird ersichtlich, dass die Selektion an beiden Stellen (einerseits dem Soma und andererseits seiner Vermehrungsfähigkeit) jeweils unterschiedlich angreifen kann.

8.4.2 Evolutionäre Gründe für das Altern

Mit dem bisher Gesagten ist noch nicht evident, welche evolutionären Zusammenhänge bestehen; welche Selektionsdrücke an welcher Stelle ansetzen. Hier liefert die Theorie der *antagonistische Pleiotropie* (WILLIAMS 1957) ergänzende, plausible Erklärungsansätze. Was ist gemeint? Gerade in komplexen Organismen wirkt die Mehrzahl aller Gene pleiotrop; d. h., sie beeinflussen mehrere Phäne, haben mehrere Auswirkungen. Dabei können die verschiedenen Effekte unterschiedliche Lebensspannen betreffen: Was in der Jugend vorteilhaft ist, mag im Alter schädlich sein, weswegen man diese Theorie auch als „pay later theory" bezeichnet hat. Zum Beispiel sind Sexualhormone wichtige Faktoren, welche die Entwicklung und Fortpflanzung beeinflussen, im Alter jedoch Tumore wie Brust- und Prostatakrebs fördern. Ein weiteres Beispiel sind die sogenannten *Nox-Enzyme*, die wichtige physiologische Aufgaben erfüllen, dabei aber schädliche Sauerstoff-Radikale produzieren (LAMBETH 2007) – auch ein typischer Fall von „pay later". Da die abträgliche Wirkung solcher Gene erst *nach* der reproduktiven Phase auftritt, ist die evolutionäre Auswirkung vernachlässigbar: Der Evolutionsprozess kann nicht gegen schädigende Gene und Mutationen selektieren, wenn deren Wirkung erst nach Abschluss der reproduktiven Phase auftritt.

Aber auch Genvarianten, die keinerlei Nutzen haben, können sich rein zufällig (durch sogenannte *genetische Drift*) durchsetzen, nämlich wenn sie bis zum Abschluss des reproduktiven Alters keinerlei Auswirkungen haben. Ein bekanntes Beispiel sind diejenigen Varianten des Huntingtin-Gens, welche in höherem Alter den gefürchteten „erblichen Veitstanz" (Chorea Huntington) verursachen. Diesen Effekt nennt man auch „late onset" (spätes in Erscheinung treten). Auch in solch einem Fall kann Selektion die betreffenden Varianten nicht beseitigen.

8.4.3 Artspezifische Lebensspannen und die „Disposable soma"-Theorie

Bei alledem ist immer noch nicht einzusehen, weshalb z. B. ein Hund bereits nach 15 Jahren solche Alterserscheinungen zeigt wie ein 80-jähriger Mensch. Die sich daran anschließende Frage wäre also: Wieso differieren die Lebensspannen der verschiedenen Arten derart stark? Wieso kann die eine Säuger-Spezies (Menschen) noch nach einigen Jahrzehnten Gewebe reparieren und erneuern, während die andere (manche Mäuse) das schon nach gut einem Jahr nicht mehr kann?

Es ist eine medizinisch schon recht alte Erkenntnis, dass es verschiedene Arten von Stammzellen gibt, deren Aufgabe es ist, Gewebe zu regenerieren. Ihre Differenzierungs- und Teilungsfähigkeit ist dabei sehr unterschiedlich ausgeprägt. Bei den meisten Geweben treten nach 50 bis 60 Teilungen Veränderungen in den Stammzellen und ihren Abkömmlingen (Vorläuferzellen und Gewebezellen) auf, die dazu führen, dass sie ihre Teilungsfähigkeit verlieren: Der Organismus hat seine maximale Lebensspanne erreicht. Eine ganze Reihe von Genen sind an der Einstellung und Ausprägung dieser Lebensspannen beteiligt, in einigen Fällen wird gar von „Todesgenen" gesprochen: Die maximal erreichbare Lebensspanne ist also in den verschiedenen Spezies unterschiedlich genetisch programmiert. Aber nochmals: Warum ist das so?

Die insgesamt plausibelste und attraktivste Theorie zur Beantwortung dieser Frage ist die „Disposable-Soma-Theorie" von Tom Kirkwood aus dem Jahr 1977 (Kirkwood/Shanley 2005; Kirkwood 2002; Kirkwood/ Austad 2000). Erinnern wir uns: Genetisch gesehen „unsterblich" ist nur die Keimbahn, das Soma ist eine Sackgasse (darauf zielt der Name der Theorie: „Disposable Soma" kann man mit „Wegwerfkörper" übersetzen). Konsequenterweise wird es für die Ressourcenverteilung zwischen Selbsterhalt des Körpers einerseits und Fortpflanzung andererseits ein ökologisches Optimum geben, bei dem das gegebene Maximalalter den für die Populationsdynamik besten Wert annimmt; und die Evolution wird diesen Punkt über Selektion früher oder später erreichen, indem Gene, die am Altersprozess beteiligt sind, entsprechende Modifikationen erfahren[21].

Mit anderen Worten: Je nach Todesrisiko durch die Umwelt und Aufwand zur Erhaltung des Organismus, Reparatur und Regeneration fällt die Investitions-Balance von Art zu Art verschieden aus: So können Organismen entweder mehr in die Langlebigkeit des Körpers (Soma) oder mehr in eine hohe Reproduktionsrate investieren. Beide Prozesse konkurrieren um die Ressourcen des Organismus, von der Energieversorgung bis zu den zellulären Erhaltungs- und Regenerationsvorgängen.

Gut untersuchte Beispiele hierzu sind Guppys und Virginia-Opossums. So zeigt sich, dass in stark bejagten Guppy-Populationen die Individuen rascher und schneller wachsen, früher Nachwuchs gebären und aufgrund *endogener* Faktoren rascher sterben als in Populationen mit wenigen Fressfeinden (intrinsische Mortalität). Offensichtlich begünstigt die Selektion in stark durch Räuber dezimierten Populationen solche Genvarianten, die eine hohe Reproduktionsrate bewirken, zugleich aber die Lebensspanne herabsetzen. Bei den Virginia-Opossums zeigt sich ein analoger Trend: Inselbewohner, die kaum mit Fressfeinden konfrontiert werden, produzieren nicht nur weniger Welpen pro Wurf als die stark durch Pumas und Füchse bejagten Opossums auf dem Festland, sondern haben auch eine um 50 % höhere maximale Lebensspanne; es werden also deutlich mehr Ressourcen in den Selbsterhalt investiert (Abb. 8.2). Diese Opossums erleben sogar generell noch einen zweiten Reproduktionszyklus und vermehren sich dann erneut.

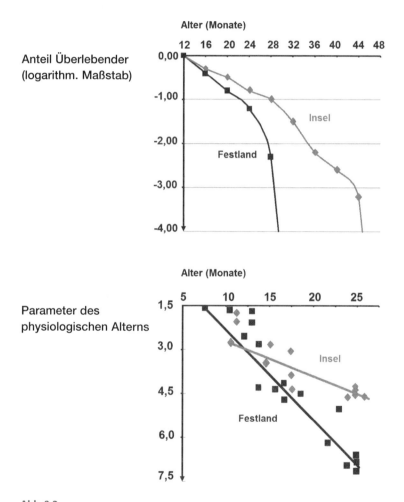

Abb. 8.2
Selektionseffekt veränderter extrinsischer Mortalität (weniger Fressfeinde auf Inseln) auf die maximale Lebensspanne des Opossums. Durch die Risikoverminderung sinkt nicht nur die (äußere) Sterbewahrscheinlichkeit, sondern steigt auch die intrinsische (innere) Lebensspanne infolge genetischer Veränderungen. Aus: FREEMAN/HERRON, Evolutionary Analysis, Prentice Hall 2007.

Mit dieser Theorie in ihrer heutigen, ausgearbeiteten Form lassen sich noch viele weitere, ansonsten unverständlich Befunde erklären:

◆ Viele Lachsarten sterben direkt nach dem Ablaichen – wieso leben sie nicht weiter, um sich dann im nächsten Jahr erneut fortpflanzen zu können? Die Antwort liegt im Sterberisiko: Der Lachszug zu den Laichgründen ist für die Fische gefährlich; die Chance, die Örtlichkeit lebend zu erreichen, ist verhältnismäßig gering. Damit entspricht der jetzige Lebenszyklus der ökologisch optimalen Fortpflanzungsstrategie: Wenn durch völlige physische Verausgabung eine Steigerung der Anzahl der Nachkommen erreicht wird, so ist dies effektiver, als im nächsten Jahr zwar mehr Nachkommen produzieren zu können, dies jedoch bei verschwindend geringen Chancen, überhaupt so weit zu kommen.

◆ Bei den sogenannten *eusozialen* Insektenvölkern[22] (Bienen sind das bekannteste Beispiel) ist die Lebensspanne der Arbeiterinnen recht kurz; außerdem pflanzen sie sich nicht oder nur in geringem Umfang fort. Was hat das unfruchtbare Arbeitsinsekt davon, die Fortpflanzung der Königin zu überlassen? Die Antwort liegt in den genetischen Verwandtschaftsbeziehungen: Die Nachkommen der Königin sind den Arbeiterinnen genetisch mindestens so nahe verwandt, wie es deren eigene Nachkommen wären. Daher gibt es keinen Selektionsdruck für Arbeiterinnen, in die Verbreitung des eigenen Genoms zu investieren. Genetische Veränderungen, die eine Arbeitsteilung verbessern oder stabilisieren, können sich darum (ökologische Vorteile vorausgesetzt) ohne weiteres in der Population etablieren, auch mit fortpflanzungsunfähigen Arbeiterinnen.[23]

◆ Die meisten Pflanzen und Tiere pflanzen sich sexuell fort; daneben existiert jedoch ein breites Spektrum asexueller Varianten, auch bei Wirbeltieren (vor allem bei Fischen und Amphibien). Sexuelle Fortpflanzung beinhaltet den Vorteil der fortwährenden Erzeugung neuer genetischer Kombinationen, birgt aber auch hohe Kosten durch den sexuellen Fortpflanzungsapparat – bei disexuellen Arten schlicht aufgrund der Tatsache, dass männliche Individuen selber keine Nachkommen hervorbringen können: Damit stehen 50 % der Population für das Populationswachstum nicht zur Verfügung. Asexuelle Fortpflanzung ist sehr viel schneller, aber nur klonal: Mutationen sind die einzige Quelle von Innovation. Die Gründe dafür, dass eine Art sich sexuell oder asexuell (oder in beiden Modi!) fortpflanzt, sind äußerst divers. Um nur einen zu nennen: Ein starker Selektionsdruck z. B. durch Parasiten begünstigt sexuelle Fortpflanzung – die Population ist durch die ständige Abwehr gezwungen, genetisch divers zu bleiben.

◆ Ein völlig anderes Beispiel aus unserer eigenen Evolution: Primaten sind soziale Wesen; insbesondere Hominoiden (Menschenaffen und Menschen) leben in strukturierten und ziemlich stabilen Gruppen. Speziell wir Menschen leben in festen Familienverbänden und „Clans"[24]; dies beinhaltet auch die Pflege gealterter Mitglieder, die selber nur noch wenig oder gar nicht mehr aktiv zum Erhalt der Gruppe beitragen können, die Gemeinschaft also mehr belasten als ihr zu nutzen. Unsere unmittelbaren Vorfahren, die Australopithecinen, erreichten ein Alter von etwa 30 Jahren. Dies ist hinreichend, um die Kinder großzuziehen – nicht mehr und nicht weniger (CASPARI 2012). *Homo*, insbesondere *H. sapiens*, erreicht ein deutlich höheres Alter, und zwar im Wesentlichen seit der Altsteinzeit (also seit er begonnen hat, eine technische Kultur zu entwickeln). Der positiv selektierte Faktor, der unsere Lebenserwartung erhöht hat, ist vermutlich ein „Generationenvertrag" besonderer Art: Während die Elterngeneration nach wie vor für die Alltagspflichten verantwortlich waren, konnten die Großeltern ihr Wissen an die Kindergeneration weiter geben (CASPARI 2012). Somit zahlen sich die höheren ökologischen Kosten wieder aus.

Diese Beispiele sind sehr unterschiedlich; unzählige weitere ließen sich noch anführen. Sie zeigen, dass das Zusammenspiel zwischen Fortpflanzung (bzw. Fortpflanzungsmodus), Ökologie und Lebensspannen sehr vielschichtig ist.

8.5 Regeneration und Krebs

Wir haben es in Abschnitt 4 schon angedeutet: Es besteht ein komplexer Zusammenhang zwischen Regeneration, Zellteilungskontrolle und Krebs. Bei *regenerativen,* am Erhalt des Individuums orientierten Prozessen, die dem Altern gegenüber stehen, unterscheidet man zwischen *Morphallaxis* (= Umordnung und Umdifferenzierung vorhandener Zellen) und der Neuentstehung von Zellen (durch Teilung aus Stammzellen oder rück-differenzierten Zellen). Letzteres ist vor allem bei Molchartigen Gegenstand der Forschung, da diese in erstaunlichem Umfang Organe regenerieren können, nach Verlust werden ganze Gliedmaßen regeneriert (Abb. 8.3 zeigt ein Beispiel). Da die Molchextremität im Prinzip nicht anders aufgebaut ist als Arme und Beine der Säuger, ist nicht einzusehen, warum die Regenerationsfähigkeit derart unterschiedlich ist. Das Phänomen ist noch weitgehend unverstanden.

Aber auch bei Säugern gibt es Unterschiede: Nager können u. a. beschädigte Lungenteile erneuern, wir Menschen nur Teile der Leber. Im Gegensatz zum erwähnten Beispiel der Molchartigen können Menschen (genauer: Kleinkinder) nur noch nach Abtrennung des letzten Fingerglieds bei besonderen Maßnahmen der Wundversorgung den Verlust komplett regenerieren (WICKER/KAMLER 2009). Offenbar begünstigt eine verlangsamte oder unterbundene Wundheilung in gewissen Grenzen die Regeneration (Abb. 8.3). Es ist noch völlig unbekannt, ob dies mit der Genomorganisation, spezifischen Entwicklungswegen, einzelnen Genen oder Genkomplexen oder anderen Faktoren zu tun hat.

Jeder Mehrzeller steht also vor der schwierigen Aufgabe, die Teilungsraten seiner Zellen aufeinander abzustimmen. Wachsen dürfen nur Zellen oder Gewebe, die in der betreffenden Situation auch wachsen sollen. Bei komplexen Tieren sind es hauptsäch-

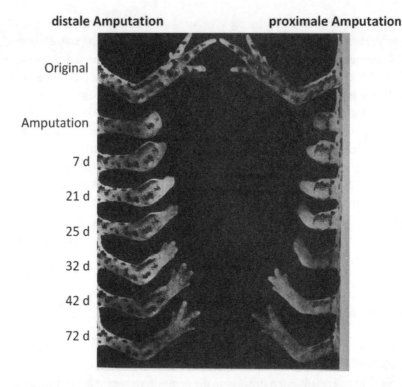

distale Amputation   **proximale Amputation**

Original

Amputation

7 d

21 d

25 d

32 d

42 d

72 d

„Wundheilung" (Epithelialisierung) Feind der Regeneration!

Abb. 8.3
Regenerationsfähigkeit der Extremität beim Grünlichen Wassermolch (*Notophthalmus viridescens*).
Links nach einer Amputation in der Mitte von Speiche und Elle, rechts nach einer Amputation im Oberarmknochen. Foto (ohne Text) aus Goss (1969).

lich drei Situationen, in denen eine erhöhte Zellteilungsaktivität vonnöten ist: jugendliches Wachstum, Wundheilung sowie die Erneuerung (Regeneration) von Geweben, die einer stetigen Abnutzung unterliegen, wie z. B. Haut und Schleimhäute. Hierfür müssen Zellen zur Verfügung stehen, die teilungsfähig sind, also „embryonalen" oder „pluripotenten" Charakter haben. Nicht wachsen hingegen dürfen alle anderen Gewebe[25] – falls sie dies doch tun, entstehen Tumore. Ergo müssen Gewebe einerseits „jugendlich" genug bleiben, um sich regenerieren und reparieren zu können, andererseits müssen alle Zellen unter strikter Teilungskontrolle bleiben, damit sie nicht entarten und durch unkontrolliertes Wachstum schweren (im Falle von Krebserkrankungen tödlichen) Schaden anrichten. Das ist ein Balanceakt: Sofern die Zellen zu sehr gehemmt und blockiert werden, wird ihre Teilungsfähigkeit und damit die Regenerationsfähigkeit des Organismus leiden. Wenn die Zellen hingegen „zu jugendlich" bleiben, so besteht größere Gefahr einer Entartung. Anders gesagt: Die Elimination geschädigter Zellen schützt vor zellulärem Kontrollverlust und Krebs; Zellverlust bei mangelndem Ersatz führt jedoch zu beschleunigtem Altern. Die physiologischen Parallelen zwischen Regeneration (hier ganz besonders der Wundheilung) und maligner Entartung, also Krebs, sind schon lange bekannt. Harold Dvorak formulierte (1986): „Krebs ist eine Wunde, die niemals heilt".

Was diesen Zusammenhang anbelangt, so ist wiederum ein Blick in die Phylogenie aufschlussreich (s. den Übersichtsartikel von Smetana et al. 2013). Aufgrund der Ähnlichkeit von Regeneration und Heilung einerseits mit entartetem Wachstum andererseits sollte man annehmen, dass Tiere, die ein hohes Regenerationspotenzial aufweisen, auch in hohem Ausmaß an Krebserkrankungen leiden, aber das Gegenteil ist der Fall! Als Regel gilt stattdessen: Je geringer der evolvierte Komplexitätsgrad eines Tieres ist, umso höher ist die Regenerationsfähigkeit und umso niedriger die Rate maligner Tumore. Für eine komplexe Regeneration jenseits der einfachen Wundheilung ist die Reaktivierung bestimmter, ontogenetisch wichtiger Gene oder Genkomplexe erforderlich. Diese Gene funktionieren aber nur im embryogenetischen Entwicklungskontext korrekt, und sie werden nach der Embryogenese stillgelegt. Je höher organisiert die Anatomie und Morphologie des Individuums ist, desto schwieriger ist es, sie im Nachhinein (also im ausdifferenzierten Körper) im Zuge einer funktionalen Regeneration zu reaktivieren.

Viele Plattwürmer (einfach gebaute Protostomier an basaler Stelle des Tier-Stammbaums) können den größten Teil ihres Körpers regenerieren, bekommen aber praktisch niemals Tumore (diese Tiere werden intensiv als Modellsysteme für Gewebe-Regeneration studiert – s. Elliot/Sánchez Alvarado 2013). Maligne Tumore sind hingegen bei allen Wirbeltieren bekannt und entstehen dort nach prinzipiell denselben Mechanismen wie bei Menschen. Aber auch hier gibt es den Trend, dass Gruppen mit höherer Regenerationskapazität (z. B. Schwanzlurche = Urodelen) gegenüber solchen mit geringerer Regenerationsfähigkeit (Froschlurche = Anuren) ebenfalls ein geringeres Risiko gegenüber Tumorentwicklung haben (Smetana et al 2013).

Dieser Befund ist zunächst einmal unverständlich; das Bild wird aber klarer, wenn man andere Faktoren mit bedenkt: Erstens sind Tiere mit hohem Regenerationspotenzial, wie erwähnt, weniger komplex. Daher ist eine Regeneration *per se* weniger kompliziert als bei einem anatomisch hoch differenzierten Tier wie einem Säuger. Der anatomisch komplexe Körperbau ist also notwendigerweise und folgerichtig mit Einbußen in der Regenerationsfähigkeit gekoppelt (Abb. 8.4).

Zweitens sind diese Tiere üblicherweise kurzlebig, so dass sie ihren Krebs in aller Regel „erst gar nicht erleben". In der Tat ist bei den meisten Tieren die Regenerationsfähigkeit gegenüber dem Krebsrisiko genau so ausbalanciert, dass es innerhalb der ökologisch natürlichen Lebensspanne (beim Menschen 40–50 Jahre) kaum zu Krebserkrankungen kommt. Drittens gibt es einen interessanten Zusammenhang mit der

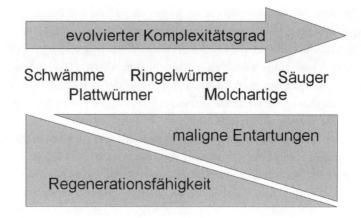

Abb. 8.4
Zusammenhang zwischen Komplexität, Regenerationsfähigkeit und dem Vorkommen maligner
Entartungen (Krebs). (Entlehnt SMETANA ET AL. 2013)

Fortpflanzungsfähigkeit: Tiere, die sich auch asexuell vermehren können, haben eine höhere Regenerationsfähigkeit – wenig verwunderlich, wenn man bedenkt, dass asexuelle Vermehrung bedeutet, dass hierbei Körperteile oder -abschnürungen zu neuen Individuen „umgebaut" werden. Hierzu passt der Befund, dass auch simpel aufgebaute Organismen, die sich ausschließlich sexuell vermehren (also die Fähigkeit zu asexueller Reproduktion verloren haben), ihren Körper weniger gut regenerieren können (so z. B. der Plattwurm *Procotyla fluviatilis*).

In dieses Gesamtbild passt ein weiterer Befund: Bei Säugern (auch bei Menschen) ist die postnatale Wundheilung mit Narbenbildung verbunden: Je älter das Individuum, umso schlechter die Heilung und umso ausgeprägter die Narbe. Pränatale Wundheilung hingegen ist zumeist perfekt und erfolgt ohne Narbenbildung. Offenbar hängt dies mit dem embryonalen Status der Gewebe und mit der hohen Teilungsfähigkeit der Zellen zusammen. Aber es gibt Befunde, wonach zusätzliche Faktoren eine Rolle spielen: Entzündungsvorgänge sind während der Embryonalzeit gehemmt und die Extrazellularmatrix unterscheidet sich vom erwachsenen Körper (SMETANA ET AL. 2013 und weitere Zitate darin). Hier bestehen ganz offensichtlich Ansatzpunkte für evolutionär fundierte Therapien: Wenn wir lernen, die Zusammenhänge zwischen Regeneration, Wundheilung, Teilungskontrolle und Differenzierung nicht nur im menschlichen Organismus, sondern in evolutionären Skalen zu verstehen, wird eine therapeutische Beeinflussung dieser Vorgänge (hoffentlich!) leichter werden.

8.6 Medizin und Evolution

Was bedeutet all dies nun für die Medizin? Um es vorweg zu nehmen: Wir sind gerade eben erst dabei, uns mühevoll an die molekularen Ursachen der verschiedensten Erkrankungen und die Details des Altersprozesses heranzuarbeiten, und wir sind noch weit davon entfernt, evolutive Strategien und Erkenntnisse in der Therapie aktiv einsetzen zu können. Von einer „evolutionären Medizin" als eigenständigen Therapieansatz zu sprechen, wäre also zum gegenwärtigen Zeitpunkt verfrüht, denn die Anwendung evolutionärer Aspekte in konkreten Heilkonzepten ist derzeit noch nicht weit gediehen. Gleichwohl gibt es erste, systematische Ansätze, Evolutionsbiologie und Medizin zu verzahnen (GANTEN 2009, der den Begriff „evolutionäre Medizin" geprägt hat; siehe auch „Zentrum für evolutionäre Medizin", www.evolutionäremedizin.ch). Einige Erkenntnisse und Forschungsansätze aus diesem Bereich sollen im Folgenden vorgestellt werden.

8.6.1 Altern und regenerative Medizin

Klinische Maßnahmen, die auf altersassoziierte Erkrankungen und Organ-Regeneration beim Menschen abzielen, könnten davon profitieren, evolutionär bedingte Randbedingungen in stärkerem Maße einzubeziehen. Hierzu gehört (1) die Wirkung von im Alter abträglichen Genvarianten stärker zu berücksichtigen, (2) die zelluläre Seneszenz bei der Therapie chronischer Erkrankungen in Rechnung zu stellen, sowie (3) in der regenerativen Medizin stärker auf evolutionär bedingte, genetische Einschränkungen zu achten und durch einen Vergleich der regulatorischen, genetischen Netzwerke verschiedener Organismen zu lernen, wie eventuelle genetische Blockaden zu überwinden sind: Analyse und Vergleich der regulatorischen Mechanismen der Ontogenese ist die Bedingung dafür, die Prozesse der Keimesentwicklung auf molekular-genetischer Ebene beschreiben zu können und ihre Historie zu verstehen. Kennen wir den evolutionären Entstehungsweg dieser regulatorischen Strukturen, so besteht Hoffnung, dass wir auch einschätzen können, welche therapeutischen Eingriffe in die Funktion von (Stamm-)Zellen vielversprechend sind im Bestreben, Organe regenerieren zu lassen.

Hier zeichnen sich in Umrissen vielversprechende Forschungsprogramme ab, die eine evolutionäre Medizin begründen könnten. Gleichwohl ist dies nur ein Ausblick auf das, was in Zukunft möglich sein mag.

8.6.2 Steinzeit, Jagen, Sammeln und Ernährung

Erkenntnisse aus unserer evolutiven Historie helfen uns, manche Zusammenhänge in Bezug auf Gesundheit und insbesondere chronische Krankheiten besser zu verstehen und gegenzusteuern. Machen wir uns klar: Der Mensch ist seit unseren Australopithecus-Vorfahren geprägt vom Steppenleben. Solche Lebensumstände (im Sinne altsteinzeitlichen Lebens) dürfte es für uns seit mehr als einer Million Jahre gegeben haben. In dieser Zeit war der Mensch bis auf die letzten, wenigen Jahrtausende Jäger und Sammler, war mobil und ernährte sich von gemischter Kost, dabei allerdings mit weniger Kohlenhydraten als heute und ohne Milch.

Macht man sich klar, dass wir diese „Steinzeiternährung" über mehr als eine Million Jahre konsumiert haben, so muss man davon ausgehen, dass unsere Physiologie immer noch weitgehend an die paläolithischen Ernährungsgewohnheiten unserer Vorfahren angepasst ist. In der Tat haben 10 000 Jahre Milchwirtschaft nicht ausgereicht, um die genetisch bedingte Laktoseintoleranz aus den heutigen, „westlichen" Populationen durch negative Selektion *komplett* zu beseitigen: Immer noch sind, auch in bäuerlichen Kulturen mit Milchwirtschaft, einige Prozent der Bevölkerung laktoseintolerant[26].

Aus unserer paläolithischen Vorgeschichte leiten JUNKER/PAUL (2009) Ernährungsempfehlungen ab, die stärker an steinzeitliche Nahrung angelehnt sind als unsere „Zivilisationskost", die zu reich an Kohlenhydraten und Zuckern sei. Aus ernährungsphysiologischer wie präventivmedizinischer Sicht optimal sei ein Mix aus pflanzlichen Produkten (Beeren, Früchten, Nüssen, Salaten) und Fleisch bzw. Fisch. Getreideprodukte (insbesondere Mehlspeisen und raffinierte Zucker), die erst in der ausgehenden Jungsteinzeit, also nach der „neolithischen Revolution" vor 10 000 bis 6000 Jahren, verfügbar gemacht wurden, sollten in geringerem Ausmaß konsumiert werden, da sich der menschliche Organismus an das Überangebot an Stärke und Saccharose noch nicht anpassen konnte: Symptome wie Laktoseintoleranz und Erkrankungen wie Fettleibigkeit und Diabetes Typ II (Insulinresistenz, „Alterszucker") mit all ihren Folgen seien das Resultat. Der Konsum von laktosehaltigen Milchprodukten wiederum sollte nur in Abhängigkeit von der genetischen Konstitution des Einzelnen erfolgen, also davon, ob er oder sie laktosetolerant ist oder nicht.

Zudem sei fraglich, ob 3 Mahlzeiten am Tag die gesündeste Ernährungsweise ist: Dies kann kaum die Ernährungsweise unserer Vorfahren gewesen sein. Der Steinzeitmensch wird sich nicht bereits früh am Morgen den Magen vollgeschlagen haben, um danach ins „Zuckerkoma" zu fallen (JUNKER/PAUL 2009). Sinnvoller sei überdies ein Fastentag pro Woche, weil Unregelmäßigkeiten in der Nahrungsversorgung ebenfalls zum täglichen Leben von *Homo* gehört haben dürften.

Wie in unserer Jäger-und-Sammlerära neigen wir, genetisch so programmiert, immer noch dazu, uns möglichst hochkalorisch zu ernähren. Das ist in der Steppe oder im Urwald, wo man nicht sicher sein kann, was die nächsten Tage bringen werden, eine sinnvolle Taktik. Unter den Bedingungen unserer „Überflussgesellschaft" werden die angelegten Depots aber nicht mehr abgebaut und belasten den Körper in steigendem Maß.

Ob allerdings eine *strikte* Steinzeiternährung notwendig oder auch nur sinnvoll ist, bleibt indes umstritten, zumal die medizinischen Auswirkungen einer „evolutionären Ernährung" noch gänzlich unerforscht sind. Abgesehen von den Schwierigkeiten, was die Rekonstruktion der paläolithischen Ernährung anbelangt, wenden Kritiker völlig zurecht ein, dass „6000 bis 10 000 Jahre Ernährungskultur unter Einschluss von Getreide, Speiseöl, Wein und Milch in Europa nicht weniger ‚evolutive Bewährung' [besitzt] als 50 000 Jahre Steinzeitregime" (STRÖHLE/HAHN 2006). Nach Ansicht der Autoren sind simple evolutionshistorische Erklärungen, welche die Vielschichtigkeit unserer evolutiven Entwicklung nicht berücksichtigen, zu naiv und daher nicht hinreichend. Dass weite Teile der europäisch-stämmigen Bevölkerung laktosetolerant sind, darauf wurde ja schon hingewiesen. Ein weiteres derartiges Beispiel betrifft die Verarbeitung von Stärke: In bäuerlichen Populationen wurde das Speichel-Enzym Amylase (Pytalin), welches Stärke zu Malzzucker abbaut, im Genom amplifiziert. Das heißt, das Gen wurde mehrfach dupliziert, sodass das Enzym jetzt in sehr viel höherer Menge im Speichel vorliegt – eine klare Anpassung an kohlenhydratreiche Nahrung aus dem bäuerlichen Anbau (PERRY ET AL. 2007).

Die Ernährung unserer Vorfahren dürfte auch qualitativ bereits starken, regional und saisonal bedingten Schwankungen unterlegen haben. Allein darum kann es nicht die *eine*, optimale, evolutiv begründete Ernährungsweise geben. Diese sicher richtigen Einwände entwerten jedoch nicht *per se* den evolutionären Ansatz, sondern stutzen nur (völlig berechtigt) „einseitig adaptationistische" Sichtweisen zurecht. Dass etwa streng vegane Ernährungsweisen, an die unser Verdauungsapparat nicht angepasst ist (unser Darm kann Rohkost nicht hinreichend aufschließen), Mangelerscheinungen und andere Probleme nach sich ziehen können, lässt sich wissenschaftlich absichern. Auf zivilisatorische Erkrankungen infolge hochkalorischer und zuckerreicher Ernährung wurde bereits hingewiesen.

8.6.3 Lebenswirklichkeit und das Konzept der „evolutionären Führung"

Ein weiterer evolutionärer Aspekt betrifft unser Arbeitsleben: Der Steinzeitmensch hatte zwar ein karges und nach heutigen Maßstäben einfaches und gefährliches Leben, aber es war abwechslungsreich. Unsere Vorfahren waren ständig unterwegs, und sie mussten eine Vielzahl von Techniken beherrschen. Das müssen wir zwar auch (wahrscheinlich kann das heutige Individuum summarisch mehr als unsere Vorfahren), aber unsere Tätigkeiten sind im Vergleich dazu monotoner und außerdem körperlich wesentlich einseitiger. Kurz: Der Verlauf unserer evolutiven Entwicklung hat uns zu Generalisten gemacht, aber nicht zu Fließbandarbeitern und Schreibtisch-kräften.

Hier hat sich in der Arbeitswelt tatsächlich einiges getan, und dabei fanden auch die benannten anthropologischen Erkenntnisse ihre Berücksichtigung. Wir können heute besser verstehen, warum bestimmte Arbeiten ermüdend sind: Wenn sie nämlich un-physiologisch und/oder monoton sind, so ist unser Gehirn dafür nur schlecht geeignet. Ebenso können wir in einer Vielzahl von Körperhaltungen arbeiten: Wir sind faktisch diejenigen Lebewesen, die mit ihrem Körper das meiste anfangen, die meisten unter-schiedlichen Verrichtungen tätigen können (insbesondere unsere Hand ist ein äußerst vielseitiges Allround-Präzisionswerkzeug). Allerdings sind wir auch hierbei auf Ab-wechslung angewiesen; monotone Haltungen und Verrichtungen führen zu frühzeiti-gem Verschleiß: Die dadurch verursachten Ausfälle kosten unseren Staat jährlich Aber-millionen. Konsequenterweise sind die noch vor wenigen Jahrzehnten typischen Fließ-bandtätigkeiten zum großen Teil verschwunden[27]. Hier reihen sich auch diejenigen Maßnahmen ein, die mittlerweile fester Bestandteil von Reha- und Fitness-Program-men geworden sind: Kräftige Bewegung (mindestens 15 min pro Tag) haben nachweis-lich sehr positive Auswirkungen auf Konstitution und bereits eingetretene Defekte, z. B. lässt sich der „Alters-Diabetes" (Insulinresistenz) durch ein Bewegungsprogramm ebenso effektiv wie durch Medikamente behandeln. Sport sollte möglichst abwechs-lungsreich sein. Ausdauer- oder Kraft-Ausdauer-Training ist effektiver, gesünder und schonender als reines Krafttraining. All dies lässt sich auf der Basis unserer phylogene-tischen Historie zwanglos erklären und verstehen.

In der Arbeits- und Organisationspsychologie hat sich noch eine weitere Erkennt-nis durchgesetzt, die auf unserer Vorgeschichte gründet: Als soziale Wesen sind wir immer noch Clan-Menschen, leben sozusagen gesellschaftlich immer noch in der Altsteinzeit, dafür sind unsere sozialen Fähigkeiten geeignet und abgestimmt. Die evolutionären Anpassungen an ein mobiles Leben als Jäger und Sammler sowie an überschaubare, stabile Gruppen persönlich bekannter Individuen hängen miteinan-der zusammen. Das Jägerleben war von wechselnden Anforderungen geprägt, sodass es ohne komplexe und gut funktionierende Kooperation nicht zu bewältigen gewe-sen wäre. Seit mindestens einer halben Million Jahren (wahrscheinlich länger) jagt *Homo* Großtiere, an die sich ein Zivilisationsmensch höchstens mit automatischen Waffen herantrauen würde, z. B. Waldelefant, Wollhaarmammut, Höhlenbär und Steppennashorn. Das wäre ohne hochentwickeltes Kooperationsverhalten unmöglich gewesen. Das erklärt vermutlich auch, warum schwere Konflikte innerhalb der Gruppe uns so sehr belasten; „evolutionär programmiert" werden sie als unmittelbar existenzbedrohend empfunden. Probleme mit anderen Clans kümmern uns hin-gegen weniger. Feindseligkeiten zwischen einander fremden Gruppen durchzie-hen nicht nur die Menschheitsgeschichte, sondern sind offensichtlich sehr viel älter: JANE GOODALL berichtete über regelrechte Kriege zwischen benachbarten Schimpan-sen-Clans (GOODALL 1986).

Folglich haben wir kaum Schwierigkeiten, uns in Gruppen von wenigen Dutzend Menschen einzuordnen (oder sie zu führen). Werden die Gruppen erheblich größer, so verlieren wir die Übersicht, Untergruppen spalten sich ab, es kann zu gruppendynamischen Prozessen kommen, die nicht mehr steuerbar sind: Massenpaniken sind hierfür ein bezeichnendes Beispiel. Aus diesem Grunde setzt sich mehr und mehr die Erkenntnis durch, Teams und Arbeitsgruppen unter den kritischen Größen zu halten, um dem entgegen zu steuern. Ein Versuch, dies alles zu systematisieren, ist das Konzept der „evolutionären Führung" (ALZNAUER 2013): Hier werden Gruppendynamik und die Aspekte der (Gruppen-)Führung evolutionstheoretisch analysiert und in Führungskonzepte umgesetzt.

Weitere Beispiele sind die Prinzipien der „sozialen Hemmung" und der „sozialen Synchronisation". Ersteres bedeutet, dass ein Verhalten, welches ein Mitglied der Gruppe zeigt, eben dieses Verhalten bei den anderen Gruppenmitgliedern hemmt. Typisches Beispiel ist das Einnehmen einer Führungsrolle: Eine konsequente Führungsstrategie von Seiten des Alpha-Individuums setzt die Neigung und Bereitschaft der anderen Mitglieder herab, selber die Spitzenposition einzunehmen[28]. Dieser Effekt tritt bei reiner Amtsautorität natürlich nicht auf, daher ergeben sich oft Probleme, wenn Menschen Führungspositionen einnehmen, die sie nicht mit persönlicher oder mit Sachautorität unterfüttern können (ALZNAUER 2013). „Soziale Synchronisation" bedeutet das Gegenteil: Ein Verhalten, welches ein Mitglied der Gruppe zeigt, erhöht die Wahrscheinlichkeit, dass anderen Gruppenmitglieder dieses Verhalten ebenfalls zeigen. Typische Beispiele sind Essen, Trinken und Schlafen (daher sind Appetit und Gähnen „ansteckend"): Ein Clan oder eine Primatenhorde ist nur dann handlungsfähig, wenn diese Aktivitäten der Gruppe synchronisiert werden. Ebenso werden Stimmungen von der ganzen Gruppe aufgenommen; ebenso zu beobachten (aber etwas weniger deutlich) sind Synchronisationseffekte im allgemeinen Aktivitätslevel.

Fazit: Eine effiziente und dabei nachhaltige Arbeitsumgebung muss auf all die gruppendynamischen Bedingungen der Steinzeit Rücksicht nehmen. Die Analyse unserer stammesgeschichtlichen Wurzeln kann dabei helfen, kluge, nachhaltige, wirksame und dabei ressourcenschonende Führungsstrategien zu entwickeln (ALZNAUER 2013).

8.6.4 Genetik, Reproduktionsmedizin und wie die Evolutionsbiologie den Rassismus Lügen straft

Der Rassismus der europäischen Neuzeit mündete bekanntermaßen im Rassenwahn der ersten Hälfte des 20. Jahrhunderts mit Rassengesetzen und Apartheit, Eugenetik, ethnischen Pogromen und Massenvernichtungen. Jedoch konnten wir erst in den letzten Jahrzehnten mit der Verfügbarkeit moderner Sequenziertechniken ermitteln, worin sich die Menschen genetisch denn nun tatsächlich unterscheiden. Um es vorab zu sagen: Natürlich gibt es genetische Unterschiede zwischen menschlichen Populationen und Rassen – das wussten wir bereits vorher aufgrund der bekanntermaßen erblichen Unterschiede in Körpergestalt, Hautfarbe etc. Wie umfangreich diese Unterschiede aber sind, das war bislang unbekannt. Groß angelegte Sequenzierprojekte wie das Human-Genom-Projekt und das nachfolgende 1000-Genome-Projekt (1000 Genomes Project Consortium 2010; Mills et al. 2011) haben interessante Ergebnisse erbracht:

Mittels der Y-Chromosomen und mitochondrialen Genome, die ausschließlich väterlicherseits bzw. mütterlicherseits vererbt werden, lassen sich die prähistorischen Wanderungsbewegungen der Menschen nachvollziehen. Der Vorteil dieser beiden genetischen Entitäten ist, dass sie nicht rekombiniert werden, so dass ihr jeweiliges, charakteristisches, genetisches Muster erhalten bleibt. Daher wissen wir, dass der moderne Mensch (*Homo sapiens sapiens*) gerade einmal eine Viertelmillion Jahre alt ist, wovon er die meiste Zeit in Afrika verbracht hat. Die Auswanderungswellen, denen alle Nichtschwarzafrikaner entstammen, begannen vor grob 70 000 Jahren (Henn et al. 2012). Alle Auswanderer haben sich danach in geringem Umfang mit Nachkommen des zuvor aus Afrika ausgewanderten archaischen Menschen vermischt (darunter mit Neandertalern und Denisova-Menschen) die Schwarzafrikaner hingegen nicht.

◆ 70 000 Jahre sind vielleicht 4000 Generationen, das ist nicht sehr viel. Hinzu kommt die Tatsache, dass unsere Vorfahren in den Jahrzehntausenden davor in Afrika mehrere Einbrüche der Population hinnehmen mussten, was unsere genetische Vielfalt deutlich verringert hat (das nennt man einen „genetischen Flaschenhals"). Konsequenterweise sind wir Menschen alle sehr eng miteinander verwandt; wir sind uns genetisch sehr ähnlich. Auch wenn man es uns nicht ansieht: Ein Schwarzafrikaner, ein Araber, ein Nordeuropäer, ein Japaner, ein Indio, ein Aborigine – sie alle stehen sich genetisch näher als zwei Schimpansen derselben Population!

◆ Dennoch gibt es genetische Unterschiede, die sich nach der Trennung verschiedener Populationen durchgesetzt und manifestiert haben. Dabei zeigt sich, dass fast alles, was die früheren „Rassentheoretiker" geglaubt haben, falsch ist. Zwar unterscheiden sich menschliche Populationen und Rassen genetisch in einigen Dutzend bis wenigen Tausend Positionen ihres Genoms, aber (1.) sind die genetischen Unterschiede innerhalb aller Populationen weit größer als zwischen ihnen, (2.) hat es immer auch, zumindest phasenweise, genetischen Austausch zwischen den Gruppen gegeben, und der Genfluss zwischen den Gruppen war komplex, daher stehen (3.) „menschliche Rassen" nicht als getrennte und klar abgrenzbare Gruppen nebeneinander, und so etwas wie „die schwarze Rasse" und „die weiße Rasse" gibt es schon einmal gar nicht: Schwarzafrikaner sind genetisch untereinander sehr viel diverser als alle anderen menschlichen Populationen (bedingt durch die genetische Verarmung, die mit den Auswanderungswellen verbunden war), und es waren z. B. in den verschiedenen außerafrikanischen menschlichen Populationen *unterschied-*

liche Mutationen, die eine Aufhellung der Haut bewirkten. (4.) Schließlich gibt es nicht den kleinsten Hinweis darauf, dass diese Unterschiede in irgendeiner Art – welcher auch immer – so etwas wie „qualitative" Differenzen zwischen menschlichen Gruppen verursachen.

◆ Mit diesen Erkenntnissen bleibt die spannende Frage, wieso sich menschliche Populationen denn nun in welcher Weise genetisch unterscheiden? Hier gibt es im Wesentlichen zwei Antworten, und beide sind medizinisch relevant, wie wir sehen werden. Zum einen sind es ökologische Anpassungen; typisches Beispiel ist die Hautfarbe als Anpassung an die Intensität des Sonnenlichts: Dunkle Haut schützt vor Hautkrebs, während helle Haut die Versorgung mit Vitamin D bei schwacher Lichtintensität (und größtenteils durch Kleidung bedecktem Körper) sicherstellt. Zum anderen gibt es genetische Unterschiede, die sich schlichtweg per Zufall (durch sog. *genetische Drift*) durchgesetzt haben. Typisches Beispiel ist die Augenfarbe, die selektionsneutral ist. Ebenso durch Drift können sich allerdings auch Erbkrankheiten bis zu einem gewissen Ausmaß durchsetzen; so z. B. die Mukoviszidose bei Europäern oder Sichelzellanämie bei Schwarzafrikanern[30].

Damit können wir verstehen, welche medizinischen Implikationen sich ergeben. Es wird klar, dass und warum Eltern möglichst gar nicht miteinander verwandt sein sollten: Je ähnlicher sie sich genetisch sind, umso höher das Risiko, dass zwei Defekt-Allele gleichzeitig ihren Weg ins Kind finden und sich darum negativ ausprägen können. Bei der genetischen Beratung ist daher eine wichtige Frage, ob verwandtschaftliche Beziehungen zwischen den Eltern bestehen. Konsequenterweise ist eine genetische Beratung für Eltern, die verschiedenen menschlichen Rassen entstammen, in aller Regel überflüssig: Die Wahrscheinlichkeit, dass hier zwei Defektallele desselben Gens zusammen kommen, ist verschwindend gering – selbst, wenn es bei beiden Eltern *in spe* jeweils bekannte, erbliche Vorbelastungen geben sollte.

Bei solch einer Konstellation (genetisch sehr verschiedenen Eltern) kommt noch ein weiterer Effekt hinzu: Da sich beide genetisch in höherem Ausmaß unterscheiden, ist der Heterozygotie-Grad der Kinder größer; d. h., dass beim Nachwuchs deutlich mehr Gene in zwei unterschiedlichen Varianten (Allelen) vertreten sind. Frühere „Rassentheoretiker" glaubten, Menschen (oder überhaupt Individuen) seien „besser", wenn sie „genetisch rein" wären, also einen geringen Heterozygotie-Grad aufweisen. Heute wissen wir, dass das genaue Gegenteil der Fall ist. Solange, wie bei uns Menschen, die verschiedenen Gruppen tatsächlich nur als biologische Rassen oder „Ökotypen" (Rassen mit genetischer Anpassung an lokale, ökologische Gegebenheiten) aufzufassen sind, können die verschiedenen Genome noch problemlos kooperieren. Mehr noch, es ist vorteilhaft, wenn die Nachkommen verschiedene Versionen ihrer Gene tragen: Wenn beide Versionen intakt, aber ein wenig unterschiedlich sind, werden sie sich funktional ergänzen. Das nennt man den „Heterosis-Effekt", darum sind Rassenhybriden („genetische Mischlinge") praktisch immer vitaler und gesünder als „reinrassige" Individuen. Diese Regel gilt generell bei Tieren (und Menschen) ebenso wie bei Pflanzen.

Halten wir also fest: Eine Kombination unterschiedlicher Allele ist entweder vorteilhaft (s. o.) oder physiologisch irrelevant (so bei Augen-, Haar- und meistens auch Hautfarben). Lediglich bei zu heller Haut kommt es zu einen höheren Hautkrebs-Risiko, wenn zu hellhäutige Menschen intensiver Sonneneinstrahlung ausgesetzt sind, wie z. B. die irischstämmigen Neubürger in Australien.

Von dieser Regel gibt es jedoch wenige, aber interessante Ausnahmen, die ebenfalls reproduktionsmedizinisch relevant sind: Es gibt menschliche Populationen, die genetisch an ein Leben in großer Höhe angepasst sind; so die Völker des Himalaja und die Hochanden-Indios. Bei ihnen wurden genetische Varianten des embryonalen und fötalen Hämoglobins selektiert: Aufgrund des geringeren Sauerstoff-Partialdrucks der dünnen Höhenluft müssen die embryonalen und fetalen Hämoglobine eine höhere Sauerstoffaffinität aufweisen, damit sie im Mutterleib hinreichend versorgt werden. Aus diesem Grund hat sich die native Andenbevölkerung bis heute kaum mit spanischstämmigen Einwanderern gemischt: Es kommt zu einer sehr hohen Rate an Aborten und Totgeburten. Solche Phänomene sind heutzutage physiologisch verstanden, auf dem Boden der Evolutionstheorie fassbar und bis zu einem gewissen Grad vorhersehbar.

8.6.5 Infektionskrankheiten

Zwischen pathogenen Viren und Bakterien einerseits und langlebigen Wirten andererseits besteht eine markante Asymmetrie: Die Pathogene können sich unter günstigen Bedingungen ein- bis mehrfach pro Stunde verdoppeln; der Wirt braucht Monate oder Jahre zur Fortpflanzung. Das hat zur Folge, dass die Wirte gegenüber den Angreifern zunächst einmal im Nachteil sind. Aus diesem Grund hat sich bei Wirbeltieren das Immunsystem entwickelt, wodurch die „Waffengleichheit" wieder hergestellt werden konnte.

Aber die Pathogene haben „nachgerüstet" und eine Vielzahl von Strategien entwickelt, die uns bekanntermaßen das Leben im wahrsten Sinn des Worts schwer machen. Drei Beispiele seien benannt, in denen die Kenntnis evolutionärer Zusammenhänge eine wichtige Rolle in der Therapie spielen.

Bakterielle Infektionen und antibiotische Therapie
Etliche Bakterien können beim Menschen gefährliche Infektionen verursachen, aber seit Mitte des 20. Jahrhunderts stehen Antibiotika zur Verfügung, die das bakterielle Wachstum behindern oder stoppen. Allerdings währte die Freude nicht lange: Schon bald tauchten resistente Stämme auf; die heutzutage gefürchteten MRSA (multiresistente *Staphylococcus aureus* Eiterbakterien) können antibiotisch kaum noch bekämpft werden. Wie konnte dies geschehen?

Es gibt zwei Arten von Resistenzen: Erstens echte Resistenz-Gene, die häufig auf bakteriellen Plasmiden (ringförmigen DNA-Molekülen) liegen. Sie können zwischen verschiedenen Zellen ausgetauscht werden, sodass die Empfängerzelle mit einem Schlag resistent gegen ein Antibiotikum (oder sogar gegen mehrere) wird. Der zweite Mechanismus gründet auf Mutationen: Wie bereits dargelegt, liegt nach erfolgter Zellteilung in einigen Prozenten der Tochterzellen eine Mutation vor. Nach hinreichend langer Zeit werden auch Mutationen dabei sein, welche die Empfindlichkeit gegen ein Antibiotikum herabsetzen. Wartet man noch länger, so bekommt man durch Ansammlung mehrerer Mutationen Stämme, die eine vollkommene Resistenz ausgebildet haben.

Mit dem Wissen um diese evolutiven Mechanismen kann man der Gefahr jedoch begegnen: Die Resistenzfaktoren auf Plasmiden kosten den Träger einiges an Stoffwechselenergie, daher können sie sich in der Bakterienpopulation nur unter Selektionsdruck halten. Sobald sie nicht mehr benötigt werden, verschwinden sie, weil deren Träger von anderen Bakterien, welche die Plasmide nicht enthalten, verdrängt werden. Das ist der Grund, dass sich solche vielfach-resistenten Stämme praktisch nur in Krankenhäusern und geriatrischen Stationen finden, hier werden Antibiotika oft und intensiv angewendet. Als therapeutische Konsequenz ergibt sich, dass erstens die Anwendung antibiotischer Therapien so weit wie möglich beschränkt werden muss. Damit wird verhindert, dass ein stetiger Selektionsdruck aufrecht erhalten bleibt, der die Plasmide mit den enthaltenen Resistenz-Genen in der Bakterienpopulation hält. Zweitens ist mittels hygienischer Maßnahmen dafür zu sorgen, dass sich multiresistente Erreger nicht ausbreiten. So wird verhindert, dass die Träger neue Opfer finden und auch, dass sie ihre Resistenzplasmide auf andere Bakterien übertragen können.

Auch gegen Resistenzen, die sich langsam durch Akkumulation von Mutationen im Bakterienchromosom entwickeln, kann man mit der richtigen therapeutischen Strategie vorgehen. Es kommt praktisch nie vor, dass eine einzige Mutation seinem Träger bereits volle Resistenz verleiht, daher sind die Bakterien immer noch empfindlich, aber mit jeder Mutation in bisschen weniger. Aus diesem Grund ist es wichtig, dass Antibiotika stets wie verordnet zu Ende genommen werden und nicht nur, bis die Beschwerden verschwinden. In letzterem Fall könnten schwach resistente Mutanten überlebt haben, sodass die nächste antibiotische Gabe nicht mehr hinreichend wirksam ist und darüber hinaus hilft, eine weitere, noch ein wenig resistentere Bakterienpopulation im Patienten heranzuzüchten. Das ist auch der Grund, warum eine antibiotische Therapie heutzutage nicht mehr mit demselben Präparat verlängert wird, wenn sie nicht hinreichend wirksam war, sondern dass man dann auf ein anderes Antibiotikum umsteigt, um genau den benannten Effekt (Anwesenheit von teilweise Wirkstoff-unempfindlichen Bakterien) zu vermeiden.

Im Übrigen gilt das Prinzip auch für die chemotherapeutische Krebsbehandlung: Auch hier entstehen (über mittlerweile bekannte Mechanismen) durch Mutationen resistente Zellklone. Dies kann man nur verhindern oder hinauszögern mit einer konsequenten und hoch dosierten Chemotherapie[31].

HIV und HAART

Manche Viren weisen noch höhere Mutationsraten auf als Bakterien. Paradebeispiele sind die Retroviren mit HIV als bekanntestem Vertreter. Die Mutationsrate ist tatsächlich unglaublich hoch: Das HIV-Genom umfasst etwa 9 kB; und die Fehlerrate liegt zwischen 10^{-3} und 10^{-4} pro Nukleotid und Generation. Das heißt, dass jedes neue Virus-Partikel mehrere Mutationen trägt! Nach erfolgter Infektion treten im Patienten im Turnus weniger Wochen immer wieder serologisch neue Varianten auf, die in ihrer Oberflächenbeschaffenheit derartig verändert sind, dass die Immunabwehr sie nicht mehr erkennt: Die Abwehr muss wieder ganz von Neuem darauf reagieren. Bis diese Varianten dann erfolgreich bekämpft werden können, sind längst wieder weitere entstanden – so entwickelt sich im Patienten eine Quasi-Spezies (siehe das Kapitel von PETER SCHUSTER).

Gegen HIV werden ständig neue Wirkstoffe entwickelt, die relativ bald ihre Durchschlagskraft verlieren. Die Konsequenzen für die Therapie sind zweierlei: Für die Behandlung der Betroffenen gilt analog zur antibiotischen Therapie: Es sollte die Wirkstoff-Gabe mit möglichst hoher Konzentration über möglichst lange Zeit kontinuierlich erfolgen. Dazu werden meist mehrere Wirkstoffe kombiniert, weil das Auftreten mehrerer Mutationen, die dem Virus mehrfachen Schutz verleihen, extrem selten ist. Dieses Prinzip nennt man HAART („highly active antiretroviral therapy" nach dem Motto „hit hard and early"). Epidemiologisch ist dafür Sorge zu tragen, dass sich resistente Varianten nicht ausbreiten können. Hier ist Überzeugungsarbeit bei den Betroffenen zu leisten, was z. B. den Gebrauch von Kondomen oder die Hygiene beim Drogenkonsum anbelangt.

Epidemiologie: Influenza und Hygiene

Mittlerweile verstehen wir, was passieren kann, wenn Krankheitserreger auf andere Arten überspringen. In den meisten Fällen wird der Erreger nicht Fuß fassen können, „weil es physiologisch nicht passt". Sofern sich der Erreger jedoch etablieren kann, sind die Folgen nicht vorhersehbar: Sie können von „relativ harmlos" bis „verheerend" reichen. Bestimmend für den weiteren evolutiven Verlauf ist die Frage, ob der Erreger seine Sprungfähigkeit beibehält: Wenn nein, so ist sein Schicksal mit dem des Wirts verbunden und es entsteht ein starker Selektionsdruck in Richtung Wirtsschonung. Beispiel hierfür sind die Masern, die nach der neolithischen Revolution aus der Rinderpest evolviert sind, heute aber nur noch den Menschen befallen können. Das ist der Grund dafür, dass die Erkrankung (trotz aller möglichen Komplikationen!) vergleichsweise harmlos verläuft. Ähnlich verhält es sich mit Influenza Typ B, was ebenfalls auf den Menschen beschränkt ist und leichte bis mittelschwere Grippe auslösen kann. Ganz anders Influenza Typ A: Die sogenannten *Reservoirwirte* sind Wasservögel, und dort verläuft die Infektion meist symptomlos. Das Wirtsspektrum ist breit, Menschen gehören auch dazu[32]. Allein dies bedingt, dass wir immer wieder mit neuen Varianten rechnen müssen, die verheerende Auswirkungen haben können, so wie z. B. die Spanische Grippe 1918/19.

Die Aufklärung der molekularbiologischen und phylogenetischen Zusammenhänge hat geholfen zu verstehen, worin die Gründe liegen und was wirksame Gegenmaßnahmen sind. Influenza hat eine molekulargenetische Besonderheit: Das Virus-Genom ist segmentiert, d. h., es gibt für jedes Protein ein eigenes, separates Stück RNA (das Genom von Influenza-Viren besteht aus RNA statt DNA). Befallen nun zwei unterschiedliche Influenza-Viren ein Wirtsindividuum, so entstehen in der Nachkommenschaft alle denkbaren Kombinationen – auf diese Weise können mit einem Schlage gänzlich neue Typen entstehen. Es kommt eine weitere Besonderheit hinzu: Bei Vögeln befallen die Viren das Darmepithel, bei Menschen das Epithel des Atmungstraktes, bedingt durch die Zusammensetzung der betreffenden Zellmembranen. Bei Schweinen hingegen kann der Atmungstrakt sowohl von Menschen- als auch Vogel-Influenza-Stämmen befallen werden. Aus diesem Grunde sind Schweine ein natürliches „Influenza-Rekombinations-Labor". Weil in vielen Regionen Ostasiens die Bauern bis heute mit ihrem Vieh unter einem Dach leben, entsteht der Großteil der weltumspannenden Grippe-Pandemien dort. Die WHO hat mit einem verstärkten epidemiologischen Monitoring, insbesondere dieser Länder, reagiert. Des Weiteren würde man hygienische Maßnahmen ergreifen und insbesondere für eine Trennung der Lebensbereiche von Mensch und Nutzvieh sorgen; bis zur Umsetzung wird es aber aus kulturellen und wirtschaftlichen Gründen wohl noch längere Zeit dauern.

8.7 Schlussbemerkung

Wir haben gesehen, dass Kenntnisse aus der Evolutionsforschung – implizit oder explizit – auf verschiedenen Ebenen Eingang in die Medizin gefunden haben. In vielen Fällen geschah dies unspektakulär, weil die betreffenden Fakten über den Umweg der Molekularbiologie oder Epidemiologie längst Bestandteil therapeutischer oder präventiver Maßnahmen geworden sind. In welcher Beziehung evolutionäre Aspekte in Zukunft Teil konkreter Therapiekonzepte werden, das ist abzuwarten – es bleibt spannend.

Danksagung

Meinen herzlichen Dank an Rudolf Jörres für Vorarbeiten sowie Hansjörg Hemminger und Martin Neukamm für Gegenlesen und kritische Kommentare.

8.8 Glossar

Allel: Gene kommen in der Population (und auch in den Individuen selbst, sofern sie mehr als einen Satz ihres Genoms tragen) zumeist in verschiedenen Varianten vor. Diese Varianten nennt man Allele. Allele können funktional identisch sein (und damit „neutral"), sich funktional mehr oder weniger unterscheiden (und dabei einen unterschiedlichen Anpassungswert haben oder auch nicht). Ein Allel kann auch unfunktional sein (Defektallel).

Drift: Begriff aus der Populationsgenetik, der sich auf das langfristige Schicksal von Allelen bezieht. In einer großen Population und bei funktional unterschiedlichen Allelen entscheidet die Selektion, welche Allele sich am Ende durchsetzen und welche aussterben. Je kleiner die Populationen sind, umso mehr entscheidet der pure Zufall, welche Allele sich durchsetzen und welche verschwinden. Das nennt man dann (genetische) Drift.

Eukaryonten: Alle Lebewesen, die einen echten Zellkern und eine echte, differenzierte Binnenstruktur in ihren Zellen haben, also Tiere, Pflanzen, Pilze und die „großen Einzeller" wie Amöben und Wimpern'tierchen'.

Gen: Abschnitt auf der DNA, der für ein funktionales Transkript kodiert – also entweder eine mRNA, die dann in Protein translatiert wird, oder eine per se funktionale RNA (z. B. tRNA, rRNA, snoRNA).

Genotyp: Die konkrete genetische Ausstattung eines Organismus, also die „Liste" derjenigen Allele, die der Organismus in seinem individuellen Genom hat.

Genpool: Der gesamte Genbestand (genauer: Allelbestand!) einer Population.

Junk-DNA: Das Genom vieler Eukaryonten ist weit größer als es aus funktionalen Gründen eigentlich sein müsste, weil es einen großen Anteil nutzloser Elemente enthält: „Junk". Mittlerweile weiß man jedoch, dass man das Genom – wenig überraschend – nicht in die zwei getrennten Kategorien „nützlich" und „unnützer Junk" unterteilen kann, sondern dass es dazwischen alle denkbaren Schattierungen und Varianten gibt.

Mitochondriales Genom (Mitochondriom): Fast alle eukaryontischen Gene sind im Zellkern auf den dort befindlichen Chromosomen lokalisiert. Mitochondrien hingegen (die „Kraftwerke" der Zelle, die zur Energieerzeugung durch Zellatmung dienen) sowie bei Pflanzen die Chloroplasten (in denen die Photosynthese abläuft) tragen ihre eigenen, kleinen Genome. Sie werden innerhalb dieser Organellen repliziert (kopiert) und bei der Teilung der Mitochondrien bzw. Chloroplasten an die Tochterorganellen weiter geben.

Metabolit: Stoffwechsel(zwischen)produkt.

Plasmid: Bakterien haben im Gegensatz zu Eukaryonten nur ein einziges Chromosom. Plasmide sind zusätzliche „Mini-Chromosomen", die unabhängig vom bakteriellen Haupt-Chromosom in der Zelle liegen, dabei aber nicht überlebensnotwendig sind, sodass sie vorhanden sein können oder auch nicht.

Prokaryonten: Alle Lebewesen, die keinen echten Zellkern und keine echte, differenzierte Binnenstruktur in ihren Zellen haben, also (Eu-)Bakterien und Archaeen („Archäbakterien").

Reservoirwirt: Viele Pathogene haben sich in ihrer Evolution auf einen bestimmten Wirt spezialisiert, den man dann Reservoirwirt nennt. Hier richten sie dann in aller Regel keinen Schaden (mehr) an, weil sie durch die Spezialisierung strikt an ihn gebunden sind, also auch sein Wohl und Weh teilen.

8.9 Literatur

1000 Genomes Project Consortium (2010): A map of human genome variation from population-scale sequencing. Nature. 467, 1061–1073, http://www.ncbi.nlm.nih.gov/pmc/ articles/PMC3042601/.

ALZNAUER, M. (2. Auflage 2013): Natürlich führen: Der evolutionäre Quellcode der Führung. Springer-Gabler Verlag, Wiesbaden, ISBN-10: 3834945641.

CAMPBELL, C. D.; CHONG J. X.; MALIG M.; KO A.; DUMONT B. L.; HAN L.; VIVES L.; O'ROAK B. J.; SUDMANT P. H.; SHENDURE J.; ABNEY M.; OBER C.; EICHLER E. E. (2012): Estimating the human mutation rate using autozygosity in a founder population. Nat Genet. 44(11), 1277–81, URL: http://www.ncbi.nlm.nih.gov/pmc/articles/PMC3483378/, doi: 10.1038/ng.2418.

CASPARI, R. (2012): Kultursprung durch Großeltern. Spektrum der Wissenschaft 4, 24–29.

DVORAK, H. (1986): Tumors: the wounds that do not heal. New Engl. J. Med. 315, 1650–1659.

DAWKINS, R. (2009): History written all over us. In: The greatest show on Earth. Free Press, New York. S. 360–362, ISBN 978-1-4165-9478-9.

ELLIOT, S. A. UND SÁNCHEZ ALVARADO, A. (2013): The history and enduring contributions of planarians to the study of animal regeneration. WIREs Dev. Biol. 2, 301–326.

EPEL, E.S.; BLACKBURN E. H.; LIN J.; DHABHAR F. S.; ADLER N. E.; MORROW J. D.; CAWTHON R. M. (2004) Accelerated telomere shortening in response to life stress. PNAS 101, 17312–17315. *doi*: 10.1073/pnas.0407162101

FREEMAN, S. UND HERRON, J. C. (1998) Evolutionary analysis 4th ed. 2007. Pearson Prentice Hall, Upper Saddle River, USA. ISBN 0-13-227584-8. 1.

GALHARDO, R. S.; HASTINGS, P. J. UND ROSENBERG, S. M. (2007): Mutation as a Stress Response and the Regulation of Evolvability. Crit Rev Biochem Mol Biol. 42(5), 399–435. URL: http://www.ncbi.nlm.nih.gov/ pmc/articles/PMC3319127/ *doi*: 10.1080/10409230701648502.

GANTEN, D. (2009): Evolutionäre Medizin – Evolution der Medizin. Reihe Göttinger Universitätsrede; 2008 Wallstein-Verlag, Göttingen, ISBN 978-3-8353-0652-3.

Goodall, J. (1986): The Chimpanzees of Gombe. Patterns of Behaviour. Belknap Harvard University Press, Cambridge/Massa-chusetts. ISBN 0674116496.

Goss, R. (1969): Principles of regeneration. Academic Press, New York.

Harman, D. (1956): Aging: a theory based on free radical and radiation chemistry. J Gerontol 11, 298–300.

Hellmann, I.; Prüfer K.; Ji H.; Zody M. C.; Pääbo S.; Ptak S. E. (2005): Why do human diversity levels vary at a megabase scale? Genome Res.15, 1222–1231.

Henn, B. M.; Cavalli-Sforza, L. L. und Feldman, M. W. (2012): The great human expansion. Proc Natl Acad Sci U S A. 109(44), 17758–64. doi: 10.1073/pnas.1212380109.

Junker, T. und Paul, S. (2009): Der Darwin-Code – Die Evolution erklärt unser Leben. Beck-Verlag, München. *ISBN* 978-3-406-58489-3.

Kirkwood, T. B. und Shanley, D. P. (2005): Food restriction, evolution and ageing. Mech Ageing Dev, 126, 1011–1016

Kirkwood TB (2002): Evolution of ageing. (Review) Mech Ageing Dev 123: 737–745

Kirkwood, T. B. und Austad, S. N. (2000): Why do we age? (Review) Nature 408, 233–238.

Kunkel, T. A. (2004): DNA Con Fidelity (Minireview) J. Biol. Chem. 279, 16895–16898. URL: http://www.jbc.org/content/279/17/ 16895.full
doi: 10.1074/jbc.R400006200.

Lambeth, J. D. (2007): Nox enzymes, ROS, and chronic disease: an example of antagonistic pleiotropy. Free Radic Biol Med 43, 332–347.

Ljubuncic, P. und Reznick, A. Z. (2009): The evolutionary theories of aging revisited – a mini-review. Gerontology 55: 205–216. (Review)

Mayr, E. (1961): Cause and effect in biology: Kinds of causes, predictability, and teleology are viewed by a practicing biologist. Science 134, 1501–1506.

Medawar, P. B. (1952): An Unsolved Problem of Biology. In: Uniqueness of the Individual, 44–70. Verlag H. K. Lewis, London.

Mills, R. E. et al. (2011): Mapping copy number variation by population-scale genome sequencing. Nature. 470, 59–65
http://www.ncbi.nlm.nih.gov/pmc/articles/PMC3077050/.

Perry, G. H. ; Dominy, N. J.; Claw K. G.; Lee A. S.; Fiegler H.; Redon R.; Werner J.; Villanea F. A.; Mountain J. L.; Misra R.; Carter N. P.; Lee C.; Stone A.C. (2007): Diet and the evolution of human amylase gene copy number variation. Nat. Genet. 39(10), 1256–60.
http://www.ncbi.nlm.nih.gov/pmc/articles/PMC2377015/ doi:10.1038/ng2123.

Ramirez, R. D.; Morales C. P.; Herbert B. S.; Rohde J. M.; Passons C.; Shay J. W.; Wright W. E. (2001): Putative telomere-independent mechanisms of replicative aging reflect inadequate growth conditions. Genes Dev. 15, 398–403.

SMETANA, K. JR.; DVOŘÁNKOVÁ, B. und LACINA, L. (2013): Phylogeny, Regeneration, Ageing and Cancer: Role of Microenvironment and Possibility of Its Therapeutic Manipulation (Review) Folia Biol (Praha)59(6), 207–16.

STRÖHLE, A. und HAHN, A. (2006): Evolutionäre Ernährungswissenschaft und ‚steinzeitliche' Ernährungsempfehlungen: Stein der alimentären Weisheit oder Stein des Anstoßes? Ernährungs-Umschau 53, 10–16.

WICKER, J. UND KAMLER, K. (2009): Current concepts in limb regeneration. A hand surgeon's perspective. Ann NY Acad. Sci. 1172, 95–109.

WILLIAMS, G. C. (1957): Pleiotropy, natural selection, and the evolution of senescence. Evolution 11, 298–411.

WOLFE, K. H.; SHARP, P. M. und LI, W. H. (1989): Mutation rates differ among regions of the mammalian genome. Nature. 337, 283–285.

1 Frei übersetzt: „Nichts in der Biologie ergibt Sinn, außer man betrachtet es im Licht der evolutiven Vorgeschichte."

2 Eigentlich ist der Begriff „ultimat" (im Sinne von „endgültig" oder „letztgültig") semantisch irreführend, denn in empirischen Wissenschaften gibt es keine endgültigen Ursachen und Erklärungen (Letzterklärungen), die als solche nicht mehr hinterfragbar sind. In diesem Sinn hat Mayr den Begriff aber auch nicht verstanden.

3 Diese Ebenen hängen im Falle des Titanic-Unglücks nicht derart unmittelbar zusammen, wie es bei biologischen Strukturen der Fall ist – da hinkt das Beispiel.

4 Im Sinne von kleinschrittig und weitgehend graduell, dabei aber meist mosaikartig.

5 Auch das müsste man differenzieren: Jedes Lebewesen hat eine (wiederum angeborene und im Genom fixierte!) Reaktionsnorm, also individuelle Anpassungsfähigkeit des Phänotyps an sich ändernde Umweltbedingungen. Es gibt z. B. die Möglichkeit der Anpassung des Blutkreislaufsystems/der Sauerstoffaufnahme an ein Leben in großer Höhe. Pflanzen können – in den angeborenen Grenzen! – ihre Gestalt an Umweltbedingungen anpassen. Allerdings ist diese Plastizität im Genom fixiert und kann – ebenso wie alle anderen Eigenschaften eines Organismus – nicht *gezielt* an Bedürfnisse angepasst werden. Nur durch Evolution kann das Spektrum der Reaktionsnorm verschoben und der Spielraum erweitert werden.

6 Diese Grenze ergibt sich durch die funktionale Fehlertoleranz des Genoms: Eine Fehlerrate von mehreren Mutationen pro Nachkomme mag zwar ein hohes Innovationspotenzial beinhalten. Wenn dadurch jedoch die Funktionalität beeinträchtigt wird, so wird dies nutzlos sein, weil die Vitalität der Nachkommen eingeschränkt ist.

7 Diese drei Faktoren hängen auf sehr komplexe Weise zusammen, was sich hier leider nicht genauer ausführen lässt.

8 Auch diese Angabe ist grob vereinfacht: Man müsste genau zwischen verschiedenen Mutationstypen unterscheiden. Ferner variieren die Mutationsraten in unterschiedlichen Genombereichen deutlich.

9 Bakterien besitzen in der Regel nur ein einziges, zirkuläres Chromosom, das nicht mit Histonen assoziiert ist.

10 „sexuelle Fortpflanzung" heißt konkret: stetige Durchmischung und Neuverteilung der Genvarianten durch Meiose (Reduktionsteilung) und Befruchtung.

11 Die Frage, ob es genetisch fixierte Mechanismen gibt, welche in Stresssituationen systematisch und geregelt eine höhere Mutationsrate induzieren, wird kontrovers diskutiert und kann hier wegen der Komplexität des Themas nicht berücksichtigt werden (s. GALHARDO ET AL. 2007).

12 Allerdings werden die meisten entarteten Zellen frühzeitig genug vom Immunsystem erkannt und eliminiert.

13 Damit ist nicht gemeint, dass die *einzelnen Individuen* erhalten bleiben, also unsterblich wären. „unsterbliche Zellen/Zelllinien" bedeutet, dass bei der Fortpflanzung (Teilung!) keine Leiche auftritt. Typologisch bzw. taxonomisch sieht es anders aus: Man müsste sagen, dass eine Zelllinie auch dann „gestorben ist", wenn (anagenetisch) eine andere mit qualitativ neuen Merkmalen daraus geworden ist. Irgendwann wird jeder Typus von adaptiv überlegenen, eigenen Nachkommen aus der Population verdrängt. Das gilt auch für die „potentiell unsterblichen" Bakterien: Irgendwann (selektive Adaptation vorausgesetzt) sind die alten Modelle ausrangiert.

14 Dies ist natürlich eine erhebliche Verkürzung der tatsächlichen physikalischen Zusammenhänge, was schon damit beginnt, dass hier der thermodynamische Begriff der Entropie naiv mit „Unordnung" gleichgesetzt wird. Ferner bleibt unberücksichtigt, dass Entropie zwar in der Summe immer nur steigen kann, dabei aber sehr wohl transportabel ist, wodurch z. B. ein wachsender Organismus insgesamt mehr „Ordnung" enthält als die Zelle, aus der er entstanden ist. Diese komplexen Zusammenhänge können hier nicht weiter erörtert werden, das ist aber auch gar nicht nötig.

15 Das ist die informationstheoretische Entsprechung des zweiten thermodynamischen Hauptsatzes – auch dies eine grobe Vereinfachung, was im gegebenen Kontext jedoch ebenfalls irrelevant ist.

16 Auch das ist kein 100 %iger Schutz: Bei Einzellern muss stabilisierende Selektion herrschen; bei Mehrzellern muss der Zellpool als Ganzes noch intakt sein. Aber letztendlich wird – wie man es dreht und wendet – die millionste Kopie der Kopie der Kopie mit der ursprünglichen Kopiervorlage nicht mehr viel gemeinsam haben, da sich die Fehler über die Zeit summieren.

17 Der Begriff „Vermehrung" umfasst in der biologischen Realität Fortpflanzung mit Variationen und mit Redundanz, also (a) ein ausgewogenes Verhältnis von Bewahrung der Erbinformation und Entstehung neuer Varianten sowie (b) Entstehung von mehr Nachkommen als nötig, um die Elterngeneration zu ersetzen. Konkurrenz und adaptive Selektion tritt nur ein, wenn es erhebliche Redundanz gibt (Redundanzprinzip). Der Tod nach (verglichen mit der Stammesgeschichte) einer kurzen Lebensdauer ist nicht nur wegen der Instabilität materieller Struktur unausweichlich – dies ist auch Voraussetzung für eine dynamische Evolution. Für eine reine, stetige Erneuerung der Population (jede neue Generation ersetzt die nächste, was den status quo erhält) reicht Redundanz im Ausmaß genetischer Defektkopien. Das wäre viel weniger als die tatsächliche Redundanz, selbst bei Tieren mit wenigen Nachkommen. Aber das lässt die ständige Veränderung der (Syn-)Ökologie nicht zu.

18 Hier ist eine „effiziente Evolution" gemeint, also eine, die adaptiv ist und den Organismus schnell genug anpassen kann.

19 Noch bevor die betroffenen Zellen durch den erlittenen Genverlust zugrunde gehen, greifen Kontrollmechanismen, durch die die Zellen in den kontrollierten Zelltod, die Apoptose, geführt werden.

20 Bei Säugern ist es vor allem die sogenannte *CpG-Methylierung*, die u. a. dafür sorgt, dass die betreffend modifizierten Gene abgeschaltet werden. Es gibt darüber hinaus in anderen Organismen noch eine Vielzahl weiterer epigenetischer Modifikationen.

21 Es ist mittlerweile eine Vielzahl an Genen bekannt, welche das erreichbare Höchstalter beeinflussen. Für die Betrachtung der phylogenetischen Zusammenhänge sind die genetischen und biochemischen Details jedoch unbedeutend, so dass sie hier ausgelassen werden.

22 Von „eusozialen (,echt sozialen') Insekten" spricht man, wenn die Staaten (a) mehrere Generationen umfassen, (b) kooperative Brutpflege betreiben und (c) fruchtbare und unfruchtbare Individuen beinhalten.

23 Ob die Verwandtenselektion eine notwendige Bedingung für die Entstehung von Eusozialität ist, wird in den letzten Jahren kontrovers diskutiert, was in diesem Zusammenhang hier allerdings irrelevant ist.

24 Natürlich ist die Lebensform des Menschen in stärkstem Maße abhängig von kulturellen Traditionen, Werten und Normen. Das ändert aber nichts daran, dass der Mensch ein soziales Wesen ist und dass er in kleineren und größeren Gruppen lebt mit starken und wichtigen Interaktionen zwischen den Generationen.

25 So ist es zumindest bei Säugern und vielen anderen Tieren. Pflanzen wachsen lebenslang, auch viele Reptilien tun dies. Das ändert aber nichts an der Tatsache, dass auch bei jenen die Wachstumsraten aller Gewebe sorgfältig aufeinander abgestimmt sein müssen.

26 In Mitteleuropa ist der Verzehr von Milch bereits innerhalb von Jahrhunderten verträglich geworden: Dank regional verschiedener Mutation wird das Enzym Laktase, das den Milchzucker in für den Organismus resorbierbare Zuckerarten umwandelt, auch im Erwachsenenalter produziert und nicht im Alter von 3–5 Jahren abgeschaltet. Allerdings sind bis heute in Europa 5–20 % der Bevölkerung laktoseintolerant, in den europäischen Mittelmeerländern ist es sogar die Hälfte.

27 Sie wurden z. T. durch Roboter ersetzt, die solche monotonen Arbeiten besser, schneller und präziser erledigen können. Wo in den Industrienationen noch Fließbänder bestehen, ist die Arbeit (soweit möglich) abwechslungsreicher gestaltet worden.

28 Ausnahmesituationen sind Perioden mit Führungsstreitigkeiten – die aber treten gehäuft gerade dann auf, wenn das Individuum an der Spitzenposition Führungsschwächen bzw. Inkompetenz zeigt.

29 Siehe auch: http://www.1000genomes.org/. Ein kurzer geschichtlicher Überblick auf Deutsch findet sich unter: http://www.laborundmore.de/archive/394660/ 1000-Genome-Projekt.html.

30 Hier sind die Zusammenhänge in Wahrheit noch komplexer. Während Mukoviszidose wohl als Erbkrankheit im eigentlichen Sinne anzusehen ist, schädigt die Sichelzellanämie zwar den Träger, verleiht aber gleichzeitig eine recht wirksame Resistenz gegen Malaria.

31 Tatsächlich sind die Zusammenhänge wesentlich komplexer: Manche malignen Tumore sprechen gut auf bestimmte Chemotherapeutika an, andere nicht. Und eine Chemotherapie bis zur Ausrottung der Krebszellen ist i. d. R. wegen der physiologischen Belastung des Patienten nicht möglich. Aus diesem Grunde gibt es optimierte Therapie-Schemata, die für jeden Tumor anders sind und auch individuell auf den Patienten abgestimmt werden müssen.

32 Allerdings nur bestimmte Influenza A-Subtypen, was wir hier vernachlässigen wollen.

Normen, Fakten und Brückenprinzipien

9

Ethik und evolutionärer Naturalismus

BERNULF KANITSCHEIDER

VON EINER FRAGE WIRD der Vertreter einer naturalistischen Weltauffassung seit jeher bedrängt: Wenn in seiner raumzeitlichen Welt der Materie und des durchgängigen Kausalzusammenhanges alle Vorgänge naturgesetzlich geordnet sind, wo bleibt da ein genuiner Ort für Werte und Normen? Und noch etwas muss ihn bedrücken: Wie können diese Agentien, wenn sie denn geistiger Natur sein sollten, Handlungsmuster positiv oder negativ beeinflussen? Selbst ein Anhänger eines reduktionistischen Physikalismus kann sich offensichtlich nicht der Frage verschließen, wo er die Ethik und die Ästhetik ontologisch ansiedeln möchte und wie die Einflussnahme von Regeln und Vorschriften auf das Sozialverhalten von Menschen zu denken ist. Es geht also darum zu verstehen, wie angesichts der kategorialen Verschiedenheit von Tatsachen und Regeln, Normen sich in lebenden Systemen wirksam entfalten können. Im Folgenden wird dafür argumentiert, dass es der Brückenprinzipien bedarf, um normative Anweisungen in deskriptiven Zusammenhängen wirksam werden zu lassen. Diese Verbindungselemente beider Bereiche sollten aber nach der hier verteidigten Auffassung auf das evolutionsbiologisch präformierte Lebewesen Rücksicht nehmen, damit dieses den Handlungsalltag mit minimaler Spannung bewältigen kann. Am Beispiel der Sexualethik wird dieser Vorschlag verdeutlicht.

9.1 Ethik und Metaethik

Die traditionelle Form, Ethik zu betreiben, hat viel von Verkündigung an sich. Mit dem Pathos der Sicherheit wurden immer wieder von Sehern und Propheten normative Codizes für verbindlich erklärt, ohne dass dem Ursprung und dem Status dieser Sätze ein Gedanke gewidmet worden war. Seit der analytischen Wende in der Philosophie hat es sich eingebürgert, Ethik nicht mehr als Werbung für einen bestimmten Kanon von Verhaltensregeln zu betreiben, sondern als logische und semantische Analyse moralischer Begriffe. Der Rückzug auf die Ebene der Metaebene hat etwas mit der Einsicht zu tun, dass den Philosophen die Haltung des Predigers nicht gut ansteht, und dass sie kaum auf eine besondere Wertintuition zurückgreifen können, die sie befähigt, wahre von falschen Werturteilen zu unterscheiden. Ein Motiv, sich auf die Metaebene zurückzuziehen, war sicher auch die zumeist verworrene Verflechtung praktischer Moralität mit Metaphysik, Religion und Theologie.

Auch in der staatsmännischen Praxis werden moralische Vorwürfe gegenüber dem politischen Gegner mit deutlichen Interessen verteilt, aber mit kaum je durchschaubarer Begründungslage. Appelle an fiktive Gewissensinstanzen werden dem Verteidiger konkurrierender Interessen vorgehalten. Prototypisch für derartige logikfreie ideologische Debatten ist der Streit um den Antisemitismus[1]. Es war naheliegend, dass die rationalistischen Analytiker sich aus diesem emotiven Wirrwarr zurückziehen wollten. Allerdings hatte dieser Rückzug den Preis, dass sich nun die weltanschaulich engagierten Gruppen der politischen und religiösen Ideologien umso heftiger in den Entscheidungsprozess einbrachten. Diese Institutionen hatten nicht im Mindesten die logischen und semantischen Skrupel der Analytiker, der Gesellschaft ihre emotiven Reaktionen aufzudrängen. Im Gegenteil, die Verteidiger einer materialen Wertethik mit starken metaphysischen und religiösen Verankerungen waren die Nutznießer des metaethischen Rückzuges der Philosophen aus dem normativen Gefecht. Da die metaphysischen Ethiker sich gewandt der Faszination der Klarheit (REINHARD KAMITZ) entziehen konnten[2], um sich mit konträren Wertintuitionen zu befehden, blieb ihnen der politische Einfluss und die gesellschaftliche Relevanz erhalten. Die Rationalisten beschnitten mit ihrer logischen Genügsamkeit selbst ihre philosophische Einflussnahme, mit der Folge, dass in den Entscheidungsgremien über rechtsethische Fragen die Weltanschauungsgruppen bis heute den Ton angeben.

9.2 Deskriptive und präskriptive Terme

Man kann hier eine Parallele ziehen zu den Wissenschaftstheoretikern, die sich weniger mit metaphysischen Vorgaben in die Geltung der physikalischen Theorien einmischen und sich vielmehr um die Bedeutung der Terme und ihre logische Analyse in diesen Theorien kümmerten. Ebenso auch in der Mathematik, bei der die Philosophen sich auch nicht primär in neuen Beweisen versuchen, sondern sich in die Auseinandersetzung um die Verwendung bestimmter Beweismittel, wie etwa das Prinzip des ausgeschlossenen Dritten, einmischen. Normative Ethik und Metaethik stehen *cum grano salis* im gleichen Verhältnis wie Mathematik und Metamathematik und Beweistheorie. Allerdings haben nicht alle Denker diese linguistische Wende mitgemacht. Einige Vertreter der sog. praktischen Ethik, wie etwa PETER SINGER, haben sich sehr konkret in normative Fragen eingebracht und sich dementsprechend auch in die Nesseln gesetzt.[3] Mit metaethischen Betrachtungen hingegen kann man kein Entrüstungspotential aktivieren. Dort geht es zumeist um den Gebrauch des moralischen Vokabulars, aber auch um die erkenntnistheoretische Frage nach dem Ursprung moralischer Einsicht. Eine Schlüsselrolle spielt dabei, wie wir noch sehen werden, die von einigen Metaethikern behauptete Fähigkeit einer besonderen Form der Einsicht in das Gute und die Werte. Dieser Ansatz spießt sich dann v. a. mit jeder Form eines biologischen Naturalismus, da es schwierig erscheint, diese Erkenntnisform neurologisch festzumachen bzw. Selektionsbedingungen zu finden, die zu einer Fähigkeit geführt haben, spirituelle Werte zu entschlüsseln. Logisch gesehen sind Ethik und Metaethik unabhängig, es ist demnach auch nicht möglich, mit inhaltlichen moralischen Positionen gegen metaethische logische Analysen vorzugehen. Der Moralist kann sich über den ethisch neutralen Standpunkt des Metatheoretikers ärgern, aber er wird ihn nur mit logischen oder semantischen Mitteln aushebeln können, nicht mit Entrüstung.

9.3 Der naturalistische Fehlschluss

Eine zentrale Rolle in der Metaethik kommt nun dem semantischen Verhältnis von deskriptiven und präskriptiven Termen zu. Ausdrücke, die eine Beschreibung von Sachverhalten intendieren, scheinen sich kategorial von Termen zu unterscheiden, die Handlungen von Menschen in eine bestimmte Richtung steuern wollen. Die normativen Terme und das axiologische Vokabular besitzen offenbar gegenüber der faktischen Begrifflichkeit eine besondere Reduktionsresistenz. Der Versuch, die Sprache der Werte und Vorschriften auf die Ebene der Sachverhalte zurückzuführen, wurde dann von G. E. Moore mit dem Vorwurf des naturalistischen Fehlschlusses belegt.[4] Eine Rückführung des Sollens auf das Sein ist nach ihm unmöglich, weil es sich bei beiden Entitäten um kategorial verschieden Tatsachen handelt. Der Ausdruck *Entität* ist hier gerechtfertigt, denn Moore war Verteidiger eines platonischen moralischen Realismus, wonach wir Menschen in der Lage sind, das wahrhaft Gute mit Hilfe einer intellektuellen Anschauung wahrzunehmen. Eine realistische Ontologie von abstrakten Entitäten führt allerdings notorisch zu erkenntnistheoretischen Problemen, in der Mathematik genauso wie in der Ethik. Es bleibt nämlich, wie schon erwähnt, unerklärlich, wie evolutionsbiologisch sich eine Fähigkeit entwickeln sollte, die in der Lage wäre, immaterielle Objekte zu erkennen. In der Stammesgeschichte kann es nur kausal wirkende materielle Selektionsfaktoren gegeben haben. Zudem bleibt es ein Rätsel, wie eine Wechselwirkung von ontologisch hetcrogenen Systemen ablaufen könnte. Was passiert an der Nahstelle von materiellem Erkenntnissystem und einem spirituellen Wert? Wenn man diese ontologische Problematik einmal außen vor lässt, kann man die Intention von Moore auch anders lesen, nämlich nicht als Hinweis auf einen Fehlschluss, sondern auf einen Definitionsfehler.[5]

Aus dieser Sicht ist es eine offene Frage, ob eine Definition material inadäquat ist oder nicht, sie lässt sich nicht so einfach entscheiden wie ein logischer Fehler. Wenn man also etwa das Gute als das Angenehme, das Lustvolle versteht, wie dies ein Hedonist vorschlagen würde, dann muss man die sprachliche Reichweite, also den Geltungsbereich einer solchen Ethik, berücksichtigen und die dann mit dieser Definition möglichen Aussagen. Ist mit einem solchen utilitaristischen Normenkonzept die Vielfalt menschlicher Handlungsalternativen abdeckbar oder ist ein derartiges System wesentlich unvollständig? Lange vor G. E. MOORE hatte schon DAVID HUME den ethischen Naturalismus kritisiert.[6] Dabei ging er erkenntnistheoretisch von einem expliziten Sensualismus aus. Normen und Werte lassen sich in der Beobachtung nicht festmachen, beide sind Zutaten des Subjektes und gründen in den emotiven Reaktionen des Betrachters. Bezogen auf das Verhältnis von Aussagen lautet das HUMESCHE Gesetz von der Sein/Sollen-Barriere in moderner Formulierung, dass „die Begründung einer deontischen Logik nur durch Axiome möglich ist, die selbst deontische Operatoren enthalten".[7] Anders ausgedrückt, wenn man Schlussketten betrachtet, die eine normative Konklusion besitzen, muss mindestens eine der Prämissen eine normative Aussage sein.

Auch historische Ethiksysteme können, unabhängig von der Problematik ihres metaphysischen Ursprungs, selbstverständlich einer logischen Analyse unterworfen werden. So lässt sich ermitteln, ob etwa die mosaischen zehn Gebote vollständig, unabhängig voneinander und konsistent sind, unabhängig davon, ob der Autor sich seinerzeit solche metaethischen Fragen gestellt hat. Gerade die letzte Frage ist wichtig für die Befolgung moralischer Forderungen, denn ein inkonsistentes Normensystem ist nicht erfüllbar, auch wenn es noch so alt und ehrwürdig ist. Auch ein unvollständiges normatives System ist unbrauchbar, weil sich dann bestimmte konkrete Handlungsalternativen nicht entscheiden lassen. Die Unabhängigkeit ist mehr eine Sache der logischen Eleganz, es wirft kein gutes Licht auf das Denkvermögen eines Ethikers, wenn er ein Postulat fordert, das von den übrigen Axiomen abgeleitet werden kann. Hinzufügen möchte man noch aus moderner Sicht die Offenheit des Axiomensystems. Es sollte jederzeit erlaubt sein, neue, mit den bestehenden Postulaten verträgliche Grundsätze, hinzuzunehmen, falls sich in einer späteren soziökonomischen Situation eine Handlungsalternative ergibt, die von dem bestehenden Normensystem nicht abgedeckt wird. Die überlieferten religiösen Normensysteme werden aber zumeist von ihren Verteidigern gegen Ergänzungen gesperrt, weil der Vorwurf der Unvollständigkeit an den seherischen Fähigkeiten des Propheten bzw. an der Reputation der gesetzgebenden Gottheit nagen könnte. Aus weltlicher Sicht gibt es jedoch keinen Grund, einzelne normative Postulate von der Kritik abzuschotten. Ein Beweis der Vollständigkeit wird für ein ethisches Axiomensystem nur schwer zu führen sein, denn dies würde bedeuten, dass das System für alle denkbaren Handlungsalternativen eine Lösung auswirft. Eine normative Theorie ist nämlich vollständig, wenn sie sämtliche Fragen, die in ihrer Sprache formulierbar sind, beantworten kann.

Vom säkularen Standpunkt aus ist desgleichen eine Evaluation der einzelnen Gebote oder Axiome unabdingbar. Eine solche Bewertung lässt sich über die Konsequenzmenge der Axiome vornehmen. Wenn sich etwa zeigt, dass eine ausschließende Bindung an eine bestimmte Gottheit, wie es das erste mosaische Gebot verlangt, permanent Religionskriege hervorbringt oder politische Auseinandersetzungen verstärkt, ist dies ein gutes Argument, dieses Postulat ersatzlos zu streichen. In eine solche Bewertung fließen dann historische, soziale und psychologische Fakten ein. Es kann sich auch herausstellen, dass Regeln, die für das Verhalten einer Kleingruppe in einer Landschaft mit Wüstenklima effektiv waren, auf eine technische Großgruppenzivilisation schlecht übertragbar sind. Ein starres Festhalten an solchen überkommenen Regelsystemen, weil sie angeblich transzendenten Ursprungs sind[8], hat vielfach ins Unheil geführt, genau weil die normativen Forderungen als exempt von aller Kritik betrachtet wurden. Religionskriege sind generell ein Hinweis darauf, dass die streitenden Parteien weder den erkenntnistheoretischen Status der verwendeten metaphysischen Annahmen noch den Charakter der axiologischen Axiome verstanden haben. Ideologische Kriege gründen somit in einem Mangel an metaethischer Reflexion. Wenn sich die Kontrahenten in einer religiös angeschobenen blutigen Auseinandersetzung klar wären, dass hinter ihrer Kontroverse keine kognitive Differenz, sondern nur eine unterschiedliche Reaktion ihrer emotiven Zentren läge, wäre eine wesentliche Komponente des Konfliktes beseitigt. Aber genau diesen Rat des externen Analytikers empfinden die streitenden Religionsparteien zumeist als beleidigend, denn er besagt ja, dass beide sich letztlich um eine, in begrifflicher Form auftretende, Gefühls-Reaktion gestritten haben.[9] Tatsächlich werden die normativen Kontroversen mit einem pathetisch aufgeladenen Wahrheitsbegriff geführt, der den Konflikten erst die richtige politische Sprengkraft liefert.[10] Eine Einsicht in den kognitiven Status von Wertaussagen ist von den erkenntnislogisch zumeist ungeschulten Religionsvertretern allerdings kaum zu erwarten.

9.4 Kognitivismus oder Emotivismus?

In der Nachfolge der Haltung Moores fokussiert sich heute die Aufmerksamkeit vielfach auf die Frage, ob es überhaupt eine Erkenntnis von ethischen Eigenschaften gibt, unabhängig davon, ob diese von natürlicher oder besonderer normativer Art sind. Bei einer kognitiven Deutung von Wertaussagen denken die Befürworter an die Beschreibung von Interessen von Individuen oder Gruppen. Die Gegner des Kognitivismus bestreiten hingegen, dass man Qualitäten wie „gut", „sollen" und „richtig" überhaupt mit faktischen Zügen der Welt in Verbindung bringen kann und dass es sich bei Normen und Werten nur um Einstellungen und Reaktionen unserer emotiven Zentren im Gehirn handelt. Moralische Zustimmung hat dann keinen Aussagencharakter, sondern den Status von Ausrufen wie Bravo! Super! Klasse! Solche Exklamationen können weder wahr noch falsch sein, aber andere Menschen zu Handlungen bewegen. Moore hatte danach Recht, dass er den faktischen Eigenschaftscharakter der Wertprädikate kritisierte, und die späteren Autoren sind ihm gefolgt, indem sie diesen Prädikaten den Status einer Eigenschaft schlechthin aberkannten. Allerdings ist es keine leichte Aufgabe, das ethische und das faktische Vokabular voneinander zu trennen.[11] Zudem stößt man hier auch noch auf QUINES Argumente für die Unbestimmtheit jeder Übersetzung, wenn man sich daran macht, normative Ausdrücke in faktische zu dolmetschen. Bei jeder vorgeschlagenen Entsprechung kann der Zweifel einsetzen, ob mit einer faktischen Reduktion eines normativen Terms der ursprünglich intendierte Sinn getroffen wurde. Es lässt sich niemals mit Bestimmtheit entscheiden, ob das Gute mit ARISTIPPOS das Lustvolle, mit KANT das Pflichtgemäße oder mit MILL das für alle Nützliche ist. Wohl aber kann man Defizite konstatieren, wenn bestimmte Identifizierungen vorgenommen werden. So besteht kein Zweifel, dass in einer deontischen Ethik das Lebensziel des Glücks zu kurz kommt, ja zu einem unwesentlichen Beiwerk des pflichtgemäßen Handelns degeneriert. [12]

9.5 Reduktionen

Naturalisierungen normativer Begriffe sind dennoch bei den Analytikern immer wieder versucht worden. Die bekannteste Annäherung zwischen den beiden Bereichen ist der Emotivismus. C. L. STEVENSON hat moralische Sätze mit dem Ausdruck einer Einstellung übersetzt, etwa wenn jemand angesichts einer Handlung in Begeisterungsrufe ausbricht oder mit unflätigen Ausdrücken seine Abscheu artikuliert. Allerdings gibt es da auch einen schleifenden Übergang zu den imperativen Konzepten, denn man kann ja nicht ausschließen, dass jemand mit den Kraftausdrücken Mitmenschen zur gleichen Reaktion bzw. zu entsprechenden Handlungen anregen wollte.[13] Ebenso ist es nicht ausgemacht, ob man die semantisch schwierig zu rekonstruierende moralische Sprache überhaupt braucht, um in der Lebenspraxis Handlungsänderungen von Mitmenschen zu erreichen. Die imperativische Verwendung der Zukunft „Du wirst dies jetzt tun!" ist nur ein Beispiel hierfür.[14] Jedenfalls ist es vom Standpunkt des Naturalismus ein zwar verständliches, aber kein leicht zu erreichendes Ziel, die präskriptive Sprache eindeutig auf die deskriptive zu reduzieren und ohne dass die Spezifika der normativen Ebene verloren gehen. Andererseits kann es als wünschenswert angesehen werden, den TARSKISCHEN Wahrheitsbegriff auf die ethische Sprache zu übertragen, um die Möglichkeit zu eröffnen, normative Sätze als falsch zu bezeichnen. Auch hier finden wir eine Parallele mit Sätzen der Formalwissenschaft. Es wird häufig als Desiderat einer Methodologie der Wissenschaft angesehen, in allen Erkenntnisbereichen mit einer einheitlichen Semantik und einem einheitlichen Wahrheitsbegriff zu operieren.[15] Allerdings birgt diese Übertragung auch die Gefahr, dass die Eigenheit der normativen Ebene und der Wertsphäre verfehlt wird. Wenn wir unsere Wertschätzung für Beethovens Streichquartett in cis–Moll op. 131 ausdrücken, möchten wir ohne Zweifel mehr sagen, als dass dessen musikalische Architektonik sehr komplex strukturiert ist. Jedenfalls wollen wir im Folgenden diese starke Reduktion nicht weiter verfolgen, sondern erst einmal die ontische und die deontische Ebene getrennt halten.[16] Denn auch wenn man diesen Schritt nicht mitmacht, lässt sich eine Einflussnahme der faktischen Ebene auf die Normengebung beibehalten, nämlich dort, wo es um die Auswahl der ethischen Axiome geht. Dies ist dann der Ort, wo auch die Evolutionsbiologie ihren Einfluss geltend machen kann. Dazu sollte man sich aber noch einmal vergegenwärtigen, dass es eine letzte Fundierung ethischer Axiome nicht geben kann. Nur Religionsgründer und theistisch inspirierte Autoren hantieren noch mit absoluten Werten, die einem kritischen Hinterfragen nicht zugänglich sind. Alle rationalistischen Kreise sind sich der Unmöglichkeit der Letztbegründung bewusst, und der Charakter der Festlegung der normativen Basispostulate ist gegenwärtig, wobei der stipulative Charakter der Axiome keinesfalls deren kritische Diskussion ausschließt. Nur die logische Naivität in politischen Kreisen lässt die Vorstellung von unkritisierbaren Normen und Werten aufkommen, wenn etwa die Menschenrechte als unverhandelbar bezeichnet werden.[17] Aus den Grundlagen der Mathematik wissen wir, dass selbst die von ARISTOTELES noch als jenseits aller Diskussion angesehenen Prinzipien der Identität, des Widerspruchs und des ausgeschlossenen Dritten einer kritischen Reflexion unterworfen werden können, ja dass es Einschränkungen der Widerspruchsfreiheit in den sog. parakonsistenten formalen Systemen gibt, die gewisse Vorteile bei der Bewältigung der semantischen Antinomien besitzen. Um so mehr gilt die Differenziertheit für die Normen- und Wertebene, auf der eine viel größere kulturelle Varianz vorhanden ist, so dass allein schon die Durchmusterung der ethnischen Vielfalt der Normenkodizes jedermann von der Idee einer absoluten Geltung abhalten müsste. Im deontischen Bereich ist das Bewusstsein der fehlenden Verankerung von Normen und Werten in einer Welt objektiver Fakten von höchster politischer Bedeutung, weil nur dadurch hochgezüchtete gesellschaftliche Konflikte entschärft werden können. Wenn jede Seite weiß, dass auch die Grundaxiome des Handelns auf Ermessen und Postulierung zurückgehen, verflüchtigt sich die Entrüstung über die seltsamen Handlungsgrundsätze des Nachbarvolkes, und es dämpft sich moralische Empörung. Werte als Fakten eigener Art auszugeben, für die dann noch ein besonderes intellektuelles Erkenntnisvermögen aktiviert werden muss, leistet jedem Dogmatismus und aller Art Intoleranz Vorschub. Wenn mit der axiologischen Intuition dann noch die Inerranz, die Irrtumsfreiheit, verbunden wird, ist der Weg frei zur Unterdrückung und Verfolgung der Evidenzverweigerer.[18] Die Uneinsichtigen müssen in dogmatischen Normensystemen umerzogen oder mit Gewalt zur Akzeptanz gebracht werden.[19] Besonders die abrahamitischen theistischen Religionen haben den Wertabsolutismus immer wieder bekräftigt und damit die Basis für Streit und Hass gegenüber den Nachbarvölkern gelegt. Wenn die Priester der offiziellen Landesreligion einer Volksgruppe vorwerfen, dass sie den falschen Göttern opfert und den falschen Wertetafeln folgt, ist die Feindseligkeit vorprogrammiert. Ist jedoch im Volk der Festsetzungs- oder Optionscharakter der Grundnormen internalisiert, hält sich die Entrüstung über die Andersartigkeit der Verhaltensmuster der Nachbarn in Grenzen. Damit ist noch keine Friedfertigkeit garantiert, aber ein Faktor der sonst Animositäten schürt, bleibt damit außen vor.

9.6 Zwei Arten des Naturalismus

Wie kann man den Naturalismus semantisch explizieren? Zwei dominante Formen dieser Denkrichtung haben sich in der analytischen Philosophie etabliert, der methodische und der substantivische Naturalismus. Letzterer versucht durch den Ausschluss spiritueller und empirisch ungreifbarer Entitäten eine inhaltliche Trenngrenze zwischen natürlichen und übernatürlichen Wesenheiten zu etablieren.[20] Die Schwierigkeit mit dieser inhaltlichen Spezifikation besteht darin, dass die Wissenschaft immer wieder neue exotische Gebilde zu Tage fördert, die diese Kriterien nicht erfüllen, dennoch aber von den erfolgreichen Theorien unvermeidbar erzwungen werden.[21] Inzwischen gibt es physikalische Entitäten, die weder mit Raumzeitlichkeit, Massebesitz oder Kausalität richtig zu greifen sind. Da erscheint es vorteilhafter, eine formale Charakterisierung von Naturalismus vorzunehmen. Ernest Nagel hat schon vor langer Zeit die methodologische Position verteidigt, dass die wissenschaftlichen Verfahren ausreichen, um alle Bereiche der Realität zu erfassen.[22] Das Instrument der logischen Analyse zusammen mit dem hypothetisch-deduktiven Modell der Erklärung reicht aus, um auch fremdartige Systeme kognitiv in den Griff zu bekommen. Man kann dies auch den methodologischen Naturalismus nennen, weil dabei keine inhaltlichen Vorgaben über die stoffliche Beschaffenheit der Natur getroffen werden, insbesondere ist keine Allianz mit einem Materialismus inkludiert. Penelope Maddy hat diese Position im Gefolge von Quine dahingehend verdeutlicht, dass es keine „Erste Philosophie" geben kann, die die Rahmenbedingungen oder die Grundlagen alles Wissen statuiert.[23] Damit agieren Philosophie und Wissenschaft auf Augenhöhe und kooperieren auch in der Frage des Aufbaus der Realität. Insbesondere kann es dann keine Existenzebene mehr geben, zu der die Wissenschaft keinen Zugang besitzt. Ontologie wird durch die Unvermeidlichkeit bestimmt, mit der Entitäten in den erfolgreichen Theorien der Wissenschaft figurieren.[24] Es ist aus dieser Sicht methodologisch sinnvoll, alle und nur jene Entitäten für existent zu halten, die in unseren besten bewährten Theorien eine unvermeidliche Rolle spielen. Das Argument wurde zuerst von Quine und Putnam nur für mathematische Objekte formuliert. In der starken Form mit dem „alle und nur" bildet es zugleich eine Fassung des Naturalismus. Die Wissenschaft liefert danach eine vollständige Darstellung der Realität. Entitäten, die keine irgendwie geartete Rolle im Erklärungszusammenhang der wissenschaftlichen Theorien spielen, werden als nicht vorhanden betrachtet, allerdings nur so lange wie sich nicht doch eine Funktion für dieses Agens findet. Damit ist die Wissenschaft also immer auch offen für ontologische Neuankömmlinge. Wenn sich dereinst in den erfolgreichen Theorien ein nicht eliminierbarer Bezug auf eine Seelenwanderung ergäbe, müssten wir dies nach der Unvermeidlichkeitsargumentation akzeptieren.[25] Wenn allerdings nur ein buddhistischer Versenkungsmystiker von seinen persönlichen vorgeburtlichen Erfahrungen berichtet, wäre dies kein guter Grund, die Palingenesie und die Metempsychose für wahr zu halten. Die Seelenwanderung müsste schon ins Netz der wissenschaftlichen Theorien eingebunden werden. Von dem Unvermeidlichkeitsargument ist auch der Wertsektor betroffen, denn wenn es keine erfolgreichen Theorien gibt, in denen nicht eliminierbar normative Tatsachen vorkommen, dann existieren diese Entitäten in der Welt nicht. Da man kaum einen Bereich kennt, der weniger objektiv ist als der der deontischen Forderungen und Wertschätzungen, und es keine empirisch bewährten Theorien zu diesem Thema gibt, kann man die Idee einer Wertontologie jedenfalls zum gegenwärtigen Zeitpunkt ad acta legen.

9.7 Die Normativität des Faktischen

Wie lässt sich nun Evolutionsbiologie und der normative Naturalismus verbinden? Immerhin schließt eine skeptische Haltung gegenüber einer dinglichen Welt der Werte und Normen nicht aus, dass in der Natur des Menschen programmatische Dispositionen vorhanden sind, die in ihm bestimmte Neigungen und Einstellungen hervorbringen. Damit muss kein platonischer Wertehimmel verknüpft werden, keine Ontologie abstrakter Objekte, sondern es könnte sich auch um einen Strukturrealismus handelt, wie er vornehmlich in der Philosophie der Mathematik von Denkern wie HELLMAN, M. RESNIK und ST. SHAPIRO vertreten wird.[26] Das Erkenntnisproblem ist dann insofern nicht mehr so gravierend, weil es sich um manifeste Strukturen handelt, die einen ontologischen Träger, nämlich das genetische Material, besitzen. Der strukturale Realismus ist auch den Alternativen wie dem Nominalismus überlegen, weil dieser Schwierigkeiten hat, die weithin erfolgreiche Anwendung abstrakter Strukturen in der faktischen Realität zu erklären. Ebenso taugt der Nominalismus nicht, um eine einheitliche Semantik und Verwendung des Wahrheitsbegriffes in den formalen und empirischen Wissenschaften zu etablieren. In der Biologie bieten sich die genetischen Programme als Träger inkorporierter Werte an. Die Verhaltensgenetiker können etwa bei der Sexualität eine kausale Kette aufzeigen, die von dem anatomischen Unterschied des gametischen Dimorphismus, der Zweigestaltigkeit der Geschlechtszellen, bis zum beobachtbaren Paarungsverhalten führt.[27]

Nimmt man diesen Zusammenhang ernst, kommt man nicht umhin, die stammesgeschichtliche Programmierung für die moralischen Forderungen an die Individuen einzubeziehen. Die christliche Tradition hat sich mit einer Berufung auf die jesuanische Ethik für eine Festschreibung des Monogamiegebotes eingesetzt, damit aber über Jahrhunderte eine Spannungssituation zwischen genetischer Disposition und normativem Anspruch erzeugt. Aus der Sicht der Biologie stellt sich die Situation so dar: „Wir sind, um damit zu beginnen, maßvoll polygyn, und ein Wechsel des Sexualpartners geht zumeist von den Männern aus. Rund Dreiviertel aller menschlichen Gesellschaften erlauben den Männern, mehrere Frauen zu nehmen, und die meisten von ihnen ermutigen diese Praxis durch Gesetz und Brauchtum. Die Ehe mit mehreren Männern ist dagegen nur in weniger als ein Prozent aller Gesellschaften erlaubt. Die übrigen, monogamen Gesellschaften fallen gewöhnlich nur de jure unter diese Kategorie und lassen in Form des Konkubinats und anderer außerehelicher Listen de facto die Polygynie zu." [28] Mit einem monogamen Rigorismus erzeugen die Anhänger einer apriorischen theistischen Ethik somit emotionale Spannungen, die für ein friedliches freudvolles Zusammenleben kontraproduktiv sind. Mit dem Wegfall gesellschaftlicher, staatlicher und kirchlicher Repressionen konnten sich die naturwüchsigen polyamoren Programme der menschlichen Primatenspezies wieder besser entfalten. Nur die Anhänger einer materialen Wertontologie bedauerten diese Entwicklung. Aber anders als die Wertfundamentalisten beklagen die Bürger nicht ihre Freiheitsspielräume. Sie sind froh, dass sie ihren angestammten Dispositionen, gelegentlich einmal einen Partnerwechsel vorzunehmen, ohne Sanktionen und berufliche Nachteile nachgehen dürfen. Die liberale Handhabung der Sexualmoral kann sich dabei auf den Grundsatz stützen, dass es auf die Dauer einem Volk kein Glück bringt, wenn man dessen Handlungen gegen seine stammesgeschichtlichen Programme normiert. Dies gilt besonders für Bereiche, in denen eine Deregulierung keinen Schaden stiftet und nicht zu Anarchie und Chaos führt. Der Grundsatz, den Menschen so viel Selbstbestimmung zu lassen wie möglich, ihnen im Rahmen des Schadensprinzips – kein Leid für Dritte – Handlungsfreiheit zu überantworten erlaubt es, die ererbten Strebungen umzusetzen, seien sie hetero-, homo- oder bisexueller Natur.[29] Nun muss aber explizit darauf hingewiesen werden, dass die Entscheidung, nicht ohne Notwendigkeit gegen ererbte Programme zu normieren, keinen logisch-analytischen Schritt darstellt. Sie besitzt den Charakter einer pragmatischen Klugheitserwägung, Menschen nicht ohne Grund psychologischen Spannungen auszusetzen. Mit einer solchen Liberalisierungsstrategie wird somit kein naturalistischer Übergang vom Sein zum Sollen etabliert. Die polygynen Dispositionen unserer Primatenart liefern keine *Begründung* für Liberalisierung, sondern verwenden das *Brückenprinzip*, wonach man nicht gegen die Wünsche, Interessen und Dispositionen der Menschen normieren soll, wenn es für ein gedeihliches Zusammenleben gar nicht notwendig ist. Genau diesen Weg ist in den westlichen liberalen Demokratien die Rechtsprechung, aber auch das bürgerliche Bewusstsein gegangen, bei bleibendem Widerstand zu den orthodoxen Vertretern der monotheistischen Religionen, die sich mit dem Wertrelativismus und dem Libertinismus der modernen hedonistischen Gesellschaft nicht anfreunden konnten.

Nun wird ein Kritiker die Frage stellen, welchen methodologischen Status nun Brückenprinzipien besitzen. Man wird sie am ehesten als pragmatische metaethische Regeln auffassen, die ethische Forderungen mit synthetischen Sätzen über die Wirklichkeit verbinden. Man könnte sie auch als Durchführungsbestimmungen der Interpretation von Normen bezeichnen oder auch als Anweisungen für die Konstruktion von deontischen Axiomensystemen. Hans Albert hat einige derartige Rahmenbedingungen explizit genannt:[30] So dürfen Normenkataloge keine Widersprüche enthalten, denn inkonsistente Forderungen sind unerfüllbar. Sie dürfen auch gegen keine naturwissenschaftlichen Erkenntnisse verstoßen, denn niemand kann Handlungen ausführen, die nach Naturgesetzen unmöglich sind. Eine eher weiche Forderung stellt dann die Realisierbarkeit dar, wonach die Erfüllung eines Postulates in der Reichweite des Handelnden liegen sollte. Diesen Grundsatz kannten schon die Römer in der Form *ultra posse nemo obligatur*. Der auf Celsus zurückgehende Satz lässt sich natürlich angreifen, weil es nie völlig klar ist, was der Geforderte letztlich leisten kann und ob er sich doch einfach zu wenig Mühe gegeben hat. Dennoch scheint es klar zu sein, dass man jemandem nicht beliebig hohe moralische Anstrengungen abverlangen kann, wenngleich die Grenzziehung umstritten sein mag.

9.8 Ein nichtreduktiver normativer Naturalismus

Es lässt sich also, wie wir gesehen haben, unter Naturalismus in der Ethik nicht nur deren radikale Reduktion auf die faktische Ebene verstehen, sondern auch eine Abgleichung der Normen mit den ererbten Verhaltensmustern. Ethik besitzt eine materielle Basis und deshalb ist es von Nutzen, wenn man den Aufbau des wertenden Systems und die Wurzeln seiner Orientierungen kennt.[31] Die Neurobiologie kann nicht die Gültigkeit von Normen begründen, sie vermag aber die Quellen unserer Haltungen und Einstellungen zu eruieren. Auch ontologische Vermutungen vermag sie zu erschüttern. Je mehr man die wertenden Zentren des Gehirns versteht, desto unplausibler wird ein Wertrealismus, wonach Werte autonome Entitäten sind, die nur darauf warten, von uns erkannt zu werden. Wenn man viele Werte als stammesgeschichtliche Adaptionen entschlüsseln kann, als Optimierungen, die dem Überleben dienlich waren, dann ist es kaum glaubwürdig, dass Werte eine außersomatische Existenzweise besitzen. Eher ist es plausibel, dass die Evolution unser Gehirn in die Richtung gedrängt hat, an einen Wertrealismus zu glauben, denn damit wird den Werten mehr Würde und Pathos zugeordnet, was ihnen eine höhere Akzeptanz und Durchsetzungskraft verleiht. Der evolutionäre Naturalismus besitzt somit sogar Relevanz für die metaethische Ebene, da er verstehen lässt, warum Philosophen von Platon bis Max Scheler mit Nachdruck eine Wertontologie verteidigt haben. Man kann deshalb Moralphilosophie als angewandte Wissenschaft betrachten, wobei deren Naturalismus nicht in einer begrifflichen Reduktion besteht, sondern darin, das Gefühl von moralischer Akzeptanz und Ablehnung, die unseren Ethiksystemen zugrunde liegen, als Optimierungen der Evolution des Gehirns zu erkennen.[32] Man geht bei diesem Ansatz von der moralischen Basis des Fühlens aus und versucht die heute gängigen Verhaltensregeln zu erklären und in einem weiteren Schritt auch zu gewichten. Durch die Erklärung der etablierten Verhaltensmuster ist erst einmal keine Rechtfertigung derselben gegeben, dennoch ist die emotive Basis für unsere Wertungen von Belang. Die materiale Verankerung unserer Wertgefühle sollte als naturalistische Heuristik für die Auswahl der Axiome von Normensystemen dienen. Man lässt sich also metaphorisch gesprochen von der Natur des Menschen bei der Gestaltung der Verhaltensmuster beraten, ohne gezwungen zu sein, die naturwüchsigen Dispositionen voll zu übernehmen. So ist es kaum ratsam, das steinzeitliche Aggressionspotential unserer Primatenart in den Regelkanon zu übernehmen, wohl aber können große Teile der Strebungen im Paarungsverhalten in den Normenkatalog eingebaut werden. Weder die theonome Prinzipienethik noch die rationalistische Vernunftethik war an einer Leitung durch die empirische Natur des Menschen interessiert. Beide hatten weder das Glück der Menschen noch deren gelungenes Leben im Zielfokus, weil sie den Lustzentren im Gehirn keine Bedeutung bei der Auswahl der ethischen Postulate zubilligen wollten.

Ein evolutionärer Naturalismus wird aber in der Ethik die präformierten Dispositionen des Individuums ins Kalkül ziehen, zwar mit eigenständiger Gewichtung, aber so nah wie möglich an den Wünschen und Interessen des Einzelnen. Mit einer solchen Brückenstrategie lassen sich die Spannungen zwischen *Sollen* und *Wollen* verringern, wenngleich nicht vollständig abbauen. Apriorische Vernunftethiken hatten in der Vergangenheit immer nur die Rechtfertigung von Handlungsmustern im Blick. So wurden rigoristische Pflichtethiken erstellt, ein *Sollen* ohne Rücksichtnahme auf die Erfüllbarkeit der Forderungen. Eine aposteriorische Moralphilosophie wird das *Können* in den Mittelpunkt stellen und die Ansprüche an das Verhalten an der Leistungsfähigkeit der faktischen Natur der Lebewesen orientieren. Sie wird von ihnen den sparsamsten Kanon von Restriktionen fordern, der mit einem friedlichen, harmonischen Zusammenleben vereinbar ist. Biologisierung der Ethik heißt also nicht wahllos alle vorhandenen, besonders die Aggressionsstrebungen gutzuheißen, sondern gerade soviel Einschränkungen fordern, wie mit der Schadensvermeidung für den Mitmenschen verträglich ist. Eine naturalistische evolutionäre Ethik kommt somit auch nicht ohne übergeordnete normative Prinzipien, wie dem Schadensprinzip aus. Dies steht in Einklang mit der antireduktionistischen Haltung in der Sein/Sollen-Frage, die wir weiter oben verteidigt haben. Rücksichtnahme auf ererbte Programme bedeutet nicht dem Gesetz des Dschungels das Wort reden und steinzeitliche Verhaltensmuster in den modernen Normenkanon zu implantieren, sondern unter Wahrung humanitärer Leitideen den Einzelnen minimalen psychischen Spannungen auszusetzen.

9.9 Humanität und Naturalismus

Eine naturalistische Ethik hat das Anliegen, dass Menschen nicht aus Selbstzweck historisch tradierte Prinzipien erfüllen müssen[33], sondern dass sie möglich viel von ihren inneren Strebungen und Interessen verwirklichen können, begrenzt nur durch die

Wünsche der Mitbürger. Zielvorstellung ist dabei die Idee des gelungenen Lebens, das sich genau dann erfüllt, wenn ein Maximum an internen Zielen realisiert werden konnte. Soweit es möglich ist, sollten Appelle an rationale Einsicht, Empfehlungen und Ermunterungen an die Stelle rigoroser Verbote treten, denn eine Vorschrift, deren Sinn einsichtig ist, befolgen die meisten Menschen willig. Wer das Gesetz der Impulserhaltung bzw. das Trägheitsgesetz verstanden hat, wird sich eher der Anschnallpflicht im Auto fügen. Nun ist die Menschheit genetisch alles andere als ein homogenes Ensemble, sondern sie besitzt ausgeprägte Streuungen in den Dispositionen. Das Wissen um diese Varianz sollte Toleranz in Bezug auf die Vielfalt von Verhaltensmustern erzeugen, soweit jedenfalls wie Mitbürger auch von bizarren und nicht nachvollziehbaren Eigenarten nicht geschädigt werden.[34] Eine dem Naturalismus verpflichtete Ethik wird sich nicht auf Wertintuitionen angeblich unfehlbarer Elitedenker oder theonomen Prinzipien numinoser Wesen stützen. Wenn jemand die Regeln übertritt, werden die Sanktionen nicht von Strafe und Vergeltung, sondern von Abschirmmaßnahmen, Präventivstrategien und Resozialisierung geleitet sein. Aus dem Wissen heraus, dass die Befolgung von Normen durch ungünstige Anlagen und epigenetische Programmierungen[35] begrenzt sein kann, wird eine aufgeklärte Gesellschaft zwar energisch, aber dennoch verständnisvoll mit ihren Schadensstiftern umgehen. Somit ergibt sich aus naturalistischer Perspektive ein größeres Maß an Humanität im Strafvollzug, eine Idee, die schon La Mettrie im 18. Jh. vorgebracht hat. Das Wissen um die im Menschen somatisch verankerten Aggressionspotentiale erlaubt es auch, erfolgreicher mit den Gesetzesübertretern umzugehen, den Strafvollzug individuell anzupassen und die Wiedereingliederung des Straftäters zu optimieren. Wenn man Brücken zwischen Sollen und Können herstellen will, plaziert man keine Normen- und Wertetafeln, die den Menschen als unbeschriebenes Blatt betrachten oder als Wachstafel, die sich beliebig ritzen lässt. Die wohl wichtigste Konsequenz der Brücke von Normativität und Faktizität, ist die Möglichkeit, Ethik zeitabhängig und situativ zu sehen. *Ein* normatives Regelsystem eignet sich nicht für alle gesellschaftlichen Konstellationen und Zeiten. Es muss immer wieder an neue Zeitläufe angepasst werden. In dieser Hinsicht ist ein gravierender Unterschied zu Normengebilden vorhanden, die auf historischer Offenbarung, auf reine Vernunft oder auf intuitive Wesensschau gegründet sind. Solche Wertesysteme besitzen eine starre Verankerung, sie lassen sich kaum oder doch nur durch sehr drastische semantische Verdrehungen an neue Gesellschaftssituationen, aber auch an neue Erkenntnisse über die neurobiologische Natur des Menschen anpassen. Andererseits spricht nichts dagegen, unanwendbare oder kontraproduktive Grundsätze ersatzlos fallen zu lassen. Eine naturalistische Ethik wird mithin nicht so sehr als rigoristische Schikane für die Individuen zu sehen sein, die ihnen ein Leben lang nur Pflichten abverlangt, sondern als Glückstechnologie, als variables, immer wieder verbesserungsfähiges Regelsystem, das als Fernziel das freudvolle Zusammenleben vieler Individuen mit gleichen Rechten optimiert. Auf dem Wege dahin hat auch die Pflichterfüllung ihre Rolle, aber sie fungiert nicht als ultimater Selbstzweck, sondern als proximate

Durchgangsstation. Eine naturalistische Ethik mit permanenter Rückkoppelung zu den sozioökonomischen Randbedingungen macht ein Normensystem flexibel, undogmatisch und kritisierbar. Es verabschiedet sich von der überzeitlichen Geltung normativer Grundsätze und der Idee, dass zu einem historischen Zeitpunkt die wahren Grundsätze des Handelns gefunden werden können. Eine solche Ethik schließt die Möglichkeit ein, das, was man vor Zeiten für Tugend hielt und inzwischen als abartig erkannt hat, auch wieder los zu werden.

9.10 Individualität und Freiheit

Eine anthropologische Konsequenz des Naturalismus darf zuletzt nicht übersehen werden: Die Eingemeindung des Menschen in einen evolutionären Kontext besitzt eine deutlich emanzipatorische Funktion. Niemand hat sich seine Existenz in dieser Welt ausgesucht, er wird von den genetischen Programmen seiner Eltern bestimmt, hier zu sein. Keine Gottheit, aber auch kein Naturwesen, hat ihn vor seinem Dasein befragt, ob er die Last der Existenz auf sich nehmen will oder lieber im Nichts verharren möchte. Er findet sich einfach vor, und die Natur hat ihn mit einem Lebenswillen ausgestattet, der ihn dazu bestimmt auszuharren. Diese Randbedingungen seiner Existenz vermag niemand abzuschütteln, wohl aber kann er die Zumutungen zurückweisen, transzendente Forderungen und Prüfungen aller Art zu vollenden, um ein gottgefälliges Leben zu führen. Als Naturalist wird er sich von der metaphysischen Last befreien, theonome Aufgaben und Bestimmungen zu erfüllen, um sich am Ende aller Zeiten auch noch einer eschatologischen Evaluation zu unterziehen. Als Wesen, das weder durch Gottesebenbildlichkeit noch durch eine unsterbliche Seele ausgezeichnet ist, sondern vielmehr durch eine hohe strukturelle und funktionale Komplexität, die ihm erlaubt, seine existentielle Situation zu überdenken, muss er sich keine Sorgen über seine endzeitliche Bestimmung machen. Keine düstere Unterwelt mit leidvollen Prüfungen wartet auf ihn. Sein Rang in der *Scala naturae* ist unbestimmbar, niemand weiß, auf welcher Stufe einer universellen Intelligenz er sich befindet. Sein Ort in einem räumlich unendlichen Universum ist undefinierbar. Seine Kognitions- und Kulturfähigkeit mag er als Hinweis auf eine Sonderrolle empfinden, doch bleibt jede derartige Einstufung willkürlich, weil die früher vorhandenen metaphysischen Maßstäbe weggebrochen sind. Es gibt keine hierarchische Axiologie der Natur, nur einfachere und komplizierter aufgebaute Systeme. Kein Weltenplan wollte den Menschen, und niemand wird ihn vermissen, wenn er dereinst wieder verschwunden ist. So wie er sich heute erkennt, ist er eine temporäre Komplexitätsstufe in einer expandierenden Welt, deren Temperatur sich dem absoluten Nullpunkt nähert und in der mit wachsender kosmischer Zeit alle höheren Strukturen zerfallen. Mit diesem somatischen Schicksal ist auch seine ethisch-existentielle Bestimmung verbunden, denn alle und auch die höchsten mentalen Funktionen, somit auch die normativen Entscheidungen, beruhen auf neuronalen Prozessen im Gehirn.

Seine erlebte Willensfreiheit, sein personales Ich, Kernelemente seiner früheren metaphysischen Bestimmung, verlieren sich im Netzwerk synchron oszillierender Neuronen. Wenn der Mensch also seine Stellung in der Natur ernst nimmt und nicht durch nostalgische Reminiszenzen verschleiert, wird er zu einem liberalen Individualismus geführt, eine Anthropologie des ungestützten Selbstes, in der er ohne metaphysischen Rückhalt radikal auf sich gestellt ist. Wie F. J. WETZ überzeugend gezeigt hat, ist der Liberalismus die für einen uneingeschränkten Naturalisten angemessene Lebensform.[36] Er weiß, dass seine Entscheidungen durch Gehirnprozesse gesteuert werden, nichtsdestoweniger ist er der Täter seiner Taten. Die Ursache seiner Entschlüsse liegt in ihm, und im Rahmen seines Reflexionsvermögens wird er handeln, wie er will. Alle seine Entscheidungen sind kausal zustande gekommen, denn niemand kann sein eigenes neuronales Netz überschreiten. Entsprechend seiner Reflexionstiefe wird er verantwortlich und mit Blick auf seine Mitmenschen handeln, und er wird das tun, was seiner Natur und seinem Denkvermögen entspricht. Sucht man nach Schlagworten, so sind Individualität und Freiheit Kernbestimmungen einer naturalistischen Ethik. Der Primat der Selbstsorge bedingt jedoch mitnichten eine egozentrische Geringschätzung der Solidarität, wie es dem Individualisten immer wieder vorgeworfen wird: Gerade ein evolutionärer naturalistischer Humanismus wird sich, weil er auf keine transzendente Kompensation rechnen kann, für die nachhaltige Gestaltung der Lebenswelt einsetzen, eine Welt, die auch die seine und die seiner Nachfahren ist.

---

1 Ein Paradebeispiel in der gegenwärtigen politischen Landschaft ist der moralische Vorwurf des Antisemitismus an einen bestimmten Autor oder an eine Institution. Der Begriff ist intensional und extensional so amorph und verschwommen, dass damit beliebige undurchsichtige Werturteile vorgenommen werden können. Es bleibt unklar, welche Kritik an welcher jüdischen Tradition und an welcher israelischen Einrichtung oder politischen Strategie unter dem Begriff zu subsumieren ist und welche nicht. Kennzeichnend für die Situation ist, dass die politischen Auseinandersetzungen zumeist in terminologischen Streitigkeiten enden, in denen emotional belastete Begriffe mit dubioser Intention eine Rolle spielen. Charakteristisch für die molluskenartige Debatte war der jüngste Streit, ob die Äußerungen einiger heimischer Dichter als antisemitisch zu gelten hätten oder nicht. Wie voraussehbar, ging die Entscheidung um die Berechtigung der Vorwürfe mangels verfügbarer semantischer Kriterien aus wie das Hornberger Schießen. Man versteht, dass sich analytische Ethiker, die sich den Standards wissenschaftlicher Rationalität verpflichtet fühlen, nicht in eine solche Debatte hineinziehen lassen wollten. Man kann allerdings vermuten, dass auch ein solcher metaethischer Rückzug aus semantischen Gründen nicht als Zeichen der besonnenen Neutralität in der Debatte gewertet wird, genauso wenig wie bei der Frage des Theismus von den Theologen die Position des Agnostikers als Zeichen der klugen erkenntnistheoretischen Zurückhaltung, sondern als eine abschätzige Beurteilung der gesamten Problematik angesehen wird.

2 R. KAMITZ (2007): Logik – Faszination der Klarheit. LIT Verlag. Wien. In diesem umfangreichen Grundlagenwerk finden sich auch logische Analysen klassischer metaphysischer Theoreme wie dem Kontingenzbeweis für die Existenz Gottes. Vgl. ibid. Bd. II, S. 136.

3 http://www.uni-due.de/imperia/md/content/philosophie/kliemt_mat111_001.pdf. Singer wurde, gerade weil er durchsichtig rational-utilitaristisch argumentierte, von den Medien als „kaltherziger Tötungsphilosoph" apostrophiert, was wieder darauf hinweist, dass moralische Entscheidungen wesentlich als Gefühls- und nicht als Verstandesakte gesehen werden. Der Verstand dient dann dazu im Nachhinein, Rationalisierungen aufzubauen, die den emotiven Charakter der Wertungen verschleiern sollen.

4 G. E. MOORE (1903): Principia Ethica. Cambridge UP.

5 W. K. Frankena (1939): The naturalist fallacy. Mind 48, S. 464–477.

6 D. HUME: A Treatise of Human Nature III, Of Morals. Hrsg. von.L.A. Selby_Bigge/P.H. Nidditch Oxford 1978

7 G. STREMINGER (2011): David Hume. Der Philosoph und sein Zeitalter. München, S. 190.

8 In der Neuzeit war es zuerst ein anonymer Autor, vermutlich aus dem Umkreis von Spinoza, der darauf hingewiesen hat, dass alle Versuche, den transzendenten Ursprung der drei abrahamitischen Codizes nachzuweisen, ins Leere gegangen sind [De tribus impostoribus]. Sein Argument geht allerdings nicht dahin, dass die drei Religionsstifter bewusste Schwindler gewesen wären, wie der Titel des Traktats nahelegen könnte, sondern dass sich Moses, Jesus und Mohammed einfach über ihren transzendenten Auftrag getäuscht haben. Es ist nach dem Autor keinem der drei gelungen, auch nur den kleinsten indirekten Hinweis zu geben, dass die heiligen Schriften auf eine genuine transzendente Ursache zurückgehen. Über die Urheberschaft der Schwindlerschrift vgl.: W. SCHRÖDER (1998): Ursprünge des Atheismus. Stuttgart, S. 424ff.

9 Etwas genauer muss man noch beim moralischen Dissens zwischen der deskriptiven und der normativen Komponente eines moralischen Urteils unterscheiden. Bezüglich der ersten kann es selbstverständlich eine Meinungsdifferenz um das objektive Sachproblem geben, nicht aber bezüglich der zustimmenden oder ablehnenden Ermessensreaktion [Vgl. dazu CH. L. STEVENSON (1944): Ethics and Language. New Haven.] Damit muss man sich klar sein, dass es bei moralischen Differenzen keinen Unterschied von Überredung und Propaganda gibt.

10 Das christliche Wahrheitsethos betont besonders Karl Rahner, wenn er schreibt: „Für das christliche Daseinsverständnis ist es *grundsätzlich* so, dass es Wahrheit gibt, die man nur mit Schuld verfehlen kann." „Das katholische Christentum lehrt, dass kein Mensch, der zum Gebrauch der sittlichen Vernunft gekommen ist, ohne richtigen Glauben an die wahre Offenbarung Gottes sein wahres und eigentliches Heil finden kann." [K. Rahner (1962): Was ist Häresie? In: ders.: Schriften zur Theologie. Bd. 5. Einsiedeln, Benzinger, S. 532]. Man muss sich klar sein, was dies bedeutet: Nicht der gute Wille, wie Kant meint, nicht das Bemühen um Anständigkeit, sondern nur auf die Akzeptanz der absoluten Wahrheit kommt es für das Heil an.

11 J.J.C. SMART (1984): Ethics, Persuasion and Truth. London, S. 28.

12 B. KANITSCHEIDER: Das hedonistische Manifest. Stuttgart 2011, S. 139f.

13 Charakteristisch sind hier Buchtitel wie „Indignez-vous!" des französischen Pazifisten und Mitgliedes der Résistance, Stéphane Hessel, der u. a. damit seine Empörung in der Palästina-Frage über die israelische Politik in den besetzten Gebieten zum Ausdruck bringt.

14 Im Spanischen werden die Gebote mit dem Futur ausgedrückt, das Tötungsverbot lautet: ¡No matarás!

15 So wie PAUL BENACERRAF für die Mathematik und die empirischen Wissenschaften eine einheitliche Semantik und Erkenntnistheorie mit einer zufriedenstellenden Verwendung von Wahrheit, Referenz, Bedeutung und Erkenntnis gefordert hat, müsste dies dann auch für die deskriptiven und präskriptiven Aussagen gelten. [P. BENACERRAF (1973): Mathematical truth. Journal of Philosophy 70, S. 661–680].

16 Ich habe dafür die Unterscheidung von starkem und schwachem ethischen Naturalismus eingeführt. Während der erste eine begriffliche Reduktion von präskriptiver und deskriptiver Terminologie anstrebt, will der zweite eine Berücksichtigung der ererbten Natur des Menschen bei der Auswahl der verpflichtenden Postulate erreichen. [Vgl. dazu B. Kanitscheider (2011): Das Hedonistische Manifest. Stuttgart, S. 119 ff].

17 Es mag sein, dass es politisch gewollt ist, gewisse Themen aus der öffentlichen Diskussion herauszuhalten, dies ist jedoch logisch gesehen völlig irrelevant.

18 Man vergleiche hier die Constitutio Dogmatica de Divina Revelatione der katholische Kirche, in der für die hl. Schrift explizit die Irrtumsfreiheit postuliert wird. [Lexikon für Theologie und Kirche. 2. Auflage 1967, Kap. III Art. 11, S. 549, Freiburg.]

19 Das Vorbild eines auf unerschütterlichen Wertvoraussetzungen aufgebautes Gesellschaftssystem ist der Platonische Staat. Hier gibt eine Gruppe elitärer Seher den Wertekanon vor, der von allen Bürgern bei Androhung von Strafe befolgt werden muss. Für hartnäckige Gottlosigkeit, bei der Besserungsversuche im Zuchthaus nichts fruchten, fordert PLATON die Todesstrafe. [Nomoi 909b]

20 G. VOLLMER hat ausführlich beschrieben, welche gespenstischen Entitäten in einer naturalistischen Weltsicht nicht vorkommen können. [Vgl. G. VOLLMER (2012): Gretchenfragen an den Naturalisten. Philosophia Naturalis 49, S. 239-291.]

21 Ein lehrreiches Beispiel ist der Feldbegriff in der Physik, der lange Zeit, als die atomistische Teilchenontologie vorherrschend war, einen nichtmateriellen Eindruck machte und erst, als sich die erfolgreichen Feldtheorien des Elektromagnetismus und die metrischen Theorien der Gravitation durchsetzten, an Seltsamkeiten verlor. Heute stößt sich niemand mehr an rein feldtheoretischen Objekten wie Schwarzen Löchern und Gravitationswellen, weil man Felder in die physikalische Ontologie aufgenommen hat.

22 E. NAGEL (1954): Naturalism reconsidered. Presidental address delivered at the Am. Phil. Ass. Baltimore.

23 P. MADDY (2007): Second Philosophy. Oxford.

24 M. COLYVAN (2009): Mathematics and the World. In: A. D. Irvine (Hrsg.): Philosophy of Mathematics. Amsterdam, S. 650.

25 Es muss allerdings angenommen werden, dass es zur bewährten Theorie T, in der die Seelenwanderung vorkommt, nicht eine empirisch äquivalente Theorie T' gibt, die alles erklärt, was T erklärt und in der die Seelenwanderung nicht mehr auftaucht.

26 Vgl. etwa M. RESNIK (1982): Mathematics as the Science of patterns.Oxford, Oxford University Press 1997. Aus dieser Sicht ist die Arithmetik nicht die Lehre von Entitäten namens Zahlen, sondern von deren Relationen in einer ω-Folge.

27 E. O. WILSON (1980): Biologie als Schicksal. Frankfurt, S. 119.

28 E. O. WILSON. Ibid., S. 120.

29 Das Schadensprinzip wurde bis in seine feinen Verästelungen von JOEL FEINBERG ausgearbeitet. Vgl. Dazu: J. FEINBERG (1984): The Moral Limits of Criminal Law. Vol. 1, Harm to Others. Oxford UP.

30 H. ALBERT (2011): Ethik und Metaethik. In: Kritische Vernunft und rationale Praxis. Tübingen, S. 130.

31 M. RUSE; E. O. WILSON (1986): Moral Philosophy as Applied Science. In: Philosophy 61, S. 173-193.

32 A. PAUL; E. VOLAND (1988): Die Evolution der Zweigeschlechtlichkeit. In: B. Kanitscheider (Hrsg.): Liebe, Lust und Leidenschaft. Stuttgart, S.99-116.

33 Die in jüngster Zeit in die politische Aufmerksamkeit gerückte Beschneidung männlicher Säuglinge im Islam und Judentum ist ein Beispiel, bei dem ein naturalistisches Brückenprinzip eine Entscheidung liefern kann. Wenn man vom Prinzip des naturgegebenen Selbstbesitzes ausgeht, wonach jedem Menschen von Geburt an das unveräußerbare Eigenrecht auf seinen Körper zusteht, darf niemand, auch nicht die Eltern, ohne medizinische Notwendigkeit etwas an diesem Körper verändern.

Der Hinweis auf Jahrtausend alte Tradition ist irrelevant, da die Zirkumzision irreversibel ist und die Eltern nicht wissen können, ob der Knabe nicht nach Erwachen seines Verstandes sein kritisches Vermögen einsetzt und der Religion den Rücken kehrt. Der Knabe kann immer noch, wenn er es für nötig erachtet, den Eingriff nachholen lassen, wenn er denn einen skrupellosen Mediziner findet, der glaubt, diese Operation mit seinem hippokratischen Eid verbinden zu können. Deutsche Mediziner haben genau diese Argumentation verwendet, um zu begründen, dass auch dann, wenn die Sorgeberechtigten ihre Einwilligung gegeben haben dieser Eingriff unrechtmäßig ist, weil der nicht dem Wohl des Kindes dient. [M. STEHR, H. PUTZKE und G. H. DIETZ (2008): Zirkumzision bei nicht einwilligungsfähigen Jungen: strafrechtliche Konsequenzen auch bei religiöser Begründung. Deutsches Ärzteblatt A 1778–1780.] Es muss als bedauerlich angesehen werden, dass die Regierung aus politischen Rücksichten auf die beiden betroffenen Bevölkerungsgruppen sich nicht dem Axiom des liberalen Selbsteigentums anschließen wollte, wonach jeder Mensch primär sich selbst gehört und das Bestimmungsrecht über seinen Körper und die Früchte seiner Arbeit besitzt. [M. N. ROTHBARD (2000): Die Ethik der Freiheit. Sankt Augustin.] Von der ethischen Frage unabhängig wird vom Standpunkt eines säkulareren Humanismus noch das metaphysische Problem zu diskutieren sein, wie man es verstehen soll, dass eine Gottheit sich in besonderem Maße für diesen Körperteil von Knaben interessiert, aber das ist eine neue Geschichte.

34 Emotionale Nachvollziehbarkeit ist vielfach das Kriterium, mit dem nach der bürgerlichen Moralvorstellung Verhaltensmuster abgeurteilt werden, mit meist schädigenden Folgen für die Betroffenen. Auch alternative Handlungstypen, die rechtsethisch nicht zu beanstanden sind, etwa deviantes Sexualverhalten, stoßen bei den Anhängern bourgeoiser Konventionen auf Ablehnung mit den zugehörigen sozialen Folgen. [Vgl. dazu G. KOCKOTT (1998): Ungestörte und gestörte Sexualität. In: B. KANITSCHEIDER (Hrsg.): Liebe, Lust und Leidenschaft. Stuttgart, S. 61–80.] Aus naturalistischer Sicht können alle diese Varianten, soweit sie nicht für Unbeteiligte schädigend sind, als Ausdruck der Vielfalt der Natur angesehen werden, ohne dass irgendein Regelungsbedarf besteht.

35 In der epigenetischen Entwicklung wird erfahrungsabhängiges implizites Wissen durch frühe Prägung erworben. Es handelt sich um eingeprägte Fähigkeiten, um konservierte Verarbeitungsstrategien, die wir anwenden, von denen wir aber nicht wissen, dass wir sie haben. Davon unterschieden ist das explizite Wissen um Sachverhalte, deren Aufnahme uns erinnerlich ist.

36 F.J. WETZ (1994): Die Gleichgültigkeit der Welt. Frankfurt/Main, S. 261.

Nachlese

10

VOM ERSTEN STAUBKORN bis zum Pantoffeltierchen, von der Amöbe bis zum Zebra, vom Urlaut bis zur modernen Informationsgesellschaft war es ein weiter Weg. Evolution ist vielgestaltig, sie hat viele Gesichter. Manche davon sind immer noch sichtbar, manchen Spuren können wir folgen, manches aber wird für immer ein Rätsel bleiben. Ich danke Ihnen, liebe Leser, dass Sie mit uns auf die Reise gegangen sind, gesehen haben, wie das Universum zu seiner heutigen Form gekommen ist und feststellen konnten, dass die Spuren der Evolution in Lebensbereiche hinein reichen, wo Sie sie vielleicht nie vermutet hätten. Sie haben erfahren, wie man sich die Mechanismen der Bioevolution in der Biotechnologie zunutze macht und wie die moderne Verhaltensbiologie von evolutionärem Wissen profitiert.

Vielleicht sehen Sie jetzt manche Dinge in einem neuen Licht, sehen eine Eisenschraube nicht mehr nur als kleinen Alltagshelfer, sondern wissen auch, warum dieses Metall entstehen konnte. Vielleicht nehmen Sie die Tatsache, dass Blut dem Meerwasser mehr ähnelt als unserem Trinkwasser, nun nicht mehr als belanglose, zufällige Gegebenheit hin, sondern beginnen damit, auch scheinbar triviale, alltägliche Sachverhalte und Beziehungen, die wir vielleicht für zufällig halten, zu analysieren und in einen übergeordneten, evolutionären Zusammenhang einzuordnen.

Falls Sie in manch sternenklarer Nacht beobachten, wie ein Meteor oder eine Feuerkugel über den Himmel zieht, denken Sie daran, dass auch die Überreste dessen, was die himmlische Leuchterscheinung verursacht – die so genannten *Meteoriten* – einem Buch gleichen, randvoll mit evolutionären Geschichten aus der kosmischen Vergangenheit. Eines der Buchkapitel schreiben die so genannten *Chondriten.* Darunter versteht man Gesteinsmeteorite, die im frischen Zustand noch die für sie typische, samtschwarze Schmelzkruste aufweisen und im Innern kleine Silikatkügelchen (*Chondren*) enthalten, die in eine feinkörnige, eisenreiche Gesteinsmasse eingebettet sind. Dieses faszinierende Material zeugt von kaum vorstellbaren Kräften, wie sie nur in der Frühzeit des Sonnensystems geherrscht haben können. Mehr und mehr deutet darauf hin, dass sie Relikte extremer Kollisionen zwischen Asteroiden und Protoplaneten sind – Tröpfchen geschmolzenen Gesteins, die bei der Wucht des Aufpralls in den Raum geschleudert wurden, dann rasch abkühlten und sich später mit interstellarem Staub zu Chondriten verfestigten. Heute, da sich die protoplanetare Scheibe, bestehend aus interstellarem Gas und Staub, verflüchtigt hat, entstehen keine Chondrite mehr. Dementsprechend haben alle Chondrite ein Alter von rund 4,5 Milliarden Jahren – und sind damit älter als jedes irdische Gestein. Ihre Entstehung fällt praktisch mit der Entstehung des Sonnensystems zusammen, doch einige ihrer Bestandteile, die so genannten *präsolaren Körner*, sind sogar noch älter. Sie tragen noch immer die kernphysikalischen Signaturen jener Supernovaexplosion, der sie entsprangen, etwa Zerfallsprodukte des Aluminiumisotopes Al-26, das nur in einer Supernova entstehen kann. Ihre Schockwellen führten dazu, dass sich interstellares Gas und Staub zum präsolaren Urnebel verdichtete und dadurch die Entstehung unseres Sonnensystems in Gang setzte.

Die Spuren der kosmischen, chemischen und biologischen Evolution sind also buchstäblich überall – man braucht nur danach zu suchen und ihnen zu folgen. Lesen Sie in dem großen Buch der Evolution, das die Natur für uns hinterlassen hat! Egal, wie viel wir über die Welt und ihre evolutionäre Entwicklung erfahren – es gibt noch viel Spannendes zu entdecken, auf das wir uns freuen können. Falls das vorliegende Buch dazu beitragen konnte, Sie auf eine neue Entdeckungsreise zu schicken, dann hat es sich für mich als Autor mehr als gelohnt.

Informationen zu den Autoren

11

ANDREAS BEYER, Prof. Dr.

Jg. 1962. Studierte Biologie an der Ruhr-Universität in Bochum mit den Schwerpunkten Biochemie, Physiologie, Cytologie und Mikrobiologie. 1994 Promotion zum Thema „Molekularbiologische Charakterisierung der AAA-Genfamilie, einer neuen Gruppe putativer ATPasen". 1994 bis 1997 Forschungen über die Phosphorylierung von Phosphorylase Kinase am Institut für physiologische Chemie an der Ruhr-Universität. 1997 bis 2004 Leitung der cDNA-Sequenzierungsgruppe am Biologisch-Medizinischen Forschungszentrum an der Heinrich-Heine-Universität in Düsseldorf, 2004–2007 Angewandte Forschung in verschiedenen industriellen Projekten. Seit 2007 Dozent an der Westfälischen Hochschule Gelsenkirchen, Bocholt, Recklinghausen als Professor für Molekulare Biologie (im Studiengang Molekulare Biologie am Standort Recklinghausen). Seit 2009 Vorsitzender der AG EvoBio im Verband deutscher Biologen (www.ag-evolutionsbiologie.de).

JOSEF M. GASSNER, Dr. rer. nat.

Jg. 1966. Studium der Mathematik an der Ostbayerischen Technischen Hochschule Regensburg sowie der Physik an der Ludwig-Maximilians-Universität München. Promotion in theoretischer Astrophysik, Dissertation der Fakultät für Physik der Ludwig-Maximilians-Universität München in Astronomie/Kosmologie. Freier Mitarbeiter der Universitätssternwarte München. Er ist Lehrbeauftragter an der Hochschule Landshut für die Fächer Astronomie und Kosmologie und unter anderem als Grundlagenforscher, Kosmologe, Astronom und Sachbuch-Autor tätig.

PETER M. KAISER, Dr. rer. nat.

Jg. 1944. Studierte Chemie von 1963 bis 1972 an der Universität Marburg (Promotion im Fach Biochemie). Von 1972 bis 1981 Wissenschaftlicher Assistent im Institut für Biochemie an der Universität Münster (Prof. Dr. Dr. H. Witzel). Danach von 1982 bis Anfang 1993 in der klinischen Forschung in der pharmazeutischen Industrie (zuletzt Leiter Forschung und Entwicklung). Seit 1993 selbständig als Berater und Auditor zahlreicher pharmazeutischer Firmen sowie Qualitätsbeauftragter einer Reihe von deutschen und osteuropäischen Contract Research Organizations.

BERNULF KANITSCHEIDER, Prof. Dr.

Jg. 1939. Philosoph und Wissenschaftstheoretiker. Er schrieb naturphilosophische Bücher, vorwiegend zu Fragen der Kosmologie, der Lebensphilosophie und zu einem aufgeklärten Hedonismus. Er promovierte 1964 (Thema: Das Problem des Bewusstseins) an der Universität Innsbruck, wo er auch 1970 habilitiert wurde. 1974 wurde er auf den Lehrstuhl für Philosophie der Naturwissenschaft an der Universität Gießen berufen. Im Oktober 2007 trat Kanitscheider in den Ruhestand. Er ist Mitherausgeber der Zeitschrift *Philosophia naturalis* und gehört zum Beirat der Zeitschriften *Folia Humanistica*, *Argumentos de Razón Técnica*, *Erkenntnis* und *Zeitschrift für allgemeine Wissenschaftstheorie*. Ferner gehört er dem wissenschaftlichen Beirat der Giordano-Bruno-Stiftung an und ist Mitglied des Wissenschaftsrates der Gesellschaft zur wissenschaftlichen Untersuchung von Parawissenschaften (GWUP).

HARALD LESCH, Prof. Dr.

Jg. 1960. Studium der Physik in Gießen und Bonn. 1987 Promotion am Max-Planck-Institut für Radioastronomie. 1992 Gastprofessor an der University of Toronto. 1994 Habilitation an der Universität Bonn. Seit 1995 Professor für Theoretische Astrophysik am Institut für Astronomie und Astrophysik an der Universitätssternwarte der Ludwig-Maximilians-Universität München. Seit 2002 Lehrbeauftragter Professor für Naturphilosophie an der Hochschule für Philosophie (SJ).

MARTIN NEUKAMM, Diplomchemiker (FH)

Jg. 1972. Studium der Chemie an der Fachhochschule Aalen. Seit 1998 Chemieingenieur an der Technischen Universität München. 2004–2009 Geschäftsführer der AG Evolutionsbiologie im Verband Biologie, Biowissenschaften & Biomedizin in Deutschland (VdBiol). Seit 2010 leitet Neukamm zusammen mit dem Essener Biochemiker Prof. DR. ANDREAS BEYER die „AG EvoBio – Evolution in Biologie, Kultur und Gesellschaft" im VBio. Buchautor, Verfasser und Koautor wissenschaftlicher und populärwissenschaftlicher Artikel. Zu seinen Interessensgebieten zählen u. a. die chemische Evolution, Evolutionsbiologie, Kosmologie, Wissenschaftsphilosophie und evolutionskritische Pseudowissenschaften (Kreationismus).

Peter Schuster, Prof. Dr.

Jg.1941. Studium der Chemie und Physik an der Universität Wien. 1967 Promotion *sub auspiciis praesidentis* zum Dr. phil. 1968-1969 Post-Doktorand beim Nobelpreisträger Prof. Dr. Manfred Eigen am Max-Planck-Institut für Physikalische Chemie in Göttingen. 1971 habilitierte er sich an der Universität Wien im Fach Theoretische Chemie und wurde 1973 für das gleiche Fach zum Ordentlichen Universitätsprofessor an der Universität Wien ernannt. Seitdem (mit kurzer Unterbrechung) Vorstand des Instituts für Theoretische Chemie. 2004 Dekan der Fakultät für Chemie. 2006 bis 2009 Präsident der Österreichischen Akademie der Wissenschaften. Schuster ist Autor von neun Büchern und etwa 300 Publikationen in wissenschaftlichen Zeitschriften. In mehreren wissenschaftlichen Journalen ist er (Mit-)Herausgeber.

Charlotte Störmer, Dr. rer. nat.

Jg. 1981. Studium der Biologie mit den Schwerpunkten Anthropologie und Biophilosophie an den Universitäten Osnabrück, Gießen und Wien. 2013 Promotion zum Dr. rer. nat. an der Universität Gießen zum Thema *Einfluss von Mortalitätskrisen auf menschliche Lebensverläufe in historischen Populationen* mit Forschungsaufenthalt an der Universität Sheffield. Stipendiatin der Volkswagen-Stiftung. Derzeit Post-Doktorandin in einem interdisziplinären Forschungsprojekt am Institut für Geschichte der Universität Utrecht (Niederlande). Zu ihren Interessenschwerpunkten zählen die Life-History-Theory, Einfluss von Umweltbedingungen auf menschliche Lebensverläufe (Lebenserwartung und Reproduktion) und historische Demographie.

Eckart Voland, Prof. Dr.

Jg. 1949. Studium der Biologie und Sozialwissenschaften in Göttingen. 1978 wurde er mit einer Dissertation zum *Sozialverhalten von Primaten* zum *Dr. rer. nat.* promoviert. 1992 Habilitation an der Universität Göttingen im Fach Anthropologie. In den Jahren 1993–1994 war Voland *Senior Research Fellow* am *Department of Anthropology* des University College London. Seit 1995 Professor für Philosophie der Biowissenschaften an der Justus-Liebig-Universität Gießen. Seine Forschungsarbeiten liegen auf den Gebieten der Evolutionären Anthropologie, insbesondere der Soziobiologie und Verhaltensökologie des Menschen sowie der Evolutionären Ethik und Ästhetik. Er ist Mitglied der gemeinnützigen Akademie der Wissenschaften zu Erfurt und war Fellow am Hanse-Wissenschaftskolleg (Delmenhorst) und am Alfried-Krupp Wissenschaftskolleg (Greifswald). Seine Veröffentlichungen wurden vielfach in andere Sprachen übersetzt. Voland ist Mitglied im Herausgebergremium mehrerer wissenschaftlicher Zeitschriften und im wissenschaftlichen Beirat der religionskritischen Giordano-Bruno-Stiftung.

GERHARD VOLLMER, Prof. Dr. rer. nat. Dr. phil.

Jg. 1943, studierte Mathematik, Physik und Chemie in München, Berlin und Freiburg, in Freiburg und Montreal zusätzlich Philosophie und Sprachwissenschaften. Promotion in Physik 1971, in Philosophie 1974. Er lehrte Philosophie, insbesondere Wissenschaftstheorie ab 1975 an der Universität Hannover, ab 1981 an der Universität Gießen und 1991 bis 2007 an der Technischen Universität Braunschweig. Er ist Mitglied der Nationalen Akademie der Wissenschaften Leopoldina in Halle, der Academia Europaea und der Braunschweigischen Wissenschaftlichen Gesellschaft, Mitglied im Wissenschaftsrat der Gesellschaft zur wissenschaftlichen Untersuchung von Parawissenschaften (GWUP), im Beirat der Giordano-Bruno-Stiftung, der Humanistischen Akademie Bayern und mehrerer wissenschaftlicher Zeitschriften, Mitherausgeber der Zeitschrift *Aufklärung und Kritik*. 2004 erhielt er den Kulturpreis der Eduard-Rhein-Stiftung „für die Grundlegung einer Evolutionären Erkenntnistheorie und für seine herausragende Mittlerfunktion zwischen Natur- und Geisteswissenschaften".

Stichwortverzeichnis